Positive Psychologie kompakt

Herausgegeben von der
Deutschen Gesellschaft für Positive Psychologie

EBOOK INSIDE

Die Zugangsinformationen zum eBook inside finden Sie am Ende des Buchs.

Die Reihe „Positive Psychologie kompakt" schlägt eine Brücke zwischen Wissenschaft und Praxis. Jeder Band bringt die wichtigsten Erkenntnisse eines Themengebietes verständlich auf den Punkt und befähigt Schritt für Schritt zur praktischen Anwendung.
Unter der Herausgeberschaft der Deutschen Gesellschaft für Positive Psychologie fassen ausgewiesene Experten den aktuellen Wissensstand zusammen und erläutern an Fallbeispielen und Interventionen, wie die Erkenntnisse aus Wissenschaft und Forschung konkret umgesetzt werden können. Neben den Autoren wirken unabhängige Rezensenten an den Bänden mit, um verschiedene Expertenperspektiven einfließen zu lassen.
Diese Reihe hat die Zielsetzung, das wissenschaftliche Knowhow der Positiven Psychologie für eine Vielzahl von Menschen nutzbar zu machen. Zielgruppe sind Fachkräfte, Wissenschaftler und Laien, die daran interessiert sind, sich selbst und andere Menschen sowie Organisationen dazu zu befähigen, ihr volles Potenzial zu entfalten. Neben der Wissens- und Kompetenzvermittlung sind positive gesellschaftliche Impulse ein weiteres Ziel der Reihe. Daher spenden Sie automatisch mit dem Kauf jedes Bandes einen Euro für einen guten Zweck.

Weitere Bände in der Reihe
http://www.springer.com/series/15670

Mirjam Rolfe

Positive Psychologie und organisationale Resilienz

Stürmische Zeiten besser meistern

Mirjam Rolfe
Chances in Change
Rellingen, Deutschland

Positive Psychologie kompakt
ISBN 978-3-662-55757-0   ISBN 978-3-662-55758-7 (eBook)
https://doi.org/10.1007/978-3-662-55758-7

Die Deutsche Nationalbibliothek verzeichnet diese Publikation in der Deutschen Nationalbibliografie; detaillierte bibliografische Daten sind im Internet über http://dnb.d-nb.de abrufbar.

© Springer-Verlag GmbH Deutschland, ein Teil von Springer Nature 2019
Das Werk einschließlich aller seiner Teile ist urheberrechtlich geschützt. Jede Verwertung, die nicht ausdrücklich vom Urheberrechtsgesetz zugelassen ist, bedarf der vorherigen Zustimmung des Verlags. Das gilt insbesondere für Vervielfältigungen, Bearbeitungen, Übersetzungen, Mikroverfilmungen und die Einspeicherung und Verarbeitung in elektronischen Systemen.
Die Wiedergabe von Gebrauchsnamen, Handelsnamen, Warenbezeichnungen usw. in diesem Werk berechtigt auch ohne besondere Kennzeichnung nicht zu der Annahme, dass solche Namen im Sinne der Warenzeichen- und Markenschutz-Gesetzgebung als frei zu betrachten wären und daher von jedermann benutzt werden dürften.
Der Verlag, die Autoren und die Herausgeber gehen davon aus, dass die Angaben und Informationen in diesem Werk zum Zeitpunkt der Veröffentlichung vollständig und korrekt sind. Weder der Verlag noch die Autoren oder die Herausgeber übernehmen, ausdrücklich oder implizit, Gewähr für den Inhalt des Werkes, etwaige Fehler oder Äußerungen. Der Verlag bleibt im Hinblick auf geografische Zuordnungen und Gebietsbezeichnungen in veröffentlichten Karten und Institutionsadressen neutral.

Verantwortlich im Verlag: Marion Krämer

Gedruckt auf säurefreiem und chlorfrei gebleichtem Papier

Springer ist ein Imprint der eingetragenen Gesellschaft Springer-Verlag GmbH, DE und ist ein Teil von Springer Nature.
Die Anschrift der Gesellschaft ist: Heidelberger Platz 3, 14197 Berlin, Germany

In dankbarer Erinnerung an meine Mutter Frieda, meinen Vater Hans und meinen Bruder Sven. Durch sie bin ich zur Resilienz und Positiven Psychologie gekommen. Sie haben mir Disziplin, Humor, Optimismus und Empathie auf den Weg gegeben – und die Gabe, mich an den kleinen Dingen des Alltags zu erfreuen.

Pay it forward
Die Positive Psychologie kennt das Pay-it-forward-Prinzip – Freundlichkeit, die man erlebt, an andere weiterzugeben. In diesem Sinne wird pro verkauftem Exemplar dieses Buches 1 Euro dem Schweizer Verein Refugium gespendet.

Vorwort

In jüngster Zeit richten Unternehmen ihre Aufmerksamkeit vermehrt auf präventive Ansätze um Erfolgsbeeinträchtigungen in stürmischen Zeiten zu verhindern. Das Konzept der organisationalen Resilienz rückt den Prozess der Anpassung an widrige Umstände in den Blickpunkt. Es geht um die Stärkung der Fähigkeit von Organisationen und ihrer Mitglieder erfolgsgefährdende Krisen, bedeutende strategische Entscheidungen und Herausforderungen positiv zu bewältigen. Das heißt für Unternehmen, Führungskräfte, Mitarbeiter und Teams, flexibel zu bleiben und eine Starre – den Threat-Rigidity-Effekt – zu vermeiden, der in Stress- und Drucksituationen häufig entsteht.

Das turbulente und oft unvorhersehbare Geschäftsumfeld bietet heute viele Stresssituationen. Volatilität, Unsicherheit, Komplexität und Ambiguität der „VUCA-Welt" sind zwar nichts Neues, doch sie nehmen zu: Die Globalisierung konfrontiert Organisationen mit Ungewissheiten, die sich aus konjunkturellen Schwankungen, demografischen Entwicklungen und der zunehmenden Vernetzung von Informations- und Güterströmen ergeben. Dazu kommen Bedrohungen wie Terrorangriffe und Cyberkriminalität. Und auch Herausforderungen durch Trends wie die digitale Transformation und die damit verbundenen neuen Arbeitswelten (Arbeit 4.0, New Work) sowie Angst vor Jobverlust können Unternehmen und Mitarbeiter unter Druck setzen. In der Tat vergrößert sich in Krisenzeiten und bei radikalen Umfeldveränderungen der Abstand zwischen den Firmen, die weiterhin vital wirtschaften, und denjenigen, die sich in einem kritischen Zustand befinden. Die Welt wird schneller turbulent als die Organisationen resilient werden – es öffnet sich eine „Resilienzkluft" (Välikangas 2010).

Im Zuge der Digitalisierung steigt die Bedeutung von Agilität. Doch Agilität darf sich nicht auf neue Instrumente und Methoden beschränken. Es ist eine Grundhaltung. Damit der digitale Wandel gelingt und nachhaltig Wert stiftet, gilt es, Agilität und Resilienz miteinander zu verbinden – so können Menschen und Organisationen gesund anpassungsfähig und gesund agil werden und bleiben. Dafür benötigen sie Kraft und Zugang zu ihren Ressourcen. Im Alltag heißt das auch, souverän mit neuen Technologien umzugehen, sich Ausgleich und Ruhe zu gönnen, Grenzen zu setzen und im wahrsten Sinne des Wortes „abzuschalten".

Die Positive Psychologie fungiert hier als Brückenbauer: Sie verbindet Resilienz und Agilität. Denn sie schafft ein optimales Umfeld für nachhaltig gesunde Leistung, stärkt Beziehungen und fördert die Ressourcenorientierung – auch in schwierigen Zeiten. Ohne den Blick auf Risiken zu verschleiern, ermutigt sie Unternehmen und Menschen, sich auf Stärken zu besinnen. Das wiederum setzt Achtsamkeit voraus. Denn Menschen haben eine evolutionär bedingte Neigung zum Negativen. Doch eine ständige Alarmbereitschaft schadet uns heute mehr, als sie uns nützt.

Die gute Nachricht ist: Wir können lernen, resilient und achtsam zu sein. Tun wir das, bevor eine Krise eintritt, haben wir eine weit größere Chance, die Herausforderung gut zu meistern – und gehen vielleicht sogar gestärkt daraus hervor.

Möge das vorliegende Buch Menschen und Organisationen bei diesem Lern- und Entwicklungsprozess unterstützen.

Mirjam Rolfe
Rellingen, April 2018

Aus Gründen der besseren Lesbarkeit wird im Text auf die gleichzeitige Verwendung männlicher und weiblicher Sprachformen verzichtet. Sämtliche Personenbezeichnungen gelten gleichermaßen für beiderlei Geschlecht.

Dankbarkeit

Ein Buch über Positive Psychologie und Resilienz zu schreiben, ist gleichzeitig eine hervorragende Gelegenheit, seine eigene Resilienz auf den Prüfstand zu stellen und zu stärken. Das durfte ich in den anderthalb Jahren, in denen dieses Buch entstanden ist, erfahren. Dass dieses Abenteuer mit so vielen positiven Erlebnissen verbunden war, verdanke ich zahlreichen Menschen und Organisationen – so vielen, dass ich sie nicht alle nennen kann. Die hier erwähnten Personen sollen daher stellvertretend für alle Förderer und Unterstützer stehen.

Ich danke herzlich …
- meinem Mann, Kevin, für sein Verständnis und die Ermutigungen, die mich an seine Unterstützung bei Marathonläufen erinnert haben („Come on, you're on the home stretch!");
- Prof. Dr. Christiane Schwieren von der Universität Heidelberg, die mir mit profundem Wissen, hilfreichen Tipps und Geduld beratend zur Seite stand;
- Marion Krämer und Bettina Saglio vom Springer-Verlag für die gute Zusammenarbeit und die prompten Rückmeldungen;
- Dr. Judith Mangelsdorf und Dr. Christin Çelebi von der Deutschen Gesellschaft für Positive Psychologie für die Begeisterung für die gemeinsame Idee und ihr Vertrauen;
- meiner Schwester Sandra für die Fernunterstützung aus der Schweiz;
- meinen Kunden und Coachees für die beigesteuerten Fallbeispiele;
- meinen Freundinnen und Bekannten, die mir mit motivierenden Gesprächen, Literatur- und Yoga-Tipps und sogar mit einer selbst aufgenommenen Meditation (danke, Anja!) geholfen haben.

Es war eine großartige Erfahrung des Lernens und der Begegnung. Möge das Ergebnis vielen Menschen und Organisationen zugutekommen.

Inhaltsverzeichnis

1	**Organisationale Resilienz – mehr als ein Wettbewerbsfaktor**	1
	Mirjam Rolfe	
1.1	**Relevanz für Unternehmen**	2
1.1.1	Sicherung von Überleben und Nachhaltigkeit in Krisen	3
1.1.2	Souveräner Umgang mit Unvorhersehbarkeit und Komplexität	4
1.1.3	Konsequentes Energiemanagement	5
1.1.4	Prävention psychosozialer Belastungen	5
1.1.5	Stärkung der emotionalen Bindung an den Arbeitgeber	6
1.1.6	Unterstützung von Veränderungsvorhaben durch Mitarbeiter	7
1.1.7	Stärkung der Arbeitgebermarke	7
1.2	**Relevanz für Einzelpersonen**	8
1.3	**Relevanz für Führungskräfte**	9
1.4	**Relevanz für Gruppen und Teams**	10
	Literatur	11
2	**Positive Psychologie und organisationale Resilienz: Definitionen und Grundlagen**	15
	Mirjam Rolfe	
2.1	**Positive Psychologie**	16
2.1.1	Ziele und Konzepte der Positiven Psychologie	18
2.1.2	Positive Organisationslehre (POS), Positives Organisationsverhalten (POB) und Psychologisches Kapital (PsyCap)	21
2.2	**Organisationale Resilienz**	22
2.2.1	Individuelle Resilienz	23
2.2.2	Resilienz von Organisationen	25
2.2.3	Systemresilienz	28
2.2.4	Die Entwicklung der Resilienzforschung	29
2.2.5	Verwandte Konzepte und Begriffe	33
2.3	**Zwei sich ergänzende Forschungsbereiche**	35
	Literatur	36

3 Resiliente Organisationen: Was Unternehmen krisenfest, gesund, agil und wirksam macht 41
Mirjam Rolfe

3.1 **Merkmale resilienter Organisationen** 42
3.2 **Wie organisationale Resilienz gestärkt werden kann** 48
3.2.1 Lernfeld 1: Unternehmenskultur 49
3.2.2 Lernfeld 2: Bewusste, positive Führung 77
3.2.3 Lernfeld 3: Organisationale Energie 78
3.2.4 Lernfeld 4: Resilienzfördernde Unternehmensstrukturen und -prozesse 85
3.3 **Betriebliches Resilienzmanagement** 94
Literatur 96

4 Individuelle Resilienz: Wie Menschen lebendig, gelassen und stark bleiben 101
Mirjam Rolfe

4.1 **Die Hintergründe** 102
4.1.1 Belastungen im Privat- und Berufsleben 102
4.1.2 Subjektives Wohlbefinden bei der Arbeit 103
4.2 **Die Grundlagen individueller Resilienz** 105
4.2.1 Schutzfaktoren und Risikofaktoren 106
4.2.2 Copingstile 107
4.2.3 Erkenntnisse aus der Neurowissenschaft und Stressforschung 109
4.2.4 Resilienzfaktoren 121
4.2.5 Die psychologischen Grundbedürfnisse des Menschen 125
4.2.6 Psychologisches Kapital 128
4.3 **Wie sich individuelle Resilienz fördern lässt** 129
4.3.1 Ganzheitlicher Resilienzansatz: Körper, Emotionen, Verstand, Seele 129
4.3.2 Der persönliche Resilienzkompass 130
4.3.3 Phase 1: Klärung 132
4.3.4 Phase 2: Entlastung 133
4.3.5 Phase 3: Ausrichtung 140
4.3.6 Phase 4: Umsetzung 146
Literatur 152

Inhaltsverzeichnis

5	**Resilienzfördernde Führung: Orientieren und vertrauen, energetisieren und kommunizieren**	159
	Mirjam Rolfe	
5.1	Ein neues Umfeld verlangt nach neuer Führung	160
5.2	Selbstmanagement als Voraussetzung für resilientes Führungsverhalten	162
5.3	**Resilienzfördernde Führung**	164
5.3.1	Führungsstile, die resilienzfördernde Führung beeinflussen	164
5.3.2	Resilienz und das Mindset von Führungskräften	168
5.3.3	Führung, Resilienz und Leistung	168
5.4	**Die Aufgaben einer bewussten, resilienzorientierten Führungskraft**	170
5.4.1	Vermittlung von Sinn und Orientierung	171
5.4.2	Fördern vertrauensvoller Beziehungen	173
5.4.3	Fördern von Autonomie	174
5.4.4	Stärkenorientierung	175
5.4.5	Energie- und Emotionsmanagement	177
5.4.6	Resilienzstärkende Kommunikation	187
	Literatur	194
6	**Resiliente Teams: Flexibel, konfliktfähig und tolerant in der Zusammenarbeit**	199
	Mirjam Rolfe	
6.1	Für Teamresilienz relevante Faktoren	201
6.2	Resiliente Teamkultur: Vertrauen und die „Genug-Haltung"	202
6.3	Der Zusammenhang zwischen Leistung, Beziehung und Resilienz in Teams	205
6.4	**Resilienz und Lernen im Team**	206
6.5	**Resilienz und Diversität**	208
6.5.1	Dimensionen von Diversität	208
6.5.2	Wie Diversität hilft, Teamfallen zu vermeiden	209
6.5.3	Umgang mit Vielfalt	210
6.6	**Resilienzstärkende Kommunikation in Teams**	212
6.6.1	Achtsamkeit und Präsenz	214
6.6.2	Konstruktives Feedback	216
6.6.3	Emotionen und Teamresilienz	218
6.7	**Energie in Teams**	221

6.8	**Umgang mit Konflikten in Teams**	225
6.8.1	Konfliktarten	226
6.8.2	Umgang mit Wertekonflikten in Teams	227
6.9	**Strukturen und Praktiken für resiliente Teams**	231
6.9.1	Selbstorganisierte Teams	232
6.9.2	Rollen statt Organigramme	233
6.9.3	Beratungsprozess	234
6.9.4	Agile Methoden und Formate der Zusammenarbeit	234
	Literatur	240
7	**Resilienz erfassen und messen**	245
	Mirjam Rolfe	
7.1	**Gütekriterien**	247
7.2	**Messung individueller Resilienz**	248
7.2.1	Resilienzskala (RS)	249
7.2.2	Resilience Factor Inventory (RFI) und Resilienzquotient (RQ)	252
7.3	**Messung von Teamresilienz**	253
7.3.1	Teamresilienzskala	253
7.3.2	ADAPTER	256
7.4	**Messung organisationaler Resilienz**	258
7.4.1	Resilienzcheck für Unternehmen	259
7.4.2	Benchmark Resilience Tool (BRT-53) und Kurzversionen (BRT-13a, BRT-13b)	259
7.5	**Messinstrumente für einzelne resilienzbezogene Faktoren**	264
	Literatur	265
8	**Fazit und Ausblick**	269
	Mirjam Rolfe	
	Literatur	273
	Serviceteil	275
	Stichwortverzeichnis	276

Die Autorin

Mirjam Rolfe ist zertifizierte Beraterin der Positiven Psychologie, Change Managerin, Trainerin und systemischer Coach mit den Schwerpunkten Resilienz und Kommunikation. Sie verfügt über weitreichende Erfahrungen in den Bereichen Organisations- und Führungskräfteentwicklung sowie kulturelle Transformation. In ihrer Tätigkeit verbindet sie das, was sie begeistert: Menschen, Lernen und Entwicklung. Sie ist Inhaberin des Beratungsunternehmens Chances in Change und lebt vor den Toren Hamburgs.

Organisationale Resilienz – mehr als ein Wettbewerbsfaktor

Mirjam Rolfe

1.1 Relevanz für Unternehmen – 2
1.1.1 Sicherung von Überleben und Nachhaltigkeit in Krisen – 3
1.1.2 Souveräner Umgang mit Unvorhersehbarkeit und Komplexität – 4
1.1.3 Konsequentes Energiemanagement – 5
1.1.4 Prävention psychosozialer Belastungen – 5
1.1.5 Stärkung der emotionalen Bindung an den Arbeitgeber – 6
1.1.6 Unterstützung von Veränderungsvorhaben durch Mitarbeiter – 7
1.1.7 Stärkung der Arbeitgebermarke – 7

1.2 Relevanz für Einzelpersonen – 8

1.3 Relevanz für Führungskräfte – 9

1.4 Relevanz für Gruppen und Teams – 10

Literatur – 11

© Springer-Verlag GmbH Deutschland, ein Teil von Springer Nature 2019
M. Rolfe, *Positive Psychologie und organisationale Resilienz*,
Positive Psychologie kompakt, https://doi.org/10.1007/978-3-662-55758-7_1

Überblick

- Weshalb Resilienz ein hochaktuelles Thema ist
- Warum es sich für Unternehmen lohnt, in organisationale Resilienz zu investieren
- Welche Vorteile Resilienz für Einzelpersonen, Führungskräfte und Teams hat

Lange Zeit überwog die Meinung, dass Resilienz eine Aufgabe jedes Mitarbeiters sei, nicht jedoch eine Aufgabe des Unternehmens. Mittlerweile gibt es genug Forschungsergebnisse, die zeigen, dass auch Organisationen gut daran tun, resilienzfördernde Maßnahmen für ihre Mitarbeiter – auf allen Ebenen – zu unterstützen (Jackson et al. 2007). Denn in allen Berufen – ob als Krankenschwester (Judkins et al. 2005; McGee 2006), als Fachkräfte in psychosomatischen Kliniken (Edward 2005) oder als Lehrer (Gu und Day 2006) – haben Führungskräfte und Mitarbeiter heute mit besonderen Herausforderungen am Arbeitsplatz zu kämpfen.

1.1 Relevanz für Unternehmen

Organisationale Resilienz bedeutet, dass Unternehmen lernen, mit den Herausforderungen der heutigen Welt wirksam umzugehen (Ritz 2015a; Scharnhorst 2008; Rigotti und Mohr 2008), zum Beispiel mit:

- Globalisierung,
- steigender Komplexität,
- der Dynamik durch global-gesellschaftliche Entwicklungen,
- politischer Regulation,
- interorganisationaler Kooperation,
- Technologiesprünge, wie etwa durch die Digitalisierung,
- zunehmende Ökonomisierung,
- neue Formen von Arbeitsverträgen und Arbeitsplatzunsicherheit,
- dicht aufeinander folgende Veränderungsvorhaben und Restrukturierungen,
- alternder Erwerbsbevölkerung,
- Intensivierung der Arbeit mit langen Arbeitszeiten, Informationsflut und ständiger Erreichbarkeit durch die neuen Kommunikationstechnologien und folglich mit
- schwer zu vereinbarendem Berufs- und Privatleben.

1.1.1 Sicherung von Überleben und Nachhaltigkeit in Krisen

Ob finanzielle Engpässe, konjunkturelle Schwankungen, technologische Probleme oder Umstrukturierungen – kein Unternehmen ist vor Krisen gefeit. Achtsame Organisationen, die bereits in guten Zeiten vorsorgen und ihre Resilienz stärken, zum Beispiel durch umfassende Kenntnis ihrer Ressourcen und Risikofaktoren, finden schneller wieder in ein Gleichgewicht zurück oder können sogar von der Widrigkeit profitieren (McManus et al. 2008).

Weiterhin gilt es, die Vulnerabilität aufgrund der Interdependenzen moderner Organisationen untereinander zu berücksichtigen: Das ist beispielsweise in Orten der Fall, in denen ein Großteil der Einwohner bei einigen wenigen Unternehmen beschäftigt ist. Eine Krise in einer Branche kann ganze Ortschaften in wirtschaftliche Schwierigkeiten bringen. In Deutschland könnte das etwa bei einer anhaltenden Krise der Automobilbranche auf Süddeutschland zutreffen. Gerade aufgrund dieser Verbindung und der wichtigen Rolle von Unternehmen für Menschen in einer Region müssen Organisationen ihre Resilienz stärken (McManus et al. 2008, S. 81 f) und eine Starre (*threat rigidity effect*, vgl. ◘ Abb. 1.1) vermeiden.

Nach Staw et al. (1981) kann der Threat-Rigidity-Effekt, der sich bei Organisationen, Gruppen und Individuen bei Gefahren und in Stresssituationen oft zeigt, sowohl Auslöser als auch Begleiterscheinung von Krisen sein. Dabei führt der Effekt einerseits zu einer Verschlechterung der Verarbeitung und Weitergabe von Informationen, zum Beispiel weil eine Person in einer Krise den Bereich, aus dem sie Informationen aufnimmt, oder die Anzahl von Informationskanälen verringert. Andererseits geht die Starre mit einer Verengung der Kontrolle (*constriction of control*) einher. Das heißt, Macht und Einfluss konzentrieren sich zum Beispiel bei einer Führungskraft oder sie siedeln sich zumindest höher in der Hierarchie an. Diese beiden Grundelemente der Threat-Rigidity-Theorie verändern somit die Struktur der Informations- bzw. Kommunikations- und Kontrollprozesse einer Organisation (Staw et al. 1981, S. 502) und sie verringern die organisationale Resilienz, da sie Flexibilität und Handlungsoptionen einschränken.

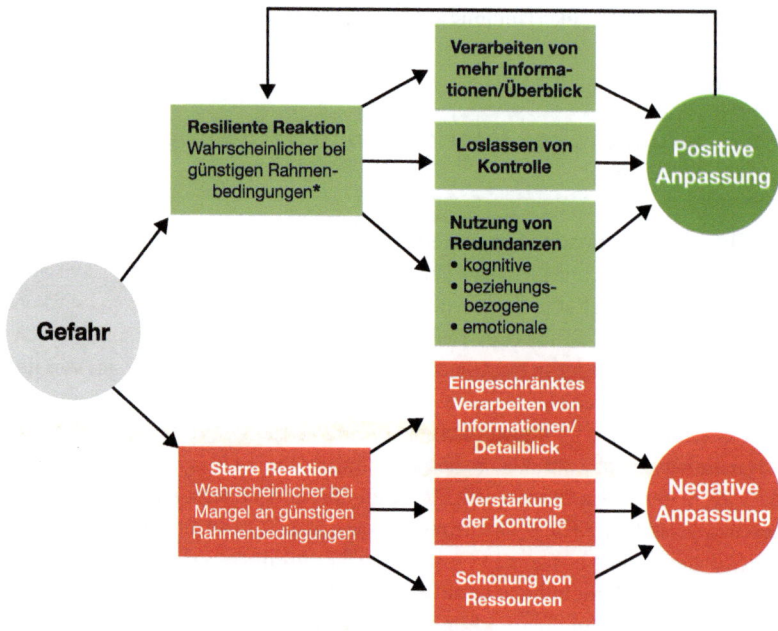

*Günstige Rahmenbedingungen sind die Prozesse, welche Kompetenz, Wachstum und Selbstwirksamkeit ermöglichen und verstärken.

Abb. 1.1 Resiliente und rigide Reaktionen auf Gefahren. (Adaptiert, nach Sutcliffe und Vogus 2003, S. 107)

1.1.2 Souveräner Umgang mit Unvorhersehbarkeit und Komplexität

Organisationale Resilienz fördert die Fähigkeit von Unternehmen, zu lernen und zu agieren, ohne zu wissen, wie die entsprechende Situation in der Zukunft aussehen wird (Wildavsky 1988; Linnenluecke 2017; Weick und Sutcliffe 2001). Die Stärkung organisationaler Resilienz ist somit auch ein wichtiger Baustein des Managements von Ungewissheit (Heller et al. 2012, S. 215).

Vor allem mit Blick auf die heute sehr hohen Anforderungen an Unternehmen – ob Konzern, KMU oder Start-up – spielt organisationales Lernen eine entscheidende Rolle. Immer schneller, effizienter, flexibler, agiler, internationaler und innovativer sollen sie sein. Entsprechend zahlreich sind ihre internen und externen Stakeholder wie etwa Fach- und Führungskräfte, Mitarbeiter in der Administration und Produktion, Kunden, Lieferanten, Aktionäre, Medien, Politik. Diese haben unterschiedliche und nicht selten konkurrierende Bedürfnisse, die vom Unternehmen befriedigt werden sollen. Zu dieser Komplexität der Zielgruppen gesellen sich veränderte Marktbedingungen und Anforderungen, etwa aufgrund der Digitalisierung oder der neuen Arbeitswelt (Arbeit 4.0).

1.1.3 Konsequentes Energiemanagement

Einer der Schlüsselbegriffe in diesem Kontext – und eine der Brücken, die Positive Psychologie mit Resilienz verbindet – ist organisationale Energie. Einem konsequenten Energiemanagement auf allen Ebenen der Organisation kommt im Zuge der Resilienzförderung große Bedeutung zu. In der Tat können nicht nur Menschen, sondern auch ganze Organisationen ausbrennen. Greve (2010) sieht im organisationalen Burnout ein komplexes Phänomen, das weit über die Summe individueller Erschöpfung oder die Folgen von Missmanagement hinausgeht. Es handelt sich um ein Ausbrennen der Unternehmenskultur.

1.1.4 Prävention psychosozialer Belastungen

Psychische Störungen machen laut BKK-Gesundheitsreport einen immer größeren Teil der Langzeit- bzw. chronischen Erkrankungen aus. In den letzten zehn Jahren haben sich die daraus folgenden Arbeitsunfähigkeitstage mehr als verdoppelt (+129 %). Zusammen mit Muskel- und Skeletterkrankungen sind psychische Störungen insgesamt für die Mehrzahl der Langzeitarbeitsunfähigkeitsfälle (51,6 %) und Langzeitarbeitsunfähigkeitstage (54,8 %) verantwortlich (BKK-Bundesverband 2015). Im Zeitraum von 2000 bis 2014 ist die Zahl der auf eine psychische Störung zurückgehenden Erwerbsminderungsrenten von fast 50.000 auf rund 75.000 gestiegen (Deutsche Rentenversicherung Bund 2014).

Neben individuellen Risikofaktoren wirken sich auch Arbeitsbelastungen auf die psychische Gesundheit aus. Diese entstehen einerseits durch hohe Arbeitsanforderungen (z. B. schwierige Arbeit, hohes Arbeitspensum, hoher Zeitdruck) und andererseits durch wenig Kontrolle über die Arbeit oder schlechten Führungsstil (BKK-Bundesverband 2015). Die Unternehmenskultur ist ein weiterer bedeutender Faktor: Laut Fehlzeitenreport 2016 ist von rund 2000 befragten Beschäftigten jeder vierte Mitarbeiter, der seine Unternehmenskultur als schlecht bewertet, auch mit der eigenen Gesundheit unzufrieden. Bei den Befragten, die ihr Unternehmen positiv sehen, war es nur jeder zehnte (Badura et al. 2017).

Für Rigotti und Mohr (2008, S. 49) lohnen sich Investitionen in die Gesundheit der Mitarbeiter und die Prävention psychosozialer Belastungen gleich dreifach: durch die Erhöhung des individuellen Wohlbefindens, die positive Auswirkung auf die organisationale Leistung und reduzierte volkswirtschaftliche Kosten.

1.1.5 Stärkung der emotionalen Bindung an den Arbeitgeber

Laut Gallup Engagement Index 2016 des Beratungsunternehmens Gallup – er misst, wie hoch der Grad der emotionalen Bindung von Mitarbeitern an ihren Arbeitgeber und damit ihr Engagement und die Motivation bei der Arbeit ist – empfinden 70 % der Arbeitnehmer eine geringe Identifikation mit der eigenen Arbeit. Weitere 15 % geben an, gar keine Verpflichtung zu empfinden. Nur die restlichen 15 % haben ihrem Arbeitsplatz und Unternehmen gegenüber eine hohe emotionale Bindung und zeigen entsprechende Leistungen (Gallup 2017). Unengagierte Beschäftigte jedoch liefern mangelhafte, unzureichende oder sogar destruktive Ergebnisse, stecken ihre Kollegen damit an und beeinflussen das Organisationsklima negativ (Berkemeyer 2014). Gleichzeitig sind sie stark burnoutgefährdet und/oder verursachen hohe Fluktuationskosten. Andererseits hat ein Laborexperiment der Universität Warwick gezeigt, dass glückliche Arbeitnehmer um 12 % produktiver sind als der Durchschnitt (Kewes 2017, S. 46).

Gemäß Gallup ist das Führungsverhalten ausschlaggebend dafür, wie lange Mitarbeiter im Unternehmen bleiben und wie produktiv sie sind. Der auf das unengagierte Verhalten zurückzuführende volkswirtschaftliche Schaden beläuft sich insgesamt auf ca. 105 Mrd. Euro (Gallup 2017). Avey et al. (2011) fanden signifikante Zusammenhänge zwischen dem psychologischen Kapital von Mitarbeitern und Arbeitszufriedenheit, Loyalität zum Arbeitgeber, Engagement und höherer Leistung.

1.1.6 Unterstützung von Veränderungsvorhaben durch Mitarbeiter

Mitarbeiter spielen für den Erfolg von Transformationsprozessen eine entscheidende Rolle (Kotter und Cohen 2002). Forschungsergebnisse zeigen, dass die Haltung und das Verhalten der Mitarbeiter gegenüber dem Wandel mit der organisationalen Leistung (Kim und Mauborgne 2003) sowie der individuellen Leistung nach dem Change (Neubert und Cady 2001) verbunden ist. In einer Studie konnte nachgewiesen werden, dass sich Resilienz positiv auf die Haltung und das Verhalten von Mitarbeitern gegenüber Veränderungen auswirkt sowie ihre Bereitschaft fördert, Transformationsprozesse im Unternehmen zu unterstützen (Shin et al. 2012). Dabei gilt es, resilienzfördernde Ressourcen der Mitarbeiter bereits vor dem Veränderungsvorhaben zu stärken, um die mit dem Wandel oft verbundene Belastung abzufedern und das Commitment der Mitarbeiter zu erhöhen (ebd., S. 728).

1.1.7 Stärkung der Arbeitgebermarke

Durch den Geburtenrückgang suchen viele Unternehmen heute händeringend nach qualifizierten Arbeitskräften. Kandidaten wählen ihre zukünftigen Arbeitgeber mit Bedacht – und oft mit Blick auf die eigenen Wertvorstellungen. Mitarbeiter bemerken sehr schnell, wenn ihr Arbeitgeber sie dabei unterstützt, mit stetig neuen Herausforderungen wie Arbeitsverdichtung, Krisen und Komplexität gut umgehen zu können, wenn Vorgesetzte ihnen Entscheidungsfreiräume geben und ihnen mit Wertschätzung begegnen. Das wiederum stärkt das Commitment der Beschäftigten gegenüber dem Unternehmen (Schmied 2013; Initiative neue Qualität der Arbeit 2014; Shin et al. 2012). Deutsche Führungskräfte sehen den „typisch deutschen Führungsstil", der noch stark hierarchie- und machtgeprägt ist, somit auch als Nachteil im Ringen um Gewinnung und Bindung von Talenten (Initiative neue Qualität der Arbeit 2014, S. 10).

Die oben erwähnten Herausforderungen verdeutlichen den sozioökonomischen und psychosozialen Hintergrund, die Konsequenzen für die Organisationsentwicklung sowie die Tragweite der organisationalen Resilienz. Die Welt wird schneller turbulent als die Organisationen resilient (Hamel und Välikangas 2003). Es ist wichtig, die Bewältigungsfähigkeiten von Individuen und Organisationen zu stärken, um den dauernden Wandel zu bewältigen (Scharnhorst 2008). Dabei sollten die Maßnahmen über die Bewältigung des täglichen Arbeitsstresses hinausgehen und längerfristige Gefahren und Belastungen einbeziehen (Scharnhorst 2008). Dazu gehört auch, das Arbeitsumfeld wieder menschlicher zu machen (Brown 2017).

1.2 Relevanz für Einzelpersonen

Auch Einzelpersonen bietet die Stärkung individueller Resilienz zahlreiche Vorteile, vor allem mit Blick auf die vielfältigen Anforderungen des heutigen Arbeitslebens.

Menschen erleben heute eine zunehmende Arbeits- und Informationsverdichtung, werden häufiger mit Veränderungen konfrontiert und müssen immer komplexere Aufgaben bewältigen. Nicht alle können damit umgehen. Der rasante Anstieg von psychosozialen Erkrankungen in Deutschland und anderen Industrieländern ist ein klares Signal (vgl. ▶ Abschn. 2.1.1).

Viele Studien belegen, dass Arbeitsplatzsituationen einen großen Einfluss auf das Wohlbefinden der Beschäftigten haben. Anforderungen am Arbeitsplatz wie hoher Druck oder Unklarheit von Rollen können zu Burnout, mangelnder Identifikation mit dem Arbeitgeber oder wenig Engagement führen (Doi 2005; Halbesleben und Buckley 2004). Ressourcen am Arbeitsplatz hingegen, wie etwa soziale Unterstützung, Leistungsfeedback und Autonomie, können Motivation, Lernen, Engagement und Identifizierung mit dem Arbeitgeber steigern (Demerouti et al. 2001; Salanova et al. 2006; Taris und Feij 2004; Bakker und Demerouti 2007).

Dabei werden Menschen nicht nur durch große Katastrophen aus der Bahn geworfen, sondern auch durch die vielen kleinen Situationen im Alltag, die schieflaufen können und die zermürben oder verletzen. Wichtig ist zu wissen, was man als Mensch braucht, um im Gleichgewicht zu bleiben. Zur Resilienzförderung gehört daher die Sensibilisierung für die psychologischen Grundbedürfnisse des Menschen (Grawe 2004), genauso wie die Stärkung der Selbststeuerung. Darüber hinaus spielt die eigene Haltung bei der Resilienz eine große Rolle: Es geht darum, die Tücken des Lebens nicht nur als Unheil zu sehen, sondern die Chancen dahinter zu erkennen und sie als Dünger für Wachstum zu nutzen (Haas 2015, S. 20).

1.3 Relevanz für Führungskräfte

Für Führungskräfte gilt bezüglich Resilienz unter anderem das, was bei der Relevanz für Einzelpersonen aufgeführt ist. Aufgrund ihrer Rolle als Vorbild und in ihrer Verantwortung für die eigene Leistung und Gesundheit sowie für jene ihrer Mitarbeiter und des Unternehmens (Badura et al. 2011) werden sie im Weiteren separat betrachtet.

In vielen Unternehmen ist die Führungsrolle vor allem fachlich geprägt. Vor dem Hintergrund komplexer organisatorischer Steuerungsaufgaben reicht dies jedoch nicht mehr aus: Es geht zukünftig verstärkt um eine gute Balance von fachlicher, organisatorischer und persönlicher Führungsrolle. In den modernen Ansätzen der Führungskräfteentwicklung ist deshalb zunehmend die Rede von der „vertikalen Entwicklung der Führungskraft", die im Gegensatz zur kompetenzenfokussierten horizontalen Entwicklung ein inneres Wachstum der Persönlichkeit der Führungskraft beschreibt (Kegan und Laskow Lahey 2009; Gebhardt et al. 2015).

In einer sich ständig verändernden Arbeitswelt sind Mitarbeiter das wichtigste Leistungspotenzial eines Unternehmens. Führungskräfte tragen die Verantwortung für die Mitarbeiter – und zwar nicht nur hinsichtlich ihrer Leistungen, sondern auch bezüglich ihrer Gesundheit. Denn nur gesunde und motivierte Mitarbeiter sind auch produktiv (Badura et al. 2011). Studien belegen den Zusammenhang zwischen Führung und der Gesundheit von Beschäftigten. Dies betrifft sowohl deren Wohlbefinden als auch gesundheitliche Beeinträchtigungen (Rigotti et al. 2014; Mourlane et al. 2013). Gestresste Führungskräfte sind weniger in der Lage, ihre Mitarbeiter zu unterstützen, was sich direkt auf das Stressniveau der Beschäftigten auswirkt (Roche et al. 2014, S. 476). Weitere Studien belegen einen Ansteckungsprozess (*trickle-down effect*) von Emotionen des Vorgesetzten auf die Mitarbeiter. Diese Übertragung gilt sowohl für positive wie negative Gefühle und kann das Wohlbefinden am Arbeitsplatz maßgeblich beeinflussen (ten Brummelhuis et al. 2014; Rigotti et al. 2014). Resiliente Führungskräfte kennen die eigenen Ressourcen, betreiben ein nachhaltiges Energie- und Stressmanagement, können mit ihren Emotionen wirksam umgehen und verzichten darauf, den Druck an die Mitarbeiter weiterzugeben.

Weiterhin erbringen Führungskräfte aufgrund der steigenden Diversität von Mitarbeitergruppen in Bezug auf Alter, kulturellen Hintergrund, Talente, Interessen und Persönlichkeiten immer mehr Integrationsleistungen, die oft durch eigene Sozialisierungen der Führungskräfte erschwert werden (Gebhardt et al. 2015).

Im Zeitalter zunehmend mobiler, flexibilisierter Arbeit bedeutet Führung auch das Sicherstellen einer neuen Balance für die Kommunikationsbeziehung, die Nutzung technischer Kommunikationsmedien, das Ausbalancieren von räumlicher Nähe und virtueller Begegnung. Dies betrifft auch neue Belastungen aufgrund der wachsenden Entgrenzung von Arbeits- und Privatwelt, die durch die Führungskräfte möglichst präventiv und mitarbeiterorientiert verhindert bzw. aufgefangen werden sollen (Gebhardt et al. 2015). Es werden Führungskräfte benötigt, die eigenständige Mitarbeiter im richtigen Maß fördern, anleiten, aber auch „freilassen", damit sie ihr Potenzial und ihre Selbstwirksamkeit als wertvolle Ressource entfalten können.

1.4 Relevanz für Gruppen und Teams

Die Arbeit in (Projekt-)Teams und Netzwerken gewinnt vor dem Hintergrund der zunehmenden Komplexität der Arbeitswelt an Bedeutung (Ritz 2015a). Gleichzeitig steigen die Anforderungen an Geschwindigkeit und Qualität bei der Entwicklung neuer Produkte und Dienstleistungen, was den Teams Kreativität und Innovationsfähigkeit sowie Offenheit gegenüber den Ideen und Meinungen von Kollegen abverlangt (Baer et al. 2010). Es kommt zu einer immer stärkeren Vernetzung der Akteure über Bereichs- und Hierarchiegrenzen hinweg (Baer et al. 2010).

Resiliente Personen werden als positiv emotional charakterisiert. Sie fördern auch in anderen Menschen positive Gefühle, indem sie in engen Beziehungen angemessene Unterstützung bieten. Das ist für die Stimmung und die Leistung von Teams zentral (Denovan et al. 2017). Kommt es doch zu Konflikten – was beim Zusammenarbeiten von Menschen unvermeidlich ist –, hilft ein konstruktiver Umgang damit, aus den Meinungsverschiedenheiten wertvolle Impulse für das Team und die Gesamtorganisation zu erhalten (BKK-Bundesverband 2012).

Die Vernetzung mit anderen ist ein wichtiges Schutzpolster vor, während und nach einer Krise (Haas 2015). Nicht nur einzelne Menschen, sondern ganze Gruppen können infolge einer Krise wachsen, indem sie Positives schaffen. Dies gilt nach großen Umweltkatastrophen genauso wie bei kleineren und größeren Widrigkeiten im Arbeitsalltag (Haas 2015).

Fazit

Das Konzept der organisationalen Resilienz gepaart mit der Positiven Psychologie bietet einen wissenschaftlich fundierten Ansatz, um Organisationen und Menschen zu stärken. Ohne diesen Ansatz als Allerheilmittel postulieren zu wollen, belegen Studien, dass er dazu beiträgt, die Herausforderungen der heutigen Arbeitswelt besser zu bewältigen: Für Unternehmen sind das zum Beispiel ein souveräner Umgang mit Unsicherheit und Komplexität sowie die Suche und Bindung von Talenten; für Teams und Netzwerke geht es unter anderem um höhere Erwartungen an Geschwindigkeit und Qualität bei der Entwicklung neuer Produkte und Dienstleistungen. Führungskräfte sind mit veränderten Anforderungen an ihre Rolle konfrontiert, und Einzelpersonen müssen mit Arbeits- und Informationsverdichtung sowie häufigen und oft parallel laufenden Veränderungen gut umgehen können, um gesund zu bleiben.

Literatur

Avey, J.; Reichhard, R.; Luthans, F. & Mhatre, K. (2011): Meta-analysis of the impact of psychological capital on employee attitudes, behaviors, and performance. *Human resource development quarterly, 22*(2), 127–152.

Badura, B.; Ducki, A.; Schröder, H.; Klose, J. & Macco, K. (Hrsg.) (2011): Fehlzeiten-Report 2011. Schwerpunkt: Führung und Gesundheit. Springer, Berlin.

Badura, B.; Ducki, A.; Schröder, H.; Klose, J. & Meyer, M. (Hrsg.) (2017): Fehlzeiten-Report 2016. Schwerpunkt: Unternehmenskultur und Gesundheit – Herausforderungen und Chancen. Springer, Berlin.

Bakker, A. & Demerouti, E. (2007): The job demands-resources model: state of the art. *Journal of Managerial Psychology 22*(3), 309–328. Online: https://doi.org/10.1108/02683940710733115. Zugegriffen am 02.02.2017.

Berkemeyer (2014): Berkemeyer Unternehmensbegeisterung. Gallup Studie. Online: http://berkemeyer.net/news/gallup-studie. Zugegriffen am 03.02.2017.

BKK-Bundesverband (2015): Gesundheitsreport 2015. Langzeiterkrankungen – Zahlen, Daten, Fakten. Medizinisch Wissenschaftliche Verlagsgesellschaft, Berlin.

BKK-Bundesverband (2012): Initiative neue Qualität der Arbeit. Kein Stress mit dem Stress. Online: http://psyga.info/elearningtool/de/pdf/psyGA_Handlungshilfe_Beschaeftigte.pdf. Zugegriffen am 30.12.2017.

Baer, M.; Leenders, R.; Oldham, G. & Vadera, A. (2010): Win or lose the battle for creativity: The power and perils of intergroup competition. *Adademy of Management Journal 53*(4), 827–845.

Brown, B. (2017): Verletzlichkeit macht stark. Goldmann, München.

Demerouti, E.; Bakker, A.; Nachreiner, F. & Schaufeli, W. (2001): The job demands-resources model of burnout. *Journal of Applied Psychology, 86*, 499–512.

Denovan, A.; Crust, L. & Clough P. (2017): Resilience at work. *The Wiley Blackwell Handbook of the Psychology of Positivity and Strenghts-Based Approaches at Work, 1*, 132–149.

Deutsche Rentenversicherung Bund (2014): Positionspapier der Deutschen Rentenversicherung zur Bedeutung psychischer Erkrankungen in der Rehabilitation und bei Erwerbsminderung. Online: https://www.deutsche-rentenversicherung.de/cae/servlet/contentblob/339288/publicationFile/64601/pospap_psych_Erkrankung.pdf. Zugegriffen am 30.12.2017.

Doi, Y. (2005): An epidemiologic review on occupational sleep research among Japanese workers. *Industrial Health, 43*, 3–10.

Edward, K. (2005): The phenomenon of resilience in crisis care mental health clinicians. *International Journal of Mental Health Nursing, 14*, 142–148.

Gallup (2017): Gallup Engagement Index 2016: Schlechte Chefs kosten deutsche Volkswirtschaft bis zu 105 Millionen Euro jährlich. Pressemitteilung vom 22. März 2017. Online: http://www.gallup.de/183104/engagement-index-deutschland.aspx. Zugegriffen am 04.05.2017.

Gebhardt, B.; Hofmann, J. & Roehl, H. (2015): Zukunftsfähige Führung. Die Gestaltung von Führungskompetenzen und -systemen. Bertelsmann Stiftung, Gütersloh. Online: http://creating-corporate-cultures.org/fileadmin/files/BSt/Publikationen/GrauePublikationen/ZukunftsfaehigeFuehrung_final.pdf. Zugegriffen am 08.12.2016.

Grawe, K. (2004): Neuropsychotherapie. Hogrefe, Göttingen.

Greve, G. (2010): Organisationales Burnout. Das versteckte Phänomen ausgebrannter Organisationen. Gabler, Wiesbaden.

Gu, Q. & Day, C. (2006): Teachers resilience: a necessary condition for effectiveness. *Teaching and Teacher Education, 23*, 1302–1316. Online: https://www.deepdyve.com/lp/elsevier/teachers-resilience-a-necessary-condition-for-effectiveness-HQKILjSIPW?key=dd_plugin_gs&utm_campaign=pluginGoogleScholar&utm_source=pluginGoogleScholar&utm_medium=plugin. Zugegriffen am 02.02.2017.

Haas, M. (2015): Stark wie ein Phönix. Wie wir unsere Resilienzkräfte entwickeln und in Krisen über uns hinauswachsen. O.W. Barth, München.

Halbesleben, J. & Buckley, M. (2004): Burnout in organizational life. *Journal of Management, 30*, 859–879.

Hamel, G. & Välikangas, L. (2003): The quest for resilience. *Harvard Business Review, 81*, 52–65.

Heller, J.; Elbe, M. & Linsenmann, M. (2012): Unternehmensresilienz. Faktoren betrieblicher Widerstandsfähigkeit. In: Böhle, F. & Busch, S. (Hrsg.), *Management von Ungewissheit. Neue Ansätze jenseits von Kontrolle und Ohnmacht, 213–232*. transcript, Bielefeld.

Initiative neue Qualität der Arbeit (Hrsg.) (2014): Führungskultur im Wandel. Kulturstudie mit 400 Tiefeninterviews. Online: https://www.nextpractice-forum.de/images/pdf/inqa_monitor_gute_fuehrung.pdf. Zugegriffen am 30.12.2017.

Jackson, D.; Firtko, A. & Edenborough, M. (2007): Personal resilience as a strategy for surviving and thriving in the face of workplace adversity: a literature review. *Journal of Advanced Nursing, 60*(1), 1–9. Online: http://www.health.state.mn.us/patientsafety/preventionofviolence/personalresiliancewrkplace.pdf. Zugegriffen am 02.02.2017.

Judkins, S.; Arris, L. & Keener, E. (2005): Program evaluation in graduate nursing education: hardiness as a predictor of success among nursing administration students. *Journal of Professional Nursing, 21*, 314–321.

Kegan, R. & Laskow Lahey, L. (2009): Immunity to change: How to overcome it and unlock the potential in yourself and your organization. Harvard Business Review Press, Boston.

Kewes, T. (18./19./20. August 2017): Endlich wieder im Büro! Handelsblatt, 159, 44–48.

Kotter, J. & Cohen, D. (2002): The heart of change. *Harvard Business School Press*, Boston.

Literatur

Kim, W. & Mauborgne, R. (2003): Fair process: Managing in the knowledge economy. *Harvard Business Review, 81*(1), 127–136. Online: https://hbr.org/2003/01/fair-process-managing-in-the-knowledge-economy. Zugegriffen am 02.02.2017.

Linnenluecke, M. (2017): Resilience in business and management research: A review of influencial publications and a research agenda. *Internatinonal Journal of Management Reviews, 19*, 4–30.

McGee, E. (2006): The healing circle: resiliency in nurses: *Issues in Mental Health Nursing, 27*, 43–57. Online: https://www.ncbi.nlm.nih.gov/pubmed/16352515. Zugegriffen am 02.02.2017.

McManus, S.; Seville, E.; Vargo, J. & Brunsdon, D. (2008): Facilitated process for improving organisational resilience. *Natural Hazards Review, 9*(2), 81–90.

Mourlane, D.; Hollmann, D. & Trumpold, K. (2013): Studie „Führung, Gesundheit & Resilienz". Bertelsmann Stiftung, Gütersloh & mourlane management consultants, Frankfurt am Main.

Neubert, M. & Cady, S. (2001): Program commitment: A multi-study longitudinal field investigation of its impact and antecedents. *Personnel Psychology, 54*, 421–448. Online: https://onlinelibrary.wiley.com/doi/abs/10.1111/j.1744-6570.2001.tb00098.x. Zugegriffen am 02.02.2017.

Rigotti, T.; Holstad, T.; Mohr, G.; Stempel, Ch.; Hansen, E.; Loeb, C.; Isaksson, K.; Otto, K.; Kinnunen, U. & Perko, K. (2014): Rewarding and sustainable healthpromoting leadership. Bundesanstalt für Arbeitsschutz und Arbeitsmedizin, Dortmund. Online: https://www.baua.de/DE/Angebote/Publikationen/Berichte/F2199.pdf;jsessionid=BE69628E3571CA4698E89F692DBDD42F.s1t2?__blob=publicationFile&v=1. Zugegriffen am 28.12.2016.

Rigotti, T. & Mohr, G. (2008): Konzepte und Maßnahmen zur Gesundheitsförderung. In: Berufsverband deutscher Psychologinnen und Psychologen (BDP) (Hrsg.): *Psychische Gesundheit am Arbeitsplatz in Deutschland*, 45–50. Online: https://psydok.psycharchives.de/jspui/bitstream/20.500.11780/3617/1/BDP_Bericht_2008_Gesundheit_am_Arbeitsplatz.pdf. Zugegriffen am 28.12.2016.

Ritz, F. (2015a): Organisationale Resilienz – Paradigmenwechsel, Konzeptentwicklung und Anwendung. In: Bargstedt, U.; Horn, G. & van Vegden, A. (Hrsg.): *Resilienz in Organisationen stärken: Vorbeugung und Bewältigung von kritischen Situationen*, 3–24. Verlag für Polizeiwissenschaft, Frankfurt am Main.

Roche, M.; Haar, J. & Luthans, F. (2014): The role of mindfulness and psychological capital on the well-being of leaders. *Journal of Occupational Health Psychology 19*(4), 476–489.

Salanova, M.; Bakker, A. & Llorens, S. (2006): Flow at work: evidence for an upward spiral of personal and organizational resources. *Journal of Happiness Studies, 7*, 1–22.

Scharnhorst, J. (2008): Resilienz – neue Arbeitsbedingungen erfordern neue Fähigkeiten. In: Berufsverband deutscher Psychologinnen und Psychologen (BDP) (Hrsg.): *Psychische Gesundheit am Arbeitsplatz in Deutschland (BDP-Gesundheitsbericht)*, 51–54. Online: https://psydok.psycharchives.de/jspui/bitstream/20.500.11780/3617/1/BDP_Bericht_2008_Gesundheit_am_Arbeitsplatz.pdf. Zugegriffen am 28.12.2017.

Schmied, A. (2013): Resilienz. In: Künzel, H. (Hrsg.), *Erfolgsfaktor Employer Branding*. Erfolgsfaktor Serie. Springer Gabler, Berlin, Heidelberg.

Shin, J.; Taylor, M.S. & Seo, M.-G. (2012): Resources for change: The relationship of organizational inducements and psychological resilience to employees' attitudes and behaviors toward organizational change. *Academy of Management Journal, 55*(3), 727–748.

Staw, B.; Sandelands, L. & Dutton, J. (1981): Threat rigidity effect in organizational behavior: A multilevel analysis. *Administrative Science Quarterly, 26*(4), 501–524. Online: http://www.jstor.org/stable/2392337?seq=1#page_scan_tab_contents. Zugegriffen am 05.02.2017.

Sutcliffe, K. & Vogus, T. (2003): Organizing for resilience. In: Cameron, K.; Dutton, J. & Quinn, R. (Hrsg.), *Positive Organizational Scholarship: Foundations of a New Discipline*. Berrett-Koehler, San Francisco.

Taris, T. & Feij, J. (2004): Learning and strain among newcomers: a three-wave study on the effects of job demands and job control. *Journal of Psychology, 138*, 543–563.

Ten Brummelhuis, L.; Haar, J. & Roche, M. (2014): Does family life help to be a better leader? A closer look at crossover processes from leaders to followers. *Personnel psychology, 67*(4), 917–949.

Weick, K. & Sutcliffe, K. (2001). Managing the unexpected – assuring high performance in an age of complexity. Jossey Bass Preface p.ix, San Francisco.

Wildavsky, A. (1988): Searching for safety. Transaction Books. New Brunswick.

Positive Psychologie und organisationale Resilienz: Definitionen und Grundlagen

Mirjam Rolfe

2.1 Positive Psychologie – 16
2.1.1 Ziele und Konzepte der Positiven Psychologie – 18
2.1.2 Positive Organisationslehre (POS), Positives Organisationsverhalten (POB) und Psychologisches Kapital (PsyCap) – 21

2.2 Organisationale Resilienz – 22
2.2.1 Individuelle Resilienz – 23
2.2.2 Resilienz von Organisationen – 25
2.2.3 Systemresilienz – 28
2.2.4 Die Entwicklung der Resilienzforschung – 29
2.2.5 Verwandte Konzepte und Begriffe – 33

2.3 Zwei sich ergänzende Forschungsbereiche – 35

Literatur – 36

© Springer-Verlag GmbH Deutschland, ein Teil von Springer Nature 2019
M. Rolfe, *Positive Psychologie und organisationale Resilienz*,
Positive Psychologie kompakt, https://doi.org/10.1007/978-3-662-55758-7_2

> **Überblick**
> - Was unter Positiver Psychologie zu verstehen ist
> - Worum es bei individueller und organisationaler Resilienz geht
> - Weshalb Resilienz als systemisches Konstrukt aufgefasst wird
> - Wie sich die Resilienzforschung entwickelt hat
> - Welche Verbindungen es zwischen Positiver Psychologie und organisationaler Resilienz gibt

2.1 Positive Psychologie

Nach dem Zweiten Weltkrieg konzentrierte sich die Psychologie in Forschung und Praxis hauptsächlich auf das Erkennen und Heilen seelischer Störungen wie Depressionen und Traumata. Mit Blick auf die Soldaten, von denen viele mit Posttraumatischen Belastungsstörungen (PTBS) nach Hause zurückkehrten, entsprach dieser Risiko- und Defizitfokus den Bedürfnissen der Zeit und er führte auch zu evidenzbasierten, wirksamen Behandlungsmethoden. Doch dann kam es kurz vor der Jahrtausendwende zu einer bedeutenden Veränderung: Die amerikanischen Psychologieprofessoren Martin Seligman, Mihály Csikszentmihályi und Ed Diener forderten einen Richtungswechsel von Forschung und Anwendung in der Psychologie. Sie solle mehr das fokussieren, was Wohlbefinden, Lebenszufriedenheit und psychische Leistungsfähigkeit fördert. Denn die reine Abwesenheit von Depression sei nicht gleichbedeutend mit Gesundheit (Seligman und Csikszentmihályi 2000).

Als Martin Seligman 1998 Präsident der amerikanischen psychologischen Gesellschaft (American Psychological Association, APA) wurde, plädierte er in seiner Antrittsrede dafür, dass sich Psychologen vermehrt dem annehmen sollten, was das Leben lebenswert macht, und die Voraussetzungen für ein solches Leben schaffen (Seligman 2002). An die Stelle der Defizitorientierung rückte die Ressourcenorientierung mit der Erforschung positiver Emotionen, positiver Eigenschaften und positiver Gemeinschaft bzw. Beziehungen.

Die Wurzeln der Positiven Psychologie reichen jedoch noch weiter zurück: Schon Aristoteles erwähnte in seinen philosophischen Schriften Glück, Sinn und Tugend. Der amerikanische Psychologe Abraham Maslow wählte bereits 1954 für das letzte Kapitel seines Buches *Motivation und Persönlichkeit* den Titel „Towards a Positive Psychology". Er ist einer der Begründer der humanistischen Psychologie und gilt als „Großvater der Positiven Psychologie". Der amerikanische Psychologe und Psychotherapeut Carl Rogers baute die humanistische Psychologie weiter aus. Er war davon überzeugt, dass der Mensch grundsätzlich positiv und entwicklungsfähig ist, und begründete sein Konzept der „fully functioning person" auf diesem Prinzip der Positiven Psychologie (Blickhan 2015, S. 18).

> **Definition**
>
> Die Positive Psychologie wird definiert als wissenschaftliche Forschung und Anwendung zur Stärkung der optimalen menschlichen Leistungsfähigkeit. Sie hat sich zum Ziel gesetzt, jene Faktoren zu entdecken und zu fördern, die Individuen und Gemeinschaften – Organisationen, Schulen, Familien – „aufblühen" lassen (*flourishing*). Als Teil der akademischen Psychologie sind ihre Modelle und Erkenntnisse wissenschaftlich belegt. Die Positive Psychologie unterscheidet sich demnach durch ihre empirisch gesicherten Antworten von schlichtem „Positiven Denken".

Seligman et al. (2005) etablierten für die Positive Psychologie eine Drei-Säulen-Definition: Positive Psychologie sei ein Sammelbegriff für die Erforschung von (1) positiven Emotionen, (2) positiven Charakterstärken und (3) Institutionen, die Menschen fördern (Seligman et al. 2005, S. 410). Später ergänzte Seligman noch eine vierte Säule – Beziehungen. Auch Wong (2011) geht von vier Säulen aus, die er als (1) Tugend, (2) Sinn, (3) Resilienz und (4) Wohlbefinden bezeichnet (Wong 2011, S. 72).

Manche Kritiker werfen der Positiven Psychologie vor, das Negative auszublenden. Dies trifft nicht zu. Die Positive Psychologie versteht das Negative als Bestandteil des Menschseins und setzt es in einen neuen Rahmen. Gleichzeitig wird dem Guten und Bereichernden mehr Gewicht als dem Negativen gegeben, da die Forschung zeigt, dass Menschen und Organisationen dann die Tendenz haben zu wachsen. Durch die Entwicklungsstufe „Positive Psychology 2.0" reagiert der Wissenschaftszweig dennoch auf die Kritik. Denn negative Emotionen, wie etwa Frustration, Reue oder Ärger, können Menschen auch zu positiver Veränderung motivieren. Für Wong (2011) hat ein gut ausbalanciertes Modell der Positiven Psychologie zum Ziel, das positive Potenzial negativer Emotionen und Situationen für Individuen und die Gesellschaft zu nutzen. Zukünftige Forschung müsse sich der Hypothese zuwenden, dass die Erfahrung, Negatives überwunden zu haben, die Entwicklung von Charakterstärken und Resilienz fördern kann (Wong 2011,

S. 70). Allgemein gehe es darum, herauszufinden, wie man in guten und schlechten Zeiten das Beste im Menschen hervorbringen könne – trotz innerer und äußerer Grenzen (Wong 2011, S. 72).

2.1.1 Ziele und Konzepte der Positiven Psychologie

Die Positive Psychologie hat also zum Ziel, individuelle und organisatorische Entwicklung zu fördern und das Gute in Menschen, Unternehmen und der Gesellschaft zu unterstützen. Außerdem möchte sie Präventionsarbeit leisten, um Burnout (auf individueller und organisationaler Ebene) und Depressionen vorzubeugen. Das tut sie, indem sie die Aufmerksamkeit neu ausrichtet: Sie konzentriert sich auf Stärken (statt auf Schwächen), auf Resilienz (statt auf Vulnerabilität), auf das Gelingen (statt auf das Scheitern). Dabei erforscht sie unter anderem folgende Faktoren und entwickelt Interventionen dazu:
- positive Emotionen,
- Wohlbefinden,
- Sinn und Sinnerleben,
- Resilienz,
- Engagement und Motivation,
- Stärken und Ressourcen,
- positive Beziehungen,
- das Gefühl, wirksam und erfolgreich zu sein.

2.1.1.1 Subjektives (psychologisches) Wohlbefinden

Ein grundlegendes Konstrukt der positiven Psychologie ist das Wohlbefinden, von manchen Wissenschaftlern auch Glück (*happiness*) oder „das gute Leben" (*the good life*) genannt (Huppert 2009). Ed Diener hat zu seiner systematischen Erforschung wesentlich beigetragen. Er unterscheidet vier grundlegende voneinander unabhängige Komponenten von subjektivem Wohlbefinden (Diener 2000, S. 34):
- Lebenszufriedenheit (allgemeine Einschätzung des eigenen Lebens),
- Bereichszufriedenheit (Zufriedenheit mit wichtigen Bereichen, z. B. Arbeit),
- positiver Affekt (das Erleben vieler angenehmer Emotionen und Stimmungen),
- negativer Affekt (das Erleben weniger unangenehmer Emotionen und Stimmungen).

Um ein „gutes Leben" zu führen, brauchen sich Menschen demnach nicht ständig gut zu fühlen. Das Erfahren von negativen Gefühlen ist ein normaler Teil des Lebens. Doch für langfristiges Wohlbefinden ist es essenziell, dass man in der Lage ist, mit negativen oder schmerzhaften Gefühlen umzugehen (Huppert 2009; Hanson 2018). Wohlbefinden und Resilienz verstärken sich gegenseitig (Hanson 2018).

Die amerikanische Psychologin Carol Ryff (1989), auch sie eine Pionierin auf diesem Gebiet, hat Dieners Modell weiterentwickelt. Sie unterscheidet sechs Faktoren, die psychologisches Wohlbefinden beeinflussen (◘ Abb. 2.1).

Selbstakzeptanz (*self acceptance*) meint eine positive Grundeinstellung sich selbst gegenüber; positive Beziehungen (*positive relationships with others*) bedeutet vertrauensvolle, stärkende Beziehungen mit anderen; Autonomie (*autonomy*) ist Selbstbestimmtheit und impliziert, sich als Mensch auf seine Werte als Kompass zu verlassen statt externe Anerkennung zu suchen; Alltagsbewältigung (*environmental mastery*) bedeutet Selbstwirksamkeit und eine aktive Gestaltung der eigenen Lebensumstände; Sinn und Ziele (*purpose in life*) bezieht sich auf das eigene Leben. Persönlichkeitsentwicklung (*personal growth*) meint kontinuierliches persönliches Wachstum (Blickhan 2015, S. 34).

◘ **Abb. 2.1** Subjektives Wohlbefinden nach Carol Ryff (1989). (Adaptiert, nach DGPP 2015)

2.1.1.2 Flourishing (Aufblühen)

Ein mit Wohlbefinden eng verknüpftes Konzept ist Flourishing. Das PERMA-Modell von Martin Seligman (2011a, 2011b) fasst die Faktoren zusammen, die bei Menschen und Organisationen zu Aufblühen führen: positive Emotionen (*positive emotion, P*), Engagement (*engagement*, E), Beziehungen (*relationships*, R), Sinnerleben (*meaning*, M) und Leistung/Wirksamkeit (*accomplishment*, A). Für Seligman sind diese fünf Faktoren die Bausteine für Resilienz und Wachstum (Seligman 2011a) (◘ Abb. 2.2).

Die Theorie des Wohlbefindens und des Aufblühens ist grundlegend für das Verständnis von Resilienz. Sie wird uns durch dieses Buch begleiten.

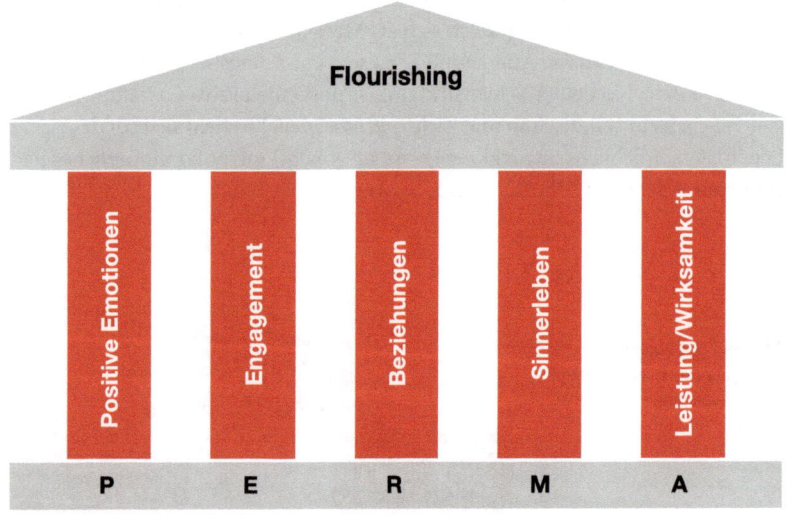

◘ **Abb. 2.2** PERMA – fünf Elemente, die Aufblühen fördern. (Adaptiert, nach DGPP 2015)

2.1.2 Positive Organisationslehre (POS), Positives Organisationsverhalten (POB) und Psychologisches Kapital (PsyCap)

Inspiriert von der Positiven Psychologie wandten sich einige Organisationsforscher ab Anfang 2000 vermehrt Faktoren und Prozessen zu, die Organisationen, vor allem auch in Krisenzeiten, stärken (Luthans 2002a, 2002b). Diese Bestrebungen werden unter dem Überbegriff der **Positiven Organisationslehre** (*Positive Organizational Scholarship*, POS) zusammengefasst. Darunter verstehen Cameron und Caza (2004, S. 731) die Wissenschaft vom Positiven, Aufblühenden und Lebensspendenden in Organisationen, die zu herausragenden individuellen und organisationalen Leistungen, zu Resilienz und Vitalität beiträgt. Konzepte von POS, auf die später noch eingegangen wird, sind u. a. positive Devianz (positiv abweichende Leistungen, vgl. ▶ Kap. 5), High Quality Connections (qualitativ hochwertige Verbindungen, vgl. ▶ Kap. 6) und positive Führung (vgl. ▶ Kap. 5).

Typisch für die Positive Organisationsforschung ist die große Bedeutung, die der Mikroebene, das heißt den Mitgliedern einer Organisation, zuteilwird. Dies zeigt sich in Arbeiten zum **Positiven Organisationsverhalten** (*Positive Organizational Behavior*, POB) (Youssef und Luthans 2007; Luthans 2002a, 2002b). POB beschäftigt sich mit der Erforschung und Anwendung menschlicher Stärken und psychologischer Fähigkeiten, die gemessen, entwickelt und effektiv gemanagt werden können, um Leistungssteigerungen am Arbeitsplatz zu erreichen (Luthans 2002a, S. 698).

Ein Konzept aus der POB ist das **Psychologische Kapital** (*Psychological Capital*, PsyCap). Das psychologische Kapital eines Menschen setzt sich aus vier mehr oder weniger ausgeprägten psychologischen Ressourcen zusammen, die im Englischen das Wort „HERO" bilden.

Hope (Hoffnung)	An gesteckten Zielen festhalten
Efficacy (Selbstwirksamkeit)	Von seinen eigenen Fähigkeiten überzeugt sein
Resilience (Resilienz)	Probleme bewältigen und Hürden überwinden können
Optimism (Optimismus)	Zuversichtlich in die Zukunft schauen und an seinen Erfolg glauben

Studien belegen, dass das psychologische Kapital mit nachhaltigem Unternehmenserfolg und Leistung verbunden ist (Luthans 2002a, 2002b, Luthans et al. 2006, 2007; Nelson und Cooper 2007; Wright 2003). Außerdem konnte ein Zusammenhang zwischen psychologischem Kapital und verringerten Fehlzeiten nachgewiesen und aufgezeigt werden, dass Psychologisches Kapital in diesem Zusammenhang

2.2 Organisationale Resilienz

Der Begriff „Resilienz" leitet sich vom lateinischen Wort *resilire* ab und bedeutet „zurückspringen", „abprallen". Er stammt ursprünglich aus der Werkstoffkunde und bezeichnet dort die Fähigkeit eines Materials, nach einer elastischen Verformung in den Ausgangszustand zurückzukehren. Im Deutschen wird Resilienz als Synonym verwendet für die Worte Belastbarkeit, Widerstandsfähigkeit, Anpassungsfähigkeit und Krisenfestigkeit, die sich sowohl auf Menschen als auch auf Organisationen beziehen.

Der Begriff der Resilienz ist amorph, da er von vielen Disziplinen übernommen und unterschiedlich ausgelegt wurde. So findet man ihn im Bereich der Organisationsentwicklung und der Psychologie genauso wie im Sicherheitsmanagement (Arbeitssicherheit, nationale Sicherheit), im Supply Chain Management und in der Ökologie (Katastrophenschutz, Klimaveränderungen). Doch auch innerhalb derselben Disziplin sind unterschiedliche Auslegungen anzutreffen. In der Wissenschaft wird mehr und mehr der Ruf nach einer einheitlichen Definition laut. Nach Coutu (2002) werden wir Resilienz wohl nie ganz verstehen, denn sie gehöre zu den großen Rätseln der Natur, wie etwa Kreativität. Rutter (1999) argumentiert, Resilienz sei absichtlich ein breit gefasstes Konzept, und das sei notwendig und angemessen.

Für den unternehmerischen Kontext ist die *Humanresilienz* von Bedeutung. Diese inkludiert jene Resilienzbereiche, die sich auf Menschen oder Einheiten, zu denen Menschen gehören, beziehen. Die Bezugseinheit der Resilienz kann dabei ein Individuum (individuelle Resilienz), ein System – zum Beispiel eine Branche oder ein Team (Systemresilienz) – oder ein Unternehmen (organisationale Resilienz) sein (Di Bella 2014). So lassen sich drei Ebenen organisationaler Resilienz unterscheiden: die Mikro-, Meso- und Makroebene. Auf diese drei Ebenen der Resilienz wird im Folgenden näher eingegangen.

2.2.1 Individuelle Resilienz

Die Definition individueller Resilienz ist noch uneinheitlich. Während einige Wissenschaftler sie als relativ stabile Fähigkeit, Eigenschaft oder Persönlichkeitsmerkmal (*trait*) sehen (Block und Block 1980; Jacelon 1997; Giordano 1997), wird sie in anderen – vor allem auch neueren – Quellen als dynamischer Prozess (*state*) bezeichnet (Ryff und Singer 2003; Kalisch et al. 2015; Denovan et al. 2017) und gilt bis zu einem gewissen Grad als erlernbar. In der angelsächsischen Literatur finden sich diese beiden Ansätze in den Begrifflichkeiten „resiliency" und „egoresiliency" (*trait*) einerseits und „resilience" (*state*) andererseits wieder.

Für einige Forscher bedeutet Resilienz, nach Rückschlägen in die Ausgangsposition zurückzufinden (z. B. Sutcliffe und Vogus 2003), für andere geht es darum, trotz – oder gerade wegen – einer Krise zu wachsen (*thriving, flourishing*) (Jackson et al. 2007; Kalisch et al. 2015; Linnenluecke 2017; Denovan et al. 2017). In der Literatur herrscht jedoch Einigkeit, dass Resilienz immer im Zusammenhang mit einer inneren oder äußeren Widrigkeit, Krise oder Stress zu verstehen ist.

Einige beispielhafte Definitionen sollen hier die Bandbreite des Begriffs veranschaulichen. Individuelle Resilienz bedeutet:

- „die Fähigkeit zur Aufrechterhaltung oder Wiederherstellung psychischer Gesundheit während oder nach stressvollen Lebensereignissen" (Deutsches Resilienz-Zentrum 2018);
„nicht notwendigerweise ein ‚Zurückspringen in den Normalzustand', sondern ein Prozess des Lernens, Zusammenarbeitens und der Entwicklung von Innovationen, um Veränderung zu akzeptieren und das Festhalten am Status quo zu überwinden" (Ross 2016, S. 6);
- „unter herausfordernden Bedingungen positive Anpassung beizubehalten" (Sutcliffe und Vogus 2003, S. 95);
- „Handlungs- und Orientierungsmuster, die Individuen in der Konfrontation mit und der Bewältigung von widrigen Lebensumständen herausbilden" (Hildebrand 2006, S. 205);
- „nicht ein Leben des ruhigen Segelns, in dem alles gut geht und man Widrigkeiten umschifft, sondern erfolgreiches Auseinandersetzen mit schwierigen Vorkommnissen und Erfahrungen" (Ryff und Singer 2003, S. 21).

Tugade et al. (2004, S. 1) machen auf die Verbindung zwischen Resilienz und positiven Emotionen aufmerksam. Für sie bedeutet psychologische Resilienz „die Fähigkeit mit Hilfe positiver Emotionen von negativen Vorkommnissen ‚zurückzuspringen'".

> **Definition**
>
> In diesem Buch wird unter individueller Resilienz ein dynamischer Prozess verstanden, der es Menschen ermöglicht, auch unter widrigen Umständen zu bestehen, sich anzupassen und sich so zu entfalten, dass ihr Befinden nach der Krise ähnlich wie davor oder besser ist.

Der hier verwendete Begriff „Krise" und seine Synonyme (z. B. Belastung, Widrigkeit, Herausforderung, Störung) ist allgemein zu verstehen und bezieht sich sowohl auf kurzzeitige (akute) wie auf langfristige (chronische) soziale, physische oder psychische Belastungen (Stressoren).

Resilienz beschränkt sich demnach nicht auf personale Ressourcen, sondern beschreibt die erfolgreiche Bewältigung belastender Situationen (Soucek et al. 2016). Während gewisse Persönlichkeitseigenschaften, wie etwa eine positive Lebenseinstellung, resilientes Verhalten unterstützen können, sind sie nicht deterministisch. Das heißt, es ist nicht möglich vorauszusagen, dass ein Mensch mit einer „positiven" Persönlichkeit Belastungen unbeeinträchtigt übersteht (Kalisch et al. 2015).

Einige Autoren kritisieren die Vorstellung des „Zurückschnellens in den Ausgangszustand" (*bouncing back*) nach einer Krise oder des „Abperlens" von Widrigkeiten, da dies oft ein langwieriger und auch schmerzhafter Prozess sein kann (Haas 2015, S. 6). Anstelle des Stehaufmännchens präferiert Haas daher das Bild des Phönix, der aus der Asche steigt. Die Wucht der Krise kann dabei für die Veränderung genutzt werden (Haas 2015, S. 16; Denovan et al. 2017, S. 135). Achor (2011) betont den möglichen Wachstumsprozess nach Rückschlägen und spricht von „Vorwärtsspringen" (*bouncing forward*) anstelle von „Zurückspringen" (*bouncing back*) sowie von „Hochfallen" (*falling up*) anstelle von „Herunterfallen" (*falling down*). Das bedeutet, dass die erfolgreichsten Menschen jene sind, die Widrigkeiten nicht als Stolpersteine sehen, sondern als Sprungbrett für den Erfolg nutzen (Achor 2011, S. 111). Eines der zentralen Elemente von Resilienz ist deshalb die Wahrnehmung von oder Einstellung zu einem bestimmten Ereignis (Bonanno 2004) und die Möglichkeit, dieses positiv umzudeuten (Soucek et al. 2016; vgl. ▶ Kap. 4).

Resiliente Menschen können auf Anforderungen in wechselnden Situationen flexibel und kreativ reagieren, behalten Kraft und Belastbarkeit bei bzw. bauen sie auf. Nach negativen emotionalen Erfahrungen erholen sie sich schneller.

Als Prozess verstanden, ist Resilienz nicht stabil. Sie kann nach Krisen oder Schicksalsschlägen auch abnehmen und danach wieder aufgebaut werden. Das Gegenteil von Resilienz wird als Vulnerabilität bezeichnet, abgeleitet vom lateinischen Wort *vulnus* für Wunde (Jackson et al. 2007). Vulnerabilität als zentrales Konzept der Risikoforschung bezieht sich in der Psychologie auf die Verletzlichkeit eines Menschen und geht unter anderem mit einer längeren Erholungszeit nach Krisen einher.

2.2.2 Resilienz von Organisationen

Im wirtschaftlichen Kontext geht die Bedeutung von Resilienz über die individuelle Fähigkeit hinaus. Der Begriff „organisationale Resilienz" inkludiert die Fähigkeit von Unternehmen, sich schnell und erfolgreich an ständig verändernde Anforderungen, intern wie extern, anzupassen. An inneren und äußeren Störungen nehmen resiliente Organisationen keinen Schaden. Zu diesen Störungen gehören nicht nur Krisen, wie Terrorismus, Umweltkatastrophen oder politische Instabilität, die zu Verlust von Mitarbeitern, Beschädigung von Infrastruktur sowie Lieferengpässen führen können, sondern auch strategische Umbrüche, etwa im Zuge eines Managementwechsels oder einer Firmenübernahme und eng aufeinanderfolgender Veränderungsvorhaben. Auch technologische Neuerungen und ihre Auswirkungen auf Organisationen und Arbeitsmodelle werden zu solchen Herausforderungen gezählt, so etwa die zurzeit viele Unternehmen umtreibende digitale Transformation und die damit einhergehende Forderung nach Agilität und Flexibilität, nach Anpassung an neue, partizipativere Formen der Zusammenarbeit jenseits klassischer Hierarchiesysteme und nach einem Wandel hin zu neuen Führungswelten (Gebhardt et al. 2015). Denn während einige Unternehmen solche Trends als natürliche Weiterentwicklung und Chance verstehen, sind sie für einen Großteil der Organisationen eine bedeutende Herausforderung oder sogar eine existenzbedrohende Disruption.

Auch für organisationale Resilienz finden sich in der Literatur unterschiedliche Definitionen, beispielsweise hinsichtlich der Fähigkeit, in die Ausgangsposition zurückzukehren oder sich zu entfalten. Einige Beispiele seien hier angeführt. Organisationale Resilienz bedeutet:

- „die Fähigkeit eines Unternehmens, sich von Rückschlägen zu erholen, die während organisationaler Veränderungsprozesse unweigerlich auftreten […] und über sich hinauszuwachsen, um erfolgreich zu sein" (Avey et al. 2010, S. 17);
- „die Fähigkeit eines Systems (oder) Unternehmens […], unter sich drastisch verändernden Umständen ihren ursprünglichen Sinn (*purpose*) und Integrität zu bewahren" (Zolli und Healy 2013, S. 7);

- „eine dynamische organisationale Anpassungsfähigkeit, die sich mit der Zeit entwickelt und wächst. Es handelt sich um die Fähigkeit, mit unvorhergesehenen, eingetretenen Krisen umzugehen und zu lernen, in die Ausgangsform zurückzufinden" (Wildavsky 1988, S. 77);
- „die Fähigkeit eines Unternehmens, in Zeiten turbulenter Veränderungen zu überleben, sich anzupassen und zu wachsen" (Pettit et al. 2010, S. 1);
- „das Ergebnis organisationalen Lernens" (Sitkin 1992);
- „ein achtsamer Prozess, der zu Zuverlässigkeit führt" (Weick et al. 1999 in Linnenluecke 2017, S. 10);
- „eine Organisation so zu entwickeln, dass die Anpassungsfähigkeit von Organisationseinheiten und Mitarbeitenden erhalten bleibt" (Ritz 2015a, S. 10);
- „positive Anpassung unter herausfordernden Bedingungen" (Sutcliffe und Vogus 2003, S. 95);
- „Entfaltung aufgrund der Fähigkeit, von unerwarteten Herausforderungen und Veränderung zu profitieren" (Lengnick-Hall et al. 2011, S. 244).

Manche Autoren unterscheiden explizit die strategische Resilienz von Organisationen:

> die Fähigkeit, im Zuge von sich verändernden Umständen Geschäftsmodelle und Strategien dynamisch neu zu erfinden. Bei strategischer Resilienz geht es nicht darum, auf eine Krise zu reagieren oder sich von einem Rückschlag zu erholen. Es geht um ein kontinuierliches Voraussehen von und Anpassen an tiefgehende Trends, die die Rentabilität eines Kerngeschäfts dauerhaft beeinträchtigen können. Es geht darum, veränderungsfähig zu sein, bevor dies dringend nötig wird (Hamel und Välikangas 2003; Välikangas 2010).

Auf die Tatsache, dass auch positive Veränderungen Resilienz erfordern, weist Luthans hin:

> Resilenz ist die positiv psychologische Fähigkeit des „Zurückspringens" von Widrigkeiten, Unsicherheiten, Konflikten, Scheitern oder auch von positivem Wandel, Fortschritten und mehr Verantwortlichkeit (Luthans 2002a, S. 702).

2.2 · Organisationale Resilienz

> **Definition**
>
> In diesem Buch wird unter organisationaler Resilienz die Kraft einer Organisation verstanden, auch in Krisen oder Veränderungsprozessen, die unsicher, unklar und komplex sind, achtsam, lebendig und wirksam zu agieren und sich zu entfalten.

Dabei verstehen resiliente Unternehmen Fehler als Lernchancen und als Sprungbrett für den Erfolg. Sie achten auf die erforderliche Diversität, denn ein System kann Störungen in seiner Umwelt umso besser ausgleichen, je größer seine Handlungsoptionen sind (Lengnick-Hall et al. 2011). Das heißt, je mehr unterschiedliche Denkweisen und Ideen, desto größer die Möglichkeiten, Chancen und Gefahren im System selbst und seiner Umwelt zu erkennen.

Organisationale Resilienz kann auch als Gegenpol zu organisationalem Burnout verstanden werden, jener Verfassung, in der „sich ein aktives Organisationssystem in einem erschöpften und paralysierten Zustand befindet und mit eigenen Ressourcen diesen, als unerwünscht erkannten, Zustand nicht mehr positiv verändern kann" (Gabler Wirtschaftslexikon online 2017). Daher ist organisationale Energie ein wesentliches Thema, auf welches in ▶ Kap. 3 und 5 näher eingegangen wird.

> **Praxistipp**
>
> Um ein wirksames Betriebliches Resilienzmanagement (BRM) aufzubauen und zu erkennen, wo bei der Resilienzförderung die größten Hebel sind, sollte zuerst die Ist-Situation der Resilienz in einer Organisation definiert werden. Dabei können Fragebögen helfen. Verschiedene Messgrößen, -skalen und Fragebögen werden in ▶ Kap. 7 vorgestellt.

Eine wichtige Grundlage des Resilienzansatzes ist eine ganzheitliche, systemische Herangehensweise. Statt Einzelphänomene zu fokussieren, gilt es, das Gesamte im Blick zu behalten und Zusammenhänge sowie Interdependenzen zu verstehen. Einige Forscher unterscheiden daher zusätzlich den Begriff der Systemresilienz.

2.2.3 Systemresilienz

Unter einem System versteht man verschiedene Elemente, die voneinander und von ihrem Umfeld abhängig sind (Interdependenz) (von Bertalanffy 1972, S. 417) und über eine gewisse innere Struktur verfügen (Di Bella 2014). Dafür bedarf es mindestens zweier Systemkomponenten, die in irgendeiner Form miteinander verknüpft sind (Kast und Rosenzweig 1972, S. 448). Beispiele für Systeme sind Industrien, Organisationen, Teams oder auch Ökosysteme.

Zwischen der Stärke und Wirksamkeit jedes einzelnen Mitarbeiters und der Resilienz des Unternehmens als Ganzes besteht eine direkte Abhängigkeit (Staw et al. 1981; Sutcliffe und Vogus 2003). Daher widmet sich dieses Buch sowohl der Widerstandsfähigkeit von Organisationen als auch der Stärkung von Belastbarkeit und Flexibilität der Menschen, die die Organisation ausmachen, und dies auf Ebene der Mitarbeiter, der Führungskräfte und Teams. Der Führungskraft obliegt durch die Förderung der eigenen Resilienz, die Unterstützung der Resilienz ihrer Mitarbeiter und ihres Teams sowie den Fokus auf das Gesamtunternehmen eine zentrale Rolle. Hier ist also der systemische Blick gefordert: Die Resilienz eines Unternehmens beruht auf dem Zusammenspiel von Organisationskultur, Strukturen und Rollen, Arbeitsbedingungen, persönlichen Qualitäten und Kompetenzen von Mitarbeitern und Führungskräften genauso wie auf deren Interaktionen in Form von Kommunikation und Zusammenarbeit.

Darüber hinaus gilt es, das unternehmerische Ökosystem zu berücksichtigen, also Umgebungsfaktoren wie etwa den Markt, verfügbare Ressourcen und die soziopolitische Situation eines Unternehmens (◘ Abb. 2.3).

Die Erforschung der systemischen Resilienz soll Klarheit darüber verschaffen, welche Faktoren und Dynamiken nach auftretenden Störungen für die Rückkehr des Systems in einen stabilen Zustand bzw. für seinen Übergang in alternative Gleichgewichtszustände verantwortlich sind (Folke et al. 2010). Ein resilientes System zeichnet sich durch eine hohe Absorptions-, Selbstorganisations- und Lernfähigkeit aus. Ausschlaggebend für eine erfolgreiche Weiterentwicklung nach einer Krise ist zudem das Innovationsvermögen eines Systems (Di Bella 2014). Darüber hinaus kann auch der Zeitaspekt eine Rolle spielen. Eine hohe Widerstandsfähigkeit geht in diesem Fall mit einer raschen Rückkehr des Systems in einen stabilen Zustand einher (Perrings 2006, S. 417).

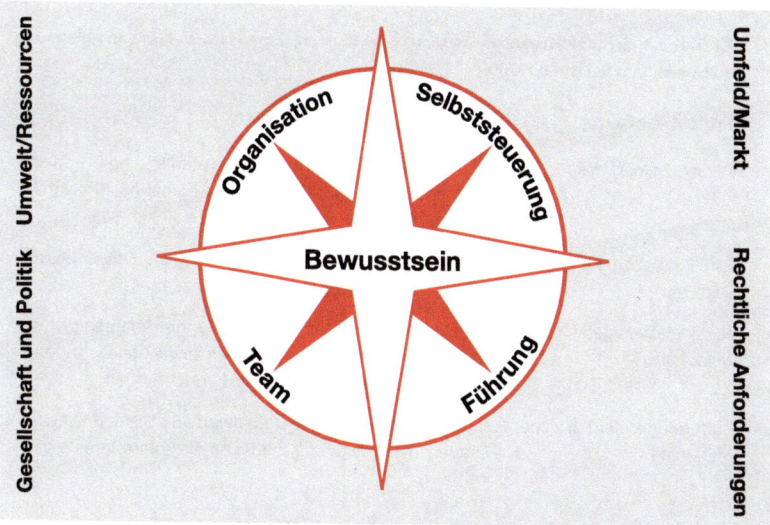

◘ Abb. 2.3 Dimensionen organisationaler Resilienz inklusive Kontextfaktoren. (Adaptiert, nach Wellensiek 2011, S. 61)

2.2.4 Die Entwicklung der Resilienzforschung

Die Anfänge der Resilienzforschung gehen auf die 1950er-Jahre zurück. Damals wurde in erster Linie die Entwicklung von Kindern und Jugendlichen mit psychosozialen Risikofaktoren wie Armut, Hunger, Gewalt, Traumatisierung, Unfällen, Scheidung, Krankheit der Eltern oder auch Krieg und Naturkatastrophen untersucht. Als wegweisend gilt die Längsschnittstudie, bei der die amerikanische Entwicklungspsychologin Emmy E. Werner 689 Kinder auf der Hawaii-Insel Kauai über 40 Jahre lang, beginnend vor ihrer Geburt, begleitete. Ein Drittel dieser Kinder stammte aus schwierigen Verhältnissen, waren also „Risikokinder". Doch ein Drittel dieser Risikokinder zeigten während des gesamten Untersuchungszeitraums keinerlei Verhaltensauffälligkeiten, sie entwickelten sich zu erfolgreichen, selbstbewussten Erwachsenen. Sie alle verfügten über Schutzfaktoren – individuelle genauso wie auf die Familie und/oder die Gemeinschaft bezogene –, die ihnen halfen, dem Stress standzuhalten und sich anzupassen (Werner 1993).

Tab. 2.1 Schutzfaktoren, die Resilienz beeinflussen. (Eigene Darstellung, in Anlehnung an Noeker und Petermann 2008)

Protektiver Faktor	Beispiele
Personale Merkmale	Genetische Faktoren, Intelligenz, optimistische Grundeinstellung, Stressverarbeitung, Selbstregulation, Motivation, Lernen
Familienbezogene Faktoren	Wenig Streit zwischen den Eltern, positiver Erziehungsstil
Netzwerkbezogene Merkmale	Stabile und vertrauensvolle Beziehungen zu fürsorglichen und wohlmeinenden Erwachsenen sowie Gleichaltrigen, Zugang zu Freizeit- und Bildungseinrichtungen
Kulturell-gesellschaftliche Merkmale	Hoher gesellschaftlicher Stellenwert von Gesundheit und Bildung, niedrige gesellschaftliche Akzeptanz von Gewalt

Auch Garmezy und Masten fanden in ihrer über 20-jährigen Langzeitstudie „Project Competence" heraus, dass Kinder, die sich unter ungünstigen Umständen (wie oben beschrieben) gesund und positiv entwickeln, über mehr innere Ressourcen (wie etwa gute kognitive Fähigkeiten) und äußere Ressourcen (wie gute Erziehung) verfügen (Masten und Tellegen 2012). In der ähnlich angelegten Isle-of-Wight-Studie, die Mitte der 1960er-Jahre startete, ging es ebenfalls um die Identifikation schützender Qualitäten (Rutter 1989).

Alle diese Studien fanden heraus, dass sowohl individuelle (biologische) als auch umgebungsbezogene Faktoren Resilienz beeinflussen. Ähnlich wie Werner unterscheiden Noeker und Petermann zwischen bestimmten protektiven Faktoren, die bei ungünstigen Umgebungsbedingungen eine resiliente Entwicklung von Kindern fördern (Noeker und Petermann 2008, S. 258; ◘ Tab. 2.1).

Luthar (1991) fand bei resilienten Studenten eine innere Kontrollüberzeugung (*locus of control*) – also die Einstellung, dass die Situation durch das eigene Verhalten beeinflusst werden kann. Auch sehr gut ausgeprägte soziale Fähigkeiten wirken resilienzfördernd (Denovan et al. 2017, S. 136).

Nach Tugade et al. (2004) hat jeder Mensch Resilienzpotenzial, die Ausprägung hängt jedoch von individuellen Erfahrungen und Qualitäten, der Umgebung und dem Gleichgewicht zwischen Risiko- und Schutzfaktoren ab (Tugade et al. 2004, S. 5). Als wichtiger Schutzfaktor gilt beispielsweise, dass der Mensch als Kind eine Beziehung zu einer stärkenden Bezugsperson aufbauen kann. Masten (2001) betont, dass individuelle Resilienz auf ganz alltäglichen Prozessen beruht (z. B. Hirnentwicklung und Kognition, Eltern-Kind-Beziehung, Emotionssteuerung, Lernmotivation und Interaktionen mit anderen Menschen), sehr viel häufiger auftritt als ursprünglich erwartet und mit den adaptiven Fähigkeiten des Menschen verbunden ist (Masten 2001, S. 234 f.). Die größte Gefahr für Kinder sind jene belastenden Umstände, die die grundlegenden menschlichen Schutzsysteme für Entwicklung unterminieren (Masten und Reed 2002, S. 83).

Die organisationale Resilienzforschung, die der Strömung der Positiven Organisationslehre zugeordnet werden kann, birgt das Potenzial, eine neue Perspektive in etablierte Theorien der Organisationslehre einzubringen (Di Bella 2014). Entsprechend groß ist das Interesse an diesem Thema. Doch die Forschung hierzu befindet sich noch in einer frühen Phase. Dies betrifft sowohl die theoretisch-konzeptionelle Grundlage als auch den empirischen Wissensstand (Youssef und Luthans 2007; Sutcliffe und Vogus 2003; Luthans 2002a). Die Zahl der wissenschaftlich fundierten Abhandlungen ist noch gering – insbesondere hinsichtlich der organisationalen Ebene. Die Anzahl der Studien, die sich auf die Mikroebene beziehen und auf der psychologischen Resilienzforschung fußen, ist hingegen bedeutend größer und nimmt stark zu (Shin et al. 2012).

In der Business- und Managementliteratur taucht der Begriff „Resilienz" erstmals in dem von Alan D. Meyer 1982 veröffentlichten Artikel „Adapting to environmental jolts" (sinngemäß: Anpassung an unvorhersehbare Ereignisse; in diesem Fall ein Ärztestreik) auf. Auf Basis einer systematischen Untersuchung einflussreicher Publikationen zu Resilienz im Business- und Managementkontext zwischen 1977 und 2014 unterscheidet Linnenluecke (2017) zwischen fünf Resilienz-Forschungsströmungen. Diese fokussieren im Wesentlichen:

- organisationale Antworten auf externe Gefahren,
- organisationale Verlässlichkeit,
- Mitarbeiterstärken,
- die Anpassungsfähigkeit von Businessmodellen,
- resilientes Supply Chain Management.

Diese unterschiedlichen Richtungen der Resilienzforschung sind eine direkte Konsequenz der jeweils vorherrschenden Kontexte und Umstände, wie etwa der Industrieunfälle und Nuklearkatastrophen der 1980er-Jahre, welche die Aufmerksamkeit auf firmeninterne Gefahren lenkten, oder der Terroranschläge vom 11. September 2001, wodurch sich der Fokus in der Resilienzforschung wieder zurück zu externen Krisen verschob (Linnenluecke 2017, S. 14 f.; vgl. ◘ Abb. 2.4).

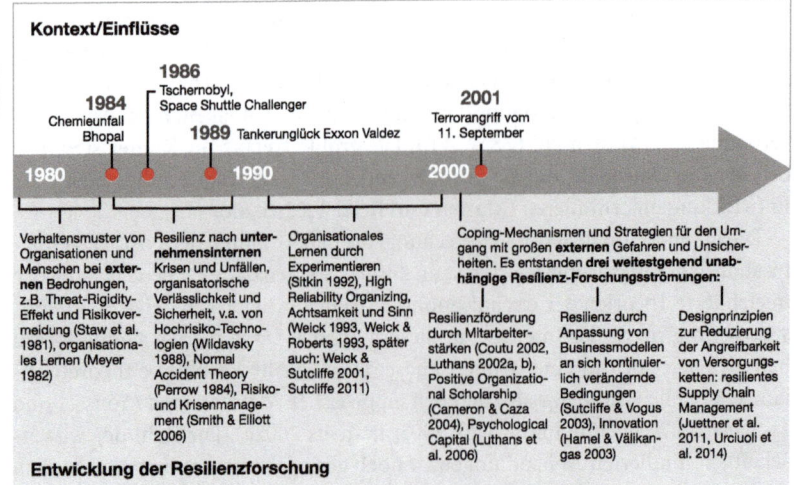

Abb. 2.4 Entwicklung der Resilienzforschung in der Managementliteratur (eigene Darstellung)

Linnenluecke (2017) weist auf die noch fehlenden Synergien zwischen den einzelnen Forschungsströmungen, die geringen empirischen Befunde zur Erkennung von Resilienz und die Notwendigkeit weiterer Forschung zur Resilienz in Management und Business hin (vgl. dazu ▶ Kap. 7) – auch wenn die Publikationen dazu seit dem Jahr 2000 stetig angestiegen sind, wie die ◘ Abb. 2.5 zeigt.

Fallstrick

Wer sich zum ersten Mal mit organisationaler Resilienz befasst, läuft leicht Gefahr, sich in der Fülle der Definitionen, Disziplinen und Publikationen zu verlieren. Es lohnt sich daher, sich zuerst zu überlegen, welche Disziplin von hauptsächlichem Interesse ist, z. B. Resilienzförderung bei Führungskräften und Mitarbeitern, Sicherheitsmanagement, Supply Chain Management oder Katastrophenschutz, und erst dann näher einzusteigen. Als erste Übersicht sind der oben dargestellte Zeitstrahl (vgl. ◘ Abb. 2.4) und die Literaturangaben in diesem Kapitel gedacht. Weitere Hinweise finden sich bei Linnenluecke (2017).

2.2 · Organisationale Resilienz

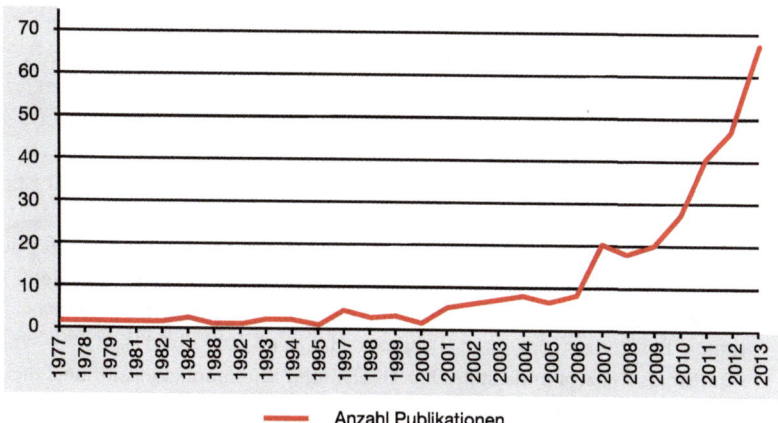

◘ Abb. 2.5 Entwicklung der Anzahl von Publikationen zu Resilienz im Kontext von Business und Management. (Adaptiert, nach Linnenluecke 2017, S. 7)

2.2.5 Verwandte Konzepte und Begriffe

Einige weitere psychologische Ansätze sind mit der Resilienz verwandt oder haben sie beeinflusst:

- Das Konzept der **Salutogenese** von Aaron Antonovsky – einem der Wegbereiter der Positiven Psychologie – plädiert für eine konsequente Lösungsorientierung und die Konzentration auf gesundheitsförderliche Ressourcen (Antonovsky 1997);
- das Konzept von **Hardiness** befasst sich mit dem Umgang mit Stressoren (Kobasa 1979; Kaluza 2015). Kobasa identifiziert folgende drei Faktoren – bekannt als das „3-C-Modell" – als signifikante Unterschiede zwischen Führungskräften, die unter Stress krank wurden, und jene, die gesund blieben:
  - Commitment: ein tiefgehendes Interesse an dem, was man tut;
  - Control: die Überzeugung, dass man die Geschehnisse beeinflussen kann, statt sich als Opfer zu fühlen;
  - Challenge: die Fähigkeit, Herausforderungen als Chancen für persönliches Wachstum zu sehen.

  Um Stress in Vorteile umzuwandeln, müssen alle drei Faktoren zusammen auftreten (Maddi 2004, S. 280; Denovan et al. 2017, S. 134);

- das Konzept von **Grit** – auf Deutsch mit „Durchhaltevermögen" übersetzbar – wurde von Duckworth (2016) intensiv erforscht. Was Grit und Resilienz gemein haben, ist der positive Umgang mit schwierigen Situationen, Fehlern und Scheitern. Darüber hinaus beinhaltet Grit das „Dranbleiben" an Zielen. Also eine tiefe Verpflichtung gegenüber einer Sache, die man mit langfristigem Interesse und Leidenschaft verfolgt und für die man bereit ist, auf anderes zu verzichten (Perkins-Gough 2013, S. 14);
- Die Attribute **Agilität, Flexibilität und Anpassungsfähigkeit** werden oft mit Resilienz in Verbindung gebracht. Sie können zu organisationaler Resilienz beitragen, doch keines dieser Attribute reicht für sich allein, um organisationale Resilienz zu bewirken (Lengnick-Hall et al. 2011, S. 244).
  Agilität als Konzept umfasst flexible Arbeits- und Kommunikationsformen, die auf zwei Elementen beruhen: Erstens auf bestimmten Kernwerten wie Diversität, Offenheit und Transparenz. Zweitens auf einer guten Toolbox, die es ermöglicht, vom Denken ins Handeln zu kommen (Nowotny 2017, S. 61).

Resilienz und Agilität ähneln sich und wirken aufeinander ein. Die Positive Psychologie kann dabei als gemeinsame Basis in Form einer Grundhaltung verstanden werden, welche Resilienz und Agilität miteinander verbindet (◘ Abb. 2.6).

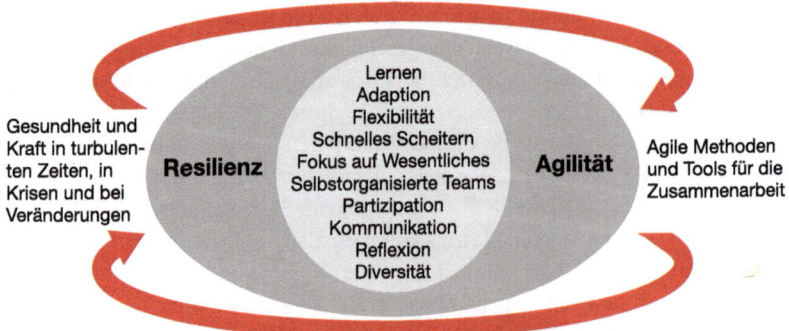

◘ **Abb. 2.6** Das Zusammenspiel zwischen Resilienz, Agilität und Positiver Psychologie (eigene Darstellung)

2.3 Zwei sich ergänzende Forschungsbereiche

Die Positive Psychologie und organisationale Resilienz zusammen zu betrachten ist aus zwei Gründen spannend: erstens aufgrund ihrer Ähnlichkeit und Interdependenz. Martin Seligman baute die Brücke zwischen den beiden Bereichen, als er die Positive Psychologie als „neue Wissenschaft der Stärke und Resilienz" bezeichnete (Seligman 2002, S. 5). Im Kontext von Organisationen stellt die Positive Psychologie die Frage, wie Unternehmen beschaffen sein müssen, damit sie Menschen bei der Entfaltung ihrer Stärken unterstützen, es ihnen ermöglichen, positive Emotionen zu erleben – so etwa Freude, Dankbarkeit, Zufriedenheit, Interesse, Hoffnung, Stolz – und somit zu wachsen. In dem Teilbereich der organisationalen Resilienz, der sich auf Mitarbeiter und Führungskräfte bezieht, lautet diese Frage ähnlich: Wie müssen Unternehmen ausgestaltet sein, damit sie die innere Widerstandskraft ihrer Mitarbeiter fördern? Das Fördern menschlichen Aufblühens und der Fokus auf Ressourcen wiederum sind ein Schlüssel zu Resilienz, Gesundheit und Wirksamkeit von Unternehmen. Denn Führungskräfte und Mitarbeiter, die sich wohlfühlen, sind innovativer, agiler, gesünder und effizienter. In einem entsprechenden organisationalen Umfeld und einer resilienzfördernden Unternehmenskultur bringen Mitarbeiter ihre Ideen, Kritik und Beobachtungen vermehrt ein, finden Gehör und helfen mit, Gefahren und Risiken genauso zu erkennen wie Chancen und Möglichkeiten. Die neuere Resilienzliteratur wiederum bietet Einblicke in menschliche Stärken, die oft gerade unter schweren Bedingungen gefestigt werden (Ryff und Singer 2003).

Zweitens ergänzen sich die beiden Forschungsbereiche gut: Die Positive Psychologie legt in Kenntnis sowie unter Berücksichtigung der Risikofaktoren das Augenmerk auf die Schutzfaktoren bzw. Ressourcen. Sie untersucht protektive Prozesse und Mechanismen, um zu verstehen, wie diese Faktoren zu einem positiven Ergebnis führen (Denovan et al. 2017). Die organisationale Resilienz hingegen fokussiert auch Risikofaktoren und Gefahren: der Bereich des Sicherheitsmanagements beispielsweise, der sich darauf konzentriert, die Bruchstellen eines Systems zu definieren und zu analysieren, potenzielle Quellen für Verwundbarkeit aufzudecken und zu verstehen, was passiert, wenn in Krisenzeiten diese Schwellen überschritten werden. Oder auch die Arbeitssicherheit erfährt zurzeit durch ein Umdenken einen tiefgreifenden Wandel: Während der Mensch bisher vor allem als Risikofaktor für Sicherheit verstanden wurde, wird er nun auch als sicherheitsförderndes Element erkannt (Ritz 2015a).

Studien zum Umgang mit Krisen und Störungen waren lange Zeit auf das Negative fokussiert (Sutcliffe und Vogus 2003, S. 94). Die Tendenz, sich auf das

Scheitern, den Niedergang und maladaptive oder pathologische Kreisläufe zu konzentrieren, zeigten sich in Phänomenen wie der Schockstarre, Abwärtsspiralen und Teufelskreisen, welche in der Literatur zu Organisationen vorherrschten (ebd.). Die Unsicherheits- und Risikoperspektive fördert allerdings das Vermeidungsverhalten von Organisationen (Heller et al. 2012, S. 213). Das hat zu einem Gegentrend geführt. Und genau dort finden sich heute die stärksten Verbindungen zwischen der Positiven Psychologie und der organisationalen Resilienz, nämlich in den Bereichen Mitarbeiterstärken, Positive Organizational Scholarship (POS), Positive Organizational Behavior (POB) und Psychological Capital (PsyCap). Darauf wird in den Folgekapiteln weiter eingegangen.

Fazit

Zusammenfassend lässt sich organisationale Resilienz mit hoher Reaktions- und Anpassungsfähigkeit eines Unternehmens, dem Lernen aus Rückschlägen, konsequentem Energiemanagement und präventiver Risiko- und Krisenvermeidung beschreiben. Es geht um Bestehen, Schutz, Erholung und Kraft in Zeiten der Veränderung. Organisationale Resilienz ist eng mit der individuellen Resilienz von Mitarbeitern und Führungskräften verbunden und kann auf ein erfolgreiches Zusammenspiel zwischen persönlichen Merkmalen und Kompetenzen der Mitarbeiter und Führungskräfte, deren Interaktionen sowie unterstützenden Organisationsstrukturen zurückgeführt werden. Dabei ist Resilienz ein Prozess: Sie kann nach Krisen oder Schicksalsschlägen auch abnehmen und danach wieder aufgebaut werden.

Die Positive Psychologie als noch relativ junger Wissenschaftszweig befasst sich mit den Faktoren, die positive Entwicklung und Gelingen fördern, das Gute in Menschen und Organisationen stärken und sie zum „Aufblühen" bringen. Das Wertvolle an der Kombination von Positiver Psychologie und Resilienz ist die Balance. Der früher oft eher defizitorientierte Blick der Resilienzforschung, zum Beispiel im Bereich des Sicherheitsmanagements, wird verbunden mit dem Chancen- und Stärkenblick der Positiven Psychologie.

Literatur

Achor, S. (2011): The happiness advantage. The seven principles that fuel success and performance at work. Virgin Books, New York.
Antonovsky, A. (1997): Salutogenese. Zur Entmystifizierung der Gesundheit. dgvt, Tübingen.
Avey J.; Luthans, F.; Smith, R. & Palmer, N. (2010): Impact of positive psychological capital on employee wellbeing over time. *Journal of Occupational Health Psychology, 15*(1), 17–28.

Literatur

Blickhan, D. (2015): Positive Psychologie. Ein Handbuch für die Praxis. Jungfernmann, Paderborn.

Block, J. & Block, J. (1980): The role of ego-control and ego-resilience in the organization of behaviour. In: W. A. Collins (Hrsg.), *Development of Cognition, Affect and Social Relations*, 39–101. Hillsdale, Erlbaum.

Bonanno, G. (2004): Loss, trauma, and human resilience: Have we underestimated the human capacity to thrive after extremely aversive events? *American Psychologist* 59(1), 20–8.

Cameron, K. & Caza, A. (2004): Introduction: Contributions to the discipline of positive organziational scholarship. *American Behavioral Scientist*, 47(6), 731–739.

Coutu, D. (2002). How resilience works. *Harvard Business Review, 80*, 46–55.

Deutsches Resilienzzentrum (2018): www.drz.uni-mainz.de. Zugegriffen am 18.03.2018.

Denovan, A.; Crust, L. & Clough P. (2017): Resilience at work. *The Wiley Blackwell Handbook of the Psychology of Positivity and Strenghts-Based Approaches at Work, 1*, 132–149.

DGPP – Deutsche Gesellschaft für Positive Psychologie (2015): Ausbildungsunterlagen. Berlin.

Di Bella, J. (2014): Unternehmerische Resilienz. Protektive Faktoren für unternehmerischen Erfolg in risikoreichen Kontexten. Inaugural-Dissertation. Mannheim.

Diener, E. (2000): Subjective well-being: the science of happiness and proposal for a national index. *American Psychologist, 55*, 34–43.

Duckworth, A. (2016): Grit: the power of passion and perseverance. Scribner, New York.

Folke, C.; Carpenter, S.; Walker, B; Scheffer, M; Chapin, T. & Rockström, J. (2010): Resilience thinking: Integrating resilience, adaptability and transformability. *Ecology and Society, 15*(4). Online: http://www.ecologyandsociety.org/vol15/iss4/art20. Zugegriffen am 11.11.2017.

Gabler Wirtschaftslexikon. Online: https://wirtschaftslexikon.gabler.de/definition/organizational-burnout-52720. Zugegriffen am 19.01.2017.

Gebhardt, B.; Hofmann, J. & Roehl, H. (2015): Zukunftsfähige Führung. Die Gestaltung von Führungskompetenzen und -systemen. Bertelsmann Siftung. Online: http://creating-corporate-cultures.org/fileadmin/files/BSt/Publikationen/GrauePublikationen/ZukunftsfaehigeFuehrung_final.pdf. Zugegriffen am 28.12.2016.

Giordano, B. (1997): Resilience: a survival tool for the nineties. *Association of Perioperative Registered Nurses Journal, 65*, 1032–1036.

Haas, M. (2015): Stark wie ein Phönix. Wie wir unsere Resilienzkräfte entwickeln und in Krisen über uns hinauswachsen. O.W. Barth, München.

Hamel, G. & Välikangas, L. (2003): The quest for resilience. *Harvard Business Review, 81*, 52–65.

Hanson, R. (2018): Resilient: How to grow an unshakable core of calm, strength and happiness. Harmony Books, New York.

Heller, J.; Elbe, M. & Linsenmann, M. (2012): Unternehmensresilienz. Faktoren betrieblicher Widerstandsfähigkeit. In: Böhle, F. & Busch, S. (Hrsg.), *Management von Ungewissheit. Neue Ansätze jenseits von Kontrolle und Ohnmacht, 213–232.* transcript, Bielefeld.

Hildebrand, B. (2006): Resilienz, Krise und Krisenbewältigung. In: Hildebrand, B. & Welter-Enderlin, R. (Hrsg.), *Resilienz – Gedeihen trotz widriger Umstände.* Carl-Auer, Heidelberg.

Huppert, F. (2009): Psychological well-being: Evidence regarding its causes and consequences. *Health and well-being 1(2),* 137–164.

Jacelon, C. (1997): The trait and process of resilience. *Journal of Advanced Nursing, 25*, 123–129.

Jackson, D.; Firtko, A. & Edenborough, M. (2007): Personal resilience as a strategy for surviving and thriving in the face of workplace adversity: a literature review. *Journal of Advanced Nursing 60(1),* 1–9.

Juettner, U. & Maklan, S. (2011): Supply chain resilience in the global financial crisis: an empirical study. Supply Chain Management. *An International Journal, 16*, 246–259. Online: https://www.emeraldinsight.com/doi/abs/10.1108/13598541111139062. Zugegriffen am 18.01.2017.

Kalisch, R.; Müller, M. & Tüscher, O. (2015): A conceptual framework for the neurobiological study of resilience. *Behavioral and Brain Sciences*. Online: https://pdfs.semanticscholar.org/b45f/f0752e21b3bd8883ea28c5e3d2e14fb9c781.pdf. Zugegriffen am 14.03.2018.

Kaluza, G. (2015): Gelassen und sicher im Stress: Das Stresskompetenz-Buch: Stress erkennen, verstehen, bewältigen. Springer, Berlin, Heidelberg.

Kast, F. & Rosenzweig, J. (1972): General systems theory: Applications for organization and management. *Academy of Management Journal, 15(4)*, 447–465.

Kobasa, S. (1979): Stressful life events, personality, and health: An inquiry into hardiness. *Journal of Personality and Social Psychology, 37(1)*, 1–11.

Lengnick-Hall, C.; Beck, T. & Lengnick-Hall, M. (2011): Developing a capacity for organizational resilience through strategic human resource management. *Human Resource Management Review, 21*, 243–255.

Linnenluecke, M. (2017): Resilience in business and management research: A review of influencial publications and a research agenda. *Internatinonal Journal of Management Reviews, 19*, 4–30.

Luthans, F. (2002a): The need for and meaning of positive organizational behavior. *Journal of Organizational Behavior, 23*, 695–706.

Luthans, F. (2002b): Positive organizational behavior: developing and managing psychological strengths. *Academy of Management Executive, 16*, 57–72.

Luthans, F.; Avey J.; Avolio, B.; Norman, S.; Combs, G. & Norman M. (2006): Psychological capital development: toward a micro-intervention. *Journal of Organizational Behavior, 27*, 387–393.

Luthans F.; Avolio B.; Avey J. & Norman, S. (2007). Positive psychological capital: Measurement and relationship with performance and satisfaction. *Personnel Psychology, 60*, 541–572.

Luthar, S. (1991): Vulnerability and resilience: A study of high-risk adolescents. *Child Development, 62*, 600–616.

Maddi, S. (2004): Hardiness: An operationalization of existential courage. *Journal of Humanistic Psychology, 44*, 279–298.

Masten, A. (2001): Ordinary magic: resilience processes in development. *American Psychologist, 56*, 227–239.

Masten, A. & Reed, M.G. (2002): Resilience in development. In: Snyder, C. & Lopez, S. (Hrsg.), *Handbook of Positive Psychology*, 74–88, Oxford University Press, Oxford.

Masten, A. & Tellegen, A. (2012): Resilience in developmental psychopathology: Contributions of the Project Competence Longitudinal Study. *Development and Psychopathology, 24, 345–361*.

Meyer, A. (1982): Adapting to environmental jolts. *Administrative Science Quarterly, 27*, 515–537.

Nelson, L. & Cooper, C. (Hrsg.), *Positive Organizational Behavior*, Sage Publications, Washington DC.

Noeker, M. & Petermann, F. (2008): Resilienz: Funktionale Adaptation an widrige Umgebungsbedingungen. *Zeitschrift für Psychiatrie, Psychologie und Psychotherapie, 56(4)*, 255–263.

Nowotny, V. (2017): Agile Unternehmen – fokussiert, schnell, flexibel. Nur was sich bewegt, kann sich verbessern. BusinessVillage GmbH, Göttingen.

Perkins-Gough, D. (2013): The significance of grit: A conversation with Angela Lee Duckworth. *Educational Leadership, 71(1)*, 14–20.

Perrings, C. (2006): Resilience and sustainable development. *Environment and Development Economics, 11(4)*, 417–427.

Literatur

Perrow, Ch. (1984): Normal accidents: Living with high-risk technologies. Basic Books, New York.

Pettit, T.; Fiksel, J. & Croxton, K.L. (2010). Ensuring supply chain resilience: development of a conceptual framework. *Journal of Business Logistics, 31,* 1–21.

Ritz, F. (2015a): Organisationale Resilienz – Paradigmenwechsel, Konzeptentwicklung und Anwendung. In: Bargstedt, U.; Horn, G. & van Vegden, A. (Hrsg.), *Resilienz in Organisationen stärken: Vorbeugung und Bewältigung von kritischen Situationen,* 3–24. Verlag für Polizeiwissenschaft, Frankfurt am Main.

Ross, A. (2016): Perceptions of resilience among coastal emergency managers. Wiley Periodicals, Malden.

Rutter, M. (1989): Isle of Wight revisited: Twenthy-five years of child psychiatric epidemiology. *Journal of the American Academy of Child & Adolescent Psychiatry, 28*(5), 633–653.

Rutter, M. (1999): Resilience concepts and findings: implications for family therapy. *Journal of Family Therapy 21,* 119–144.

Ryff, C. & Singer, B. (2003): Flourishing under fire: Resilience as a prototype of challenged thriving. In: Keyes, C. & Haidt, J. (Hrsg.), *Flourishing. Positive psychology and the life well-lived,* 13–36. American Psychological Association, Washington.

Ryff, C. (1989): Happiness is everything, or is it? Exploration on the meaning of psychological well-being. *Journal of Personality and Social Psychology, 57,* 1069–1081.

Seligman, M. & Csikszentmihályi, M. (2000): Positive psychology: An introduction. *American Psychologist, 55,* 5–14.

Seligman, M. (2002): Positive psychology, positive prevention, and positive therapy. In: Snyder, C. & Lopez, S. (Hrsg.), *Handbook of positive psychology,* 3–9.

Seligman, M. (2011a): Building resilience. *Harvard Business Review, April 2011.* Online: https://hbr.org/2011/04/building-resilience. Zugegriffen am 27.12.2017.

Seligman, M. (2011b): Flourish: A visionary new understanding of happiness and well-being. Free Press, New York.

Seligman, M.; Steen, T.; Park, N. & Peterson, Ch. (2005). Positive psychology progress: Empirical validation of interventions. *American Psychologist, 60,* 410–425.

Sitkin, S. (1992): Learning through failure: the strategy of small losses. *Research in Organizational Behavior, 14,* 231–266.

Smith, D. & Elliott, D. (Hrsg.) (2006): *Key Readings in Crisis Management: Systems and Structures for Prevention and Recovery.* Routledge, London.

Staw, B.; Sandelands, L. & Dutton, J. (1981): Threat rigidity effects in organizational behavior: a multilevel analysis. *Administrative Science Quarterly, 26,* 501–524. Online: http://webuser.bus.umich.edu/janedut/Issue%20Selling/Staw%20et%20al%20threadt%20rigidity.pdf. Zugegriffen am 19.01.2017.

Soucek, R.; Ziegler, M; Schlett, C. & Pauls, N. (2016): Resilienz im Arbeitsleben – Eine inhaltliche Differenzierung von Resilienz auf den Ebenen von Individuen, Teams und Organisationen. *Gruppe. Interaktion. Organisation. Zeitschrift für Angewandte Organisationspsychologie (GIO), 47,* 131–137.

Sutcliffe, K. (2011): High reliability organizations (HROs). *Clinical Anaesthesiology, 25,* 133–144.

Sutcliffe, K. & Vogus, T. (2003): Organizing for resilience. In: Cameron, K.; Dutton, J. & Quinn, R. (Hrsg.), *Positive Organizational Scholarship: Foundations of a New Discipline.* Berrett-Koehler, San Francisco.

Tugade, M.; Fredrickson, B. & Feldman Barrett, L. (2004): Psychological resilience and positive emotional granularity: Examining the benefits of positive emotions on coping and health. *Journal of Personality, 72*(6), 1161–1190.

Urciuoli, L., Mohanty, S., Hintsa, J. & Boekesteijn, E. (2014): The resilience of energy supply chains: a multiple case study approach on oil and gas supply chains in Europe. *Supply Chain Management: An International Journal, 19*(1), 46–63. Online: https://www.emeraldinsight.com/doi/abs/10.1108/SCM-09-2012-0307. Zugegriffen am 19.01.2017.

Välikangas, L. (2010): The resilient organization. How adaptive cultures thrive even when strategy fails. McGraw-Hill, New York.

Von Bertalanffy, L. (1972): The history and status of general systems theory. *The Academy of Management Journal, 15*(4), General Systems Theory, 407–426.

Weick, K. (1993): The collapse of sensemaking in organizations: the Mann Gulch disaster. *Administrative Science Quarterly, 38,* 628–652.

Weick, K. & Roberts, K. (1993): Collective minds in organizations: heedful interrelating on flight decks. *Administrative Science Quarterly, 38,* 357–381.

Weick, K. & Sutcliffe, K. (2001). Managing the unexpected – Assuring high performance in an age of complexity. Jossey Bass Preface p.ix, San Francisco.

Wellensiek, S.K. (2011): Handbuch Resilienz-Training. Widerstandskraft und Flexibilität für Unternehmen und Mitarbeiter. Beltz, Weinheim, Basel.

Werner, E. (1993): Risk, resilience, and recovery: Perspectives from the Kauai Longitudinal Study. *Development and Psychopathology, 5,* 503–515.

Wildavsky, A. (1988): Searching for safety. Transaction Books. New Brunswick, New York 1988.

Wong, P. (2011): Positive Psychology 2.0: Towards a balanced interactive model of the good life. *Canadian Psychological Association 52*(2), 69–81.

Wright, T. (2003): Positive organizational behavior. *Journal of Organizational Behavior, 18,* 201–204.

Youssef, C. & Luthans, F. (2007): Positive organizational behaviour in the workplace: the impact of hope, optimism, and resilience. *Journal of Management, 33*(5), 774–800.

Zolli, A. & Healy, A.M. (2013): Resilience. Why things bounce back. Free Press, New York.

Resiliente Organisationen: Was Unternehmen krisenfest, gesund, agil und wirksam macht

Mirjam Rolfe

3.1   Merkmale resilienter Organisationen – 42

3.2   Wie organisationale Resilienz
        gestärkt werden kann – 48
3.2.1   Lernfeld 1: Unternehmenskultur – 49
3.2.2   Lernfeld 2: Bewusste, positive Führung – 77
3.2.3   Lernfeld 3: Organisationale Energie – 78
3.2.4   Lernfeld 4: Resilienzfördernde Unternehmensstrukturen
        und -prozesse – 85

3.3   Betriebliches Resilienzmanagement – 94

        Literatur – 96

© Springer-Verlag GmbH Deutschland, ein Teil von Springer Nature 2019
M. Rolfe, *Positive Psychologie und organisationale Resilienz*,
Positive Psychologie kompakt, https://doi.org/10.1007/978-3-662-55758-7_3

> **Überblick**
> - Was resiliente Organisationen auszeichnet
> - Wie organisationale Resilienz entsteht
> - Wie Resilienz und Agilität zusammenhängen
> - Welche Ansätze und Hebel es gibt, Resilienz in Unternehmen zu fördern
> - Was Unternehmen von hochzuverlässigen Organisationen lernen können
> - Wie ein betriebliches Resilienzmanagement ausgestaltet sein muss

Bei organisationaler Resilienz geht es um die Frage, wie Unternehmen in einem herausfordernden Umfeld handlungsfähig und gesund bleiben, sich auf interne und externe Krisen, Veränderungen und Herausforderungen vorbereiten und sogar gestärkt daraus hervorgehen können. In der Tat kann Resilienz in Zeiten digitalen Wandels, finanzieller Engpässe, konjunktureller Schwankungen und damit verbundener Umstrukturierungen, Firmenkäufe und Fusionen sowie schneller und paralleler Veränderungsprozesse dafür sorgen, Stabilität, Erfolg und Wettbewerbsfähigkeit von Unternehmen sicherzustellen. Bei akuten Krisen gelingt es so, zumindest das Überleben und die Handlungsfähigkeit der Organisation zu ermöglichen.

3.1 Merkmale resilienter Organisationen

Resiliente Organisationen verfügen über eine Reihe von Eigenschaften, die ihnen helfen, mit Turbulenzen, plötzlichen Veränderungen oder dauerhaftem Wandel besser umzugehen. Im Folgenden werden die resilienzfördernden Faktoren genauer beleuchtet. Dabei werden verschiedene wissenschaftliche Ansätze berücksichtigt.

Die Resilienzfähigkeit eines Unternehmens ist eine einzigartige Mischung aus kognitiven, verhaltensbezogenen und kontextabhängigen Fähigkeiten und Routinen auf Unternehmensebene (Lengnick-Hall et al. 2011, S. 245 f.).

Die **kognitive Dimension** umfasst:
- Eine positive, konstruktive Haltung, die durch eine starke Sinnausrichtung im Unternehmen (*purpose*), durch Kernwerte und eine ehrliche, überzeugende Vision gefördert sowie durch den bewussten Einsatz von Sprache unterstützt werden kann (Scharnhorst 2008).

3.1 • Merkmale resilienter Organisationen

Zu der **verhaltensbezogenen Dimension** gehört:
- *Erlernte Ressourcennutzung*: Sie umfasst Einfallsreichtum, Eigeninitiative und Improvisation, z. B. durch „Bricolage", was soviel bedeutet, wie mit den zur Verfügung stehenden Ressourcen Probleme zu lösen, statt neue auf das Problem zugeschnittene Mittel zu beschaffen (Weick 1993; Weick et al. 1999; Scharnhorst 2008). Kombiniert wird die Ressourcennutzung mit Agilität. Dies verhilft Unternehmen zu „disziplinierter Kreativität", um unkonventionelle, aber praktikable Antworten auf unvorhergesehene Herausforderungen zu finden sowie ihre Handlungsfähigkeit zu erhalten und zu erweitern (Sutcliffe und Vogus 2003).
- Darüber hinaus braucht das Unternehmen auch nützliche, meist mit den Unternehmenswerten verbundene Gewohnheiten und Routinen, die in unvorhergesehenen Situationen als erste Maßnahmen greifen können.
- Das Erlernen neuer Verhaltensweisen und – genauso wichtig, aber oft vergessen – Verlernen von Verhaltensweisen und Überzeugungen, die nicht mehr nützlich sind (Sutcliffe und Vogus 2003, S. 109).

Die **kontextuelle Dimension** beinhaltet:
- *Psychologische Sicherheit*: ein sicheres Umfeld, das es Menschen leichter macht, interpersonale Risiken einzugehen, wie etwa Fragen stellen oder kritisches Feedback geben. Da organisationale Resilienz mit interpersonalen Risiken einhergeht, spielt der gezielte Aufbau psychologischer Sicherheit eine zentrale Rolle. Dazu gehört:
  - umfassendes soziales Kapital (vgl. Definition);
  - verteilte Macht und Verantwortung, also die Ermächtigung und Befähigung von Führungskräften und Mitarbeitern (z. B. Entscheidungen zu treffen);
  - Ressourcennetzwerke.

Definition

Unter sozialem Kapital versteht man den Goodwill, der Individuen, Gruppen und Organisationen durch die Struktur und den Inhalt ihrer interpersonalen Beziehungen zur Verfügung steht (Lengnick-Hall und Beck 2005, S. 752); kurz: positive, stärkende Beziehungen bei der Arbeit.

Für McManus et al. (2008, S. 84) zeichnen sich resiliente Unternehmen durch folgende Faktoren aus:

- **Achtsamkeit:** Gewahrsein in Bezug auf das Unternehmen selbst, umfassende Kenntnisse der wichtigsten Stakeholder und des organisationalen Umfeldes sowie der jeweiligen Bedürfnisse – und das sowohl im Alltag als auch in Veränderungs- und Krisensituationen;
- **Kenntnis der Risikofaktoren:** Ausgeprägte Fähigkeit, die wichtigsten Schwachpunkte des Unternehmens zu identifizieren und sie unter Berücksichtigung der positiven und negativen Auswirkungen in einer Krise zu managen;
- **Anpassungsfähigkeit (Adaption):** Die Flexibilität, sich an veränderte Situationen anzupassen, neue und innovative Lösungen zu entwickeln und bereits bestehende Instrumente auf unvorhersehbare Gegebenheiten zuzuschneiden.

Ein Negativbeispiel aus der Praxis für die ersten beiden Faktoren ist der Produktionsstillstand bei Daimler wegen eines Lieferengpasses bei einem Unterlieferanten von Bosch im Sommer 2017. Unternehmen sehen aufgrund härteren Wettbewerbs oft weniger Redundanzen vor und greifen auf Outsourcing zurück. Dies kann jedoch zu Qualitätsproblemen führen und erschwert die Möglichkeit des Unternehmens, Fehler und Störungen (rechtzeitig) zu erkennen (Weick et al. 1999). Für Annarelli und Nonino (2016) ist die Resilienz der Supply Chain einer der wichtigsten Resilienzzweige der Zukunft.

Darüber hinaus erkennt man resiliente Unternehmen an folgenden Merkmalen (Sutcliffe und Vogus 2003):

- **Diversität** (z. B. in der Teamzusammensetzung),
- **organisationales Lernen/Lernen aus Fehlern**,
- **Flexibilität** (z. B. im Wissenstransfer),
- **schnelles Verarbeiten von Feedback**,
- **Wirksamkeit**,
- **Ad-hoc-Netzwerke zum Lösen von Problemen und Herausforderungen**,
- **respektvollen Interaktionen der Organisationsmitglieder**.

Für Välikangas (2010, S. 92 f.) stützen sich resiliente Unternehmen auf fünf Eckpfeiler:

- **Diversität:** Organisationen stärken ihre Resilienz durch eine höhere Anzahl unterschiedlicher Perspektiven und Meinungen.

3.1 · Merkmale resilienter Organisationen

- **Kreativität:** Resiliente Organisationen nutzen Ressourcenknappheit für Innovationen.
- **Robustheit:** Resiliente Organisationen bleiben in Krisen und turbulenten Zeiten aktiv, statt zu erstarren.
- **Antizipation:** Resiliente Unternehmen hören auf schwache Signale als Vorboten von Veränderungen.
- **Ausdauer:** Resiliente Organisationen verfügen über eine Kultur der Beharrlichkeit und Zähigkeit.

Einen kognitiven Ansatz wählt Hollnagel (2006, 2011) im *Resilience Engineering*. Im Sinne der „Verständnisbildung" (*knowing*) nennt er die folgenden vier grundlegenden Faktoren von Resilienz:

- Antizipation zukünftiger Entwicklungen (*ability to anticipate*), d. h. wissen, was zu erwarten ist (*knowing what to expect*);
- Identifikation gefährdender Veränderungen innerhalb und außerhalb der Organisation (*ability to monitor*), d. h. wissen, wonach zu suchen ist (*knowing what to look for*);
- Reaktion auf unvorhergesehene Ereignisse (*ability to respond*), d. h. wissen, was zu tun ist (*knowing what do to*);
- Fähigkeit, aus vergangenen Ereignissen zu lernen (*ability to learn*), d. h. wissen, was bereits geschehen ist (*knowing what has happened*).

Das 7C-Modell unterscheidet sieben verhaltensbezogene Resilienzfaktoren (Horne und Orr 1998; Riolli und Savicki 2003):

- **Community:** Gemeinschaft und Gemeinsamkeit bezüglich Sinn, Vision, Zielen.
  Beantwortet die Frage: „Wer sind wir zusammen?"
- **Competence:** Kompetenz/Fähigkeiten auf der Ebene der Organisation, der Teams und Einzelpersonen.
  Beantwortet die Frage: „Wie befriedigen wir die Bedürfnisse eines sich ständig verändernden Umfeldes?"
- **Connections:** Die Art der Beziehungen zwischen Personen, Gruppen und dem System bestimmt die Fähigkeit und Flexiblität der Organisation unter Druck und bei Unsicherheit zu handeln.
  Beantwortet die Frage: „Wie können wir organisationsweit eine gemeinsame Ausrichtung sicherstellen?"

- **Commitment:** Die Verpflichtung und das Engagement, in unsicheren Zeiten bereichs- und hierarchieübergreifend zusammenzuarbeiten, um Vertrauen und Goodwill beizubehalten.
  Beantwortet die Frage: „Wie können wir vertrauensvoll zusammenarbeiten?"
- **Communication:** Durch Kommunikation und das Teilen von Wissen und Informationen entsteht Sinn, Orientierung und Ordnung. Kommunikation stellt die Verbindung der Organisationseinheiten sicher.
  Beantwortet die Frage: „Wie teilen wir Informationen über das, was wir tun und wohin wir als Organisation gehen?"
- **Coordination:** Die großen und kleinen Veränderungen in der Organisation werden so aufeinander abgestimmt, dass eine systemweite Ausrichtung entsteht und die Mitarbeiter das übergeordnete Ziel erkennen.
  Beantwortet die Frage: „Wie können wir unsere Aktivitäten abstimmen, um beste Ergebnisse zu erzielen?"
- **Consideration:** Berücksichtigung der Bedürfnisse der Menschen in der Organisation und ggf. Anpassung des Kurses, um ein optimales Umfeld zu schaffen.
  Beantwortet die Frage: „Wie können wir im organisationalen Alltag den Menschen und seine Bedürfnisse berücksichtigen?"

In der deutschen Resilienzliteratur trifft man oft auf folgende sieben Faktoren organisationaler Resilienz, die es einem Unternehmen ermöglichen, bei internen und externen Turbulenzen seine Handlungsfähigkeit zu bewahren (Heller et al. 2012):

- **Optimismus:** Im Unternehmen herrscht eine positive Grundhaltung. Probleme werden als Herausforderungen gesehen, mit Niederlagen geht man souverän um. Man kennt seine Stärken und vertraut darauf, dass Krisen begrenzt sind und überwunden werden können. Coutu (2002) spricht von realistischem Optimismus, der fast schon an Pessimismus grenzt.
- **Akzeptanz:** Ein resilientes Unternehmen stellt sich auch Unangenehmem und findet sich mit Dingen sowie Situationen ab, die es nicht ändern kann (Scharnhorst 2008). Die Organisation erlangt Handlungsfähigkeit, indem sie sich auf die Realität konzentriert und die eigenen Ressourcen auf das fokussiert, was sie beeinflussen kann (Coutu 2002). Akzeptanz ist für die Handlungsfähigkeit eines Unternehmens zentral: „For many companies the future is less unknowable than it is unthinkable, less inscrutable than unpalatable. […] To be resilient, an organization must dramatically reduce the time it takes to go from ‚that can't be true' to ‚we must face the world as it is'" (Hamel und Välikangas 2003).

- **Lösungsorientierung:** Hierbei geht es um das Aktivitätsniveau, also die Energie, mit der eine Organisation die nächsten nötigen Schritte in Angriff nimmt und sie umsetzt (vgl. Lernfeld „Organisationale Energie", ▶ Abschn. 3.2.3).
- **Chancenorientierung und Selbstwirksamkeit:** Das Unternehmen besinnt sich auf seine Stärken und ist davon überzeugt, dass es den Verlauf der Dinge aktiv beeinflussen kann. Dabei sucht es nach Chancen zukünftigen Handelns (Välikangas 2010; vgl. ▶ Abschn. 3.2.1).
- **Verantwortung:** Das Unternehmen ist sich seiner Verantwortungen und Aufgaben bewusst und kommuniziert diese nach innen. Das zukünftige Handeln wird in interne und externe Lernfelder aufgeteilt.
- **Netzwerkorientierung und Kooperation:** Aktives Networking, Kontaktpflege und Zusammenarbeit mit internen und externen Stakeholdern zur effizienten Zielerreichung zeichnet ein resilientes Unternehmen aus. Man gibt sich Feedback und nimmt bei Bedarf auch externe Hilfe in Anspruch.
- **Zukunftsorientierung:** Eine durchdachte, langfristige Zukunftsplanung und gute Vorbereitung wird mit Agilität, Flexibilität und der Bereitschaft, Ziele bei Bedarf anzupassen, kombiniert. Die Organisation kümmert sich aktiv um die Unternehmensentwicklung und analysiert ständig ihr Entwicklungspotenzial. Zukunftsszenarien sind ein Tool für den Umgang mit Ungewissheit – im Unterschied zu Prognosen, die auf Vorhersage setzen (Neuhaus 2006).

Diese sieben Faktoren lassen sich in die drei Dimensionen von Lengnick-Hall et al. (2011) integrieren (◘ Tab. 3.1).

◘ **Tab. 3.1** Gegenüberstellung der Resilienzdimensionen von Lengnick-Hall (2011) und der Resilienzfaktoren (Heller et al. 2012)

Dimensionen nach Lengnick-Hall (2011)	Resilienzfaktoren nach Heller et al. (2012)
Kognitive Dimension	Optimismus Akzeptanz Chancenorientierung und Selbstwirksamkeit
Verhaltensbezogene Dimension	Lösungsorientierung Verantwortung Zukunftsorientierung
Kontextuelle Dimension	Netzwerkorientierung und Kooperation

Als Nächstes geht es um den Aufbau und die Verankerung von Resilienz in Organisationen.

3.2 Wie organisationale Resilienz gestärkt werden kann

Für McManus et al. (2008, S. 81) würde allein schon eine stärkere Sensibilisierung der Unternehmen und ein besseres Verständnis für die Bedeutung, die Resilienz sowohl im Alltag als auch in Krisenzeiten für sie haben kann, zu resilienteren Organisationen beitragen. Darüber hinaus brauche es klare Prozesse und praktische Hilfsmittel, um das Konstrukt der Resilienz in den Unternehmensalltag zu integrieren.

Im Folgenden wird diskutiert, wo Unternehmen ansetzen können, um ihre Resilienz zu stärken. Dabei kann das Modell des Resilienzkompasses Orientierung bieten. Stellvertretend für andere ganzheitliche Modelle visualisiert der Kompass die Interdependenz der Faktoren, die organisationale Resilienz beeinflussen können (◘ Abb. 3.1).

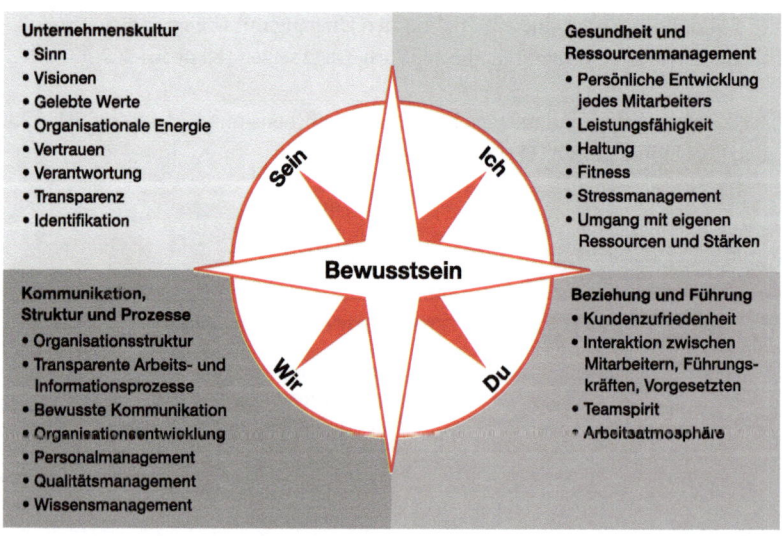

◘ **Abb. 3.1** Dimensionen organisationaler Resilienz. (Adaptiert, nach Wellensiek 2011, S. 65)

Auf der Grundlage der bisherigen Ausführungen lassen sich auf Unternehmensebene die folgenden resilienzfördernden Lernfelder unterscheiden, auf die im Weiteren näher eingegangen wird: Unternehmenskultur; bewusste, positive Führung; organisationale Energie sowie resilienzfördernde Unternehmensstrukturen und -prozesse.

3.2.1 Lernfeld 1: Unternehmenskultur

Da die Unternehmenskultur auf die Gesundheit und die Resilienz der Mitarbeiter einen großen Einfluss hat (vgl. ▶ Kap. 1), gilt sie als prioritäres Lern- und Handlungsfeld.

> **Definition**
>
> Die Unternehmenskultur beschreibt die oft unbewussten gemeinsamen Grundannahmen und Werte, Traditionen und Normen, die die Identität der Organisation ausmachen und sich auf Wahrnehmung und Verhalten der Organisationsmitglieder auswirken. Dabei beeinflussen die Werte als Kern die anderen Kulturelemente (Bruch und Vogel 2009; Cameron 2013). Unternehmenskultur sollte bewusst Leistung fördern und gleichzeitig Vertrauen und Zusammengehörigkeit stärken, also das gemeinsame Ziel betonen. Die Unternehmenskultur darf nicht sich selbst überlassen, sondern will gezielt entwickelt werden (Bruch und Vogel 2009).

Eine gesunde Unternehmenskultur – sie gehört nach Lengnick-Hall et al. (2011) zur kognitiven Dimension von Resilienz – unterstützt die organisationale Resilienz genauso wie ein gesunder Körper die persönliche Resilienz stärkt. Mehr noch, eine positive Unternehmenskultur ist Voraussetzung für die Wirksamkeit resilienzfördernder Interventionen (Luthans und Youssef-Morgan 2017, S. 357). Eine ungesunde Unternehmenskultur hingegen führt zu einer Schwächung des gesamten Systems bis hin zum organisationalen Burnout. In der Tat definiert Greve (2010) organisationales Burnout als „Ausbrennen der Betriebskultur".

> **Organisationales Burnout**
> Zu den typischen Indikatoren organisationalen Burnouts und der damit verbundenen Abwärtsspirale zählt Greve (2010):
> - **Festhalten an bestehenden Lösungen:** Nach anfänglichen Erfolgen ist das Unternehmen nicht mehr offen für die veränderten Bedürfnisse seiner Kunden und antwortet mit den alten Rezepten.
> - **Eine kraftlose Führung:** Bleiben Erfolge aus, nehmen oft Energie und Charisma der Führungskräfte ab. Das Management taucht mehr und mehr ab. Dadurch wird der Ruf der zweiten und dritten Führungsebene nach konsequenter Führung immer lauter. Das Management aber verwechselt Führung mit Aktionismus.
> - **Fehlende Energie für Kreativität:** Für die ständig neue Selbstorganisation unter Stress verbrauchen Führungskräfte und Mitarbeiter enorm viel Energie. Dadurch fehlt ihnen die Kraft für kreative Ideen und Innovationen.
> - **Zunahme der Komplexität durch fehlendes Vertrauen:** Macht sich Misstrauen breit, muss das fehlende Vertrauen durch Kontrollmechanismen kompensiert werden. Gibt es mehr Regeln zu befolgen, erhöht sich jedoch die Komplexität, und Selbstverantwortung wird verdrängt. Ist das Vertrauen in das Management gestört, werden Informationen mit Misstrauen aufgenommen, was das Ausbrennen weiter fördert.
> - **Managementwechsel:** Schließlich wird entschieden, das Management auszutauschen, um ein Signal des Neubeginns zu setzen. Aber auch die neuen Manager prallen auf die ausgebrannte Organisationskultur.
> - **Verlust von Know-how und Engagement:** Die Leistungsträger unter den Mitarbeitern suchen sich neue Jobs. Die verbleibenden Mitarbeiter retten sich in die innere Kündigung. Das Unternehmen verliert das Know-how und die Leistungsbereitschaft seiner Angestellten.

Führungskräfte sind ein wichtiger Katalysator einer positiven Unternehmenskultur. In der Tat braucht es für die Stärkung der organisationalen Resilienz das Buy-In der Unternehmensspitze und den Multiplikatoreffekt durch die Führungskräfte. Dem Thema resilienzfördernde Führung wird in diesem Buch daher ein eigenes Kapitel gewidmet (vgl. ▶ Kap. 5).

Im Weiteren soll auf Faktoren näher eingegangen werden, die zu einer gesunden, resilienzfördernden Unternehmenskultur beitragen.

3.2.1.1 Sinn und Werte als Orientierung

Für Menschen ist es wichtig, Sinn im eigenen Handeln zu sehen. So bestimmt der wahrgenommene Sinnzusammenhang einer Tätigkeit, also die Antwort auf die Frage nach dem „Warum?", die Einsatzbereitschaft und Leistungsfähigkeit von Mitarbeitern (Initiative neue Qualität der Arbeit 2014; Brohm 2017). Das hat mit dem menschlichen Gehirn zu tun, wie der deutsche Neurologe Gerald Hüther (2011) bestätigt:

> […] nur für das, was einem Menschen wichtig ist, kann er sich auch begeistern, und nur wenn sich ein Mensch für etwas begeistert, werden all jene Netzwerke ausgebaut und verbessert, die der betreffende Mensch in diesem Zustand der Begeisterung nutzt. […] Jeder dieser kleinen Begeisterungsstürme führt gewissermaßen dazu, dass im Hirn die Gießkanne mit dem Dünger angestellt wird, der für alle Wachstums- und Umbauprozesse von neuronalen Netzwerken gebraucht wird.

Sinndefizite hingegen führen bei Menschen zu „existentieller Frustration" (Frankl 1963), was Widerstand auslöst. Dieser Widerstand kann sich aktiv zeigen, zum Beispiel in Vorwürfen, Drohungen, Intrigen oder Gerüchten, oder aber in passiver Form auftreten, zum Beispiel als Schweigen, Bagatellisieren, ins Lächerliche ziehen (Brohm 2017).

Die Positive Psychologie betont daher die Sinnhaftigkeit der Arbeit, den Sinngewinn durch Arbeit, die Identifikation der Menschen mit ihrem Beruf und das damit eng zusammenhängende Engagement bei der Arbeit (Steger et al. 2011).

Wenn eine Situation, Entscheidung oder Tätigkeit für Menschen einen Sinn ergibt, sind sie in der Lage, über sich hinauszuwachsen oder Opfer zu bringen. So berichtet Laloux (2015, S. 104) von Mitarbeitern bei FAVI, einem französischen Unternehmen aus der Metallverarbeitungsbranche, das im Zuge des Ersten Golfkrieges 1990 in eine Krise geraten war. Die Arbeiter verständigten sich auf eine Senkung ihres Gehalts um 25 % und vermieden damit die Entlassung von Zeitarbeitskollegen.

Doch nicht nur Menschen brauchen einen Sinn. Auch für Unternehmen ist ein klarer Sinn und Zweck eine unverzichtbare Grundlage für organisationales Handeln – und diese unterstützt umgekehrt wieder das Sinnerleben der Mitarbeiter. Sinn ist auch ein positiver Energetisierer: Hochenergieorganisationen wissen, was ihr Sinn ist. Hingegen verlieren Organisationen, denen ihr Sinn abhandengekommen ist, Energie bzw. sie können kaum mehr neue Energie mobilisieren (Seliger 2014, S. 79). Oetting (2008, S. 55) bedauert, dass Sinnstiftung in vielen Organisationen wenig Tradition hat.

Ein Unternehmen kann sinnstiftend wirken, indem es auf folgende Praktiken Wert legt (Oetting 2008; Seliger 2014):

- Es definiert einen klaren Sinn und Zweck (*purpose*, Mission) für die Organisation.
- Dieser Sinn und Zweck steht an erster Stelle, noch vor dem Profit.
- Das Unternehmen strebt eine Passung zwischen organisationalem Sinn und individuellem Sinn (d. h., die Mitarbeiter verstehen ihre Arbeit als sinnstiftende Verwirklichung ihres Selbst) an.
- Es wird sichergestellt, dass jeder Mitarbeiter weiß, wie seine Arbeit zum Sinn der Organisation und zum Erreichen der Unternehmensziele beiträgt.
- An die Stelle von Planen und Kontrollieren rückt das Zuhören und flexible Reagieren auf internes und externes Feedback bezüglich der Frage, inwieweit das Unternehmen auf dem Weg zu seinem Sinn ist.
- Ein motivierendes Zielbild (Vision) und die gemeinsamen Werte sind im Unternehmen bekannt und dienen im Arbeitsalltag als Leitplanken.
- Die Wertediskussion wird auf dieser Basis kontinuierlich weitergeführt und auch neuen Mitarbeitern vermittelt.
- Der Zweck von Arbeitsaufträgen wird grundsätzlich klar mitgeteilt.
- Die Entscheidung, wie sie ihre Ziele erreichen, liegt im Handlungsspielraum der Mitarbeiter.

Dabei unterscheidet Seliger (2014) zwischen zwei Arten von Sinn: Der basale Sinn ergibt sich aus der Aufgabe der Organisation, ihren Kunden Produkte oder Dienstleistungen anzubieten. Der globale Sinn bezieht sich auf die gesamtgesellschaftliche Verantwortung eines Unternehmens (ebd., S. 181 f.). So ist die motivierende und emotionalisierende Energie, die mit der früheren Vision von Microsoft „Ein Computer auf jedem Schreibtisch und in jedem Zuhause" verbundene ist, förmlich spürbar – dies wäre nicht so sehr der Fall gewesen, hätte Microsoft sich für die Formulierung „Wir entwickeln Hardware und Software" entschieden.

Für Laloux (2015, S. 220 f.) gehen der individuelle Sinn und der organisationale Sinn Hand in Hand. Beide sind aufeinander angewiesen, um zur Entfaltung zu kommen. Wenn sich beide verbinden und verstärken, wird Außergewöhnliches möglich. Dann nämlich wird Arbeit zur Berufung. Kümmern sich Organisationen jedoch nur um sich selbst, sehen die Mitarbeiter ihre Arbeit lediglich als Selbsterhaltung und als einen Weg, ihre Rechnungen zu bezahlen.

3.2 · Wie organisationale Resilienz gestärkt werden kann

Zusammenfassend lässt sich festhalten: Sinn wirkt hoch energetisierend auf Organisationen, wenn die Arbeit folgende Kriterien erfüllt (Cameron 2012, S. 94 f.):
- Sie hat eine positive Wirkung auf das Wohlergehen von Menschen.
- Sie ist mit wichtigen Tugenden oder persönlichen Werten verbunden.
- Sie fördert unterstützende Beziehungen oder einen Gemeinschaftssinn.
- Ihre Wirkung ist zeitüberdauernd oder löst einen Welleneffekt (*ripple effect*) aus.

Weiterhin wirkt Sinn besonders positiv auf die Energie von Organisationen und Menschen, wenn er intrinsisch motiviert ist.

Werte, Annahmen, Regeln und Grundüberzeugungen (mentale Modelle) bieten Menschen Orientierung im Miteinander. Vieles geschieht dabei unbewusst. Die durch die digitale Transformation beschleunigte Vernetzung, die grenzenlose Informationsbeschaffung und der offene Austausch führen zu einer nie dagewesenen Vielfalt an Interessens- und Wertegruppen. Auch im Berufsleben werden Menschen daher immer öfter mit ihnen fremden Werten konfrontiert, was zu Reibungen und Konflikten führen kann (vgl. ▶ Kap. 6). Diversität gehört zur neuen Realität. Vor diesem Hintergrund gilt es, Unternehmenskultur in ihrer Funktion als Orientierungssystem zu stärken (Nextpractice Institut 2014).

Einen interessanten Nutzen von Werten erwähnen Weick et al. (1999, S. 61) im Zusammenhang mit hochzuverlässigen Organisationen, deren Prozesse mit hohen Gefahren verbunden sind (vgl. ▶ Abschn. 3.2.4): Eine Handvoll Kernwerte können Unternehmen helfen, eine gute Balance zwischen Zentralisierung und Dezentralisierung sicherzustellen. Während die Kernwerte für die Gesamtorganisation gelten, kann deren Umsetzung von Standort zu Standort variieren (ebd.). Auf die Stärkung des sozialen Rückhalts durch die gemeinsame Formulierung eines Leitbildes macht Oetting (2008, S. 55) aufmerksam.

> **❶ Fallstrick**
> **Dass Werte gelebt werden müssen, um wirksam zu sein, scheint eine Binsenwahrheit zu sein. Und doch zeigt der Alltag von Unternehmen, dass es oft noch schwerfällt, das auf dem Papier Festgehaltene ins eigene Verhalten zu integrieren. Brown (2017, S. 212) spricht von einer „Wertelücke" (*value gap*) zwischen den praktizierten Werten (*practiced values*) und den Wunschwerten (*aspirational values*). Wird die Wertekluft zu groß und gibt es einen regelmäßigen Konflikt zwischen den gelebten Werten und den Erwartungen an die Unternehmenskultur, hat dies schwerwiegende Folgen**

für die Organisation: Auf den Verlust von Vertrauen folgt der Verlust von Engagement bei den Mitarbeitern und damit verbunden Zynismus, der sich in Aussagen wie „gelesen, gelacht, gelocht" wiederfindet. Dabei gilt: Für das „Übersetzen" der Werte in die eigene Haltung und das eigene Verhalten sind alle Mitglieder eines Unternehmens verantwortlich – ja, vor allem die Führungskräfte als Vorbilder, aber genauso die Mitarbeiter. Dafür bedarf es Disziplin, Konsequenz und ehrlichen Feedbacks.

3.2.1.2 Vertrauen versus Macht und Kontrolle

Eng mit der Unternehmenskultur und mit Werten verbunden ist das Thema Vertrauen sowie Umgang mit Macht und Kontrolle. In der heutigen von Unsicherheit, Komplexität und stetem Wandel geprägten Welt ist Vertrauen für Unternehmen ein zentraler Faktor. Es ist kaum mehr möglich, eine Organisation oder ein Team über Macht und Kontrolle zu führen (Initiative neue Qualität der Arbeit 2014). Gerade in stürmischen Zeiten gilt es für Unternehmen zum Beispiel, dem Impuls, nicht noch straffere Regelwerke einzuführen, zu widerstehen. Das ist eine Herausforderung, etwa für international tätige Unternehmen, die in Krisenzeiten gerne ihre Tochtergesellschaften mittels strengerer Vorgaben „an die kurze Leine nehmen".

Vertrauen lohnt sich, wie Mishra und Mishra (2013) sowie Osterloh und Weibel (2006) aufzeigen. Die positiven Auswirkungen seien im Folgenden zusammengefasst:

- Vertrauen verringert Unsicherheit, hilft Unternehmen, Risiken einzugehen und mit Komplexität umzugehen.
- Vertrauen ermöglicht hochflexibles Arbeiten und fördert Innovation.
- Vertrauen verbessert die Zusammenarbeit in Unternehmen und optimiert den Informations- und Wissensaustausch.
- Vertrauen stärkt den Ruf eines Unternehmens und fördert die Bindung von Beschäftigten, Kunden und deren Stakeholdern.
- Vertrauen ist Voraussetzung für neue Formen der Zusammenarbeit.
- Vertrauen und Vertrauenswürdigkeit gehören zu den wichtigsten schwer imitierbaren Wettbewerbsvorteilen von Unternehmen.
- Vertrauen stärkt die Produktivität und Leistung von Mitarbeitern, fördert Kreativität und Innovation und hat eine positive Wirkung auf Engagement und Zufriedenheit.
- Vertrauen ist die Voraussetzung für nachhaltigen Wandel.

Für Weick und Sutcliffe (2015) gehören Vertrauen und Ehrlichkeit zur Veränderungsfähigkeit von Organisationen: Mitarbeiter und Führungskräfte müssen in der Lage und bereit sein,
- der Berichterstattung von anderen zu vertrauen und ihr Denken und Handeln darauf zu stützen;
- ehrlich zu berichten, damit andere diese Beobachtungen weiter nutzen können;
- Selbstrespekt zu wahren, d. h. die eigenen Wahrnehmungen und Überzeugungen zu respektieren und sie mit den Beobachtungen und der Berichterstattung anderer zu verbinden.

In hierarchischen Strukturen ist es zunehmend schwieriger, sich an diese Faktoren zu halten (ebd.).

Vertrauen in Organisationen hängt von der Vertrauenswürdigkeit ihrer Mitglieder ab. Darüber hinaus gibt es eine Reihe institutioneller Maßnahmen, die eine bedeutende Hebelwirkung entfalten und die Vertrauenskapazität eines Unternehmens stärken können: Das bewusste Fördern von Autonomie und Wertschätzung, Fairness und Partizipation.

Hebel 1: Autonomie und Wertschätzung

Selbstbestimmung und Wertschätzung haben einen großen Einfluss auf die Motivation von Mitarbeitern. Sie sind eng miteinander verbunden, denn mehr Freiraum bedeutet mehr Vertrauen, was von vielen Menschen als Wertschätzung wahrgenommen wird – zusätzlich zum positiven Miteinander auf der Basis von Lob und Anerkennung. Autonomie im Sinne von Eigenverantwortung und Entscheidungsfreiräumen gewinnt gegenüber Status, Gehalt und anderen materiellen Anreizen mehr und mehr an Gewicht (Initiative neue Qualität der Arbeit 2014). Kegan und Lahey (2016, S. 8) sprechen in diesem Kontext von „neuem Einkommen" (*new income*): persönliche Zufriedenheit, Sinn (*meaningfulness*) und Glück (*happiness*).

Für Ritz (2015a) ist Autonomie eine Grundvoraussetzung für Anpassungsfähigkeit. Dabei gilt es zwischen guter und schlechter Kontrolle zu unterscheiden: Institutionen, die gute Kontrolle ausüben, setzen Hebel richtig an: Unerwünschtes Verhalten (z. B. Konsumhaltung gegenüber dem Vorgesetzten oder Kollegen; Ist-nicht-meine-Aufgabe-Einstellung) erhält den kürzeren, erwünschtes Verhalten (z. B. proaktives Entscheiden; Einbringen eigener Ideen und Meinungen) den längeren Hebel. Gute Kontrolle stärkt außerdem Selbstbestimmung, Kompetenzerleben und soziale Zugehörigkeit der Beschäftigten (Osterloh und Weibel 2006). Dafür muss Kontrolle als unterstützende Rückkoppelung gestaltet sein, die gemeinsames Lernen fördert (ebd.).

Drei Theorien aus der Vertrauens- und Motivationsforschung geben Aufschluss darüber, welche Formen der Kontrolle motivierend und welche demotivierend wirken:

- **Die Theorie der psychologischen Verträge**

Es werden zwei Arten von Verträgen in Unternehmen unterschieden (Osterloh und Weibel 2006, S. 86 f.): transaktionale und relationale Verträge. Bei transaktionalen Verträgen gehen Mitarbeiter und Unternehmen einen Tauschvertrag ein: Arbeitsleistung gegen Geld. Zusatzleistungen werden von den Beschäftigten nur dann geliefert, wenn sie sichtbar sind und bezahlt werden. Die „unsichtbare" Extra-Meile wie etwa Kollegialität, Hilfsbereitschaft und Weitergabe von Wissen, die nur schwer individuell zuzuordnen ist, unterbleibt. Transaktionale Verträge basieren auf der extrinsischen Motivation.

Bei relationalen Verträgen steht die langfristige Beziehung zwischen Arbeitnehmer und Organisation im Fokus. Es handelt sich um informale Übereinkünfte, die einerseits auf Leistungsaustausch, andererseits auf gegenseitige Wertschätzung und Unterstützung ausgerichtet sind. So sind Mitarbeitende in Krisenzeiten zum Beispiel bereit, Überstunden auch ohne finanziellen Ausgleich zu leisten, da sie darauf vertrauen, dass sich das Unternehmen in besseren Zeiten erkenntlich zeigt. Andererseits erwarten die Beschäftigten bei relationalen Verträgen zum Beispiel Autonomie und Vielfalt in der Arbeit oder zeitliche Flexibilität. Relationale Verträge basieren auf extrinsischer und intrinsischer Motivation.

- **Die Selbstbestimmungstheorie**

Die Motivationsforschung befasst sich mit der Kernfrage, was Mitarbeiter dazu bewegt, bei ihrer Arbeit Ausdauer zu zeigen, um effektive Leistung und Produktivität zu erreichen (Grant 2008). Motivation bezieht sich dabei auf die psychologischen Prozesse, die Handlung leiten, energetisieren und aufrechterhalten (Latham und Pinder 2005). Deci und Ryan (2000) haben die Selbstbestimmungstheorie (SBT) begründet. Sie fanden im Laufe ihrer jahrzehntelangen Forschung heraus, dass das soziale Umfeld die intrinsisch gesunde, selbstbestimmte Entwicklung von Menschen maßgeblich beeinflusst.

> **Definition**
>
> **Intrinsische Motivation**
> Der Wunsch und die Bereitschaft, sich auf Basis von Interesse und Freude an der Arbeit anzustrengen (Deci und Ryan 2000). Intrinsische Motivation wird meist extrinsischer Motivation gegenübergestellt.

> **Definition**
>
> **Extrinsische Motivation**
> Der Wunsch und die Bereitschaft sich anzustrengen, um dafür eine Belohnung oder Anerkennung zu erhalten (Amabile 1993).

Darüber hinaus zahlt intrinsische Motivation stark auf drei der psychologischen Grundbedürfnisse des Menschen ein: Autonomie, Kompetenz und Verbundenheit (Deci und Ryan 2000, vgl. ▶ Kap. 4):

Menschen, die einer sie intrinsisch motivierenden Aufgabe nachgehen, benötigen keine externen Aufforderungen, Versprechen oder Drohungen. Sie *wollen* die Tätigkeit ausüben und erlangen allein dadurch Befriedigung und weitere Motivation. Intrinsische Motivation steigert das Wohlbefinden, das Engagement und dadurch auch den Erfolg (Deci und Ryan 2000; Grant 2008).

▪ Das Job-Demands-Resources Model

Das Job-Demands-Resources Model (JD-R Model) von Bakker und Demerouti (2007) untersucht den Zusammenhang zwischen den beiden Hauptfaktoren einer Arbeitsumgebung – Anforderungen (*demands*) und Ressourcen (*resources*) einerseits sowie Stress, Wohlbefinden und Leistung andererseits. Das Modell geht davon aus, dass es durch hohe Arbeitsanforderungen (z. B. Zeitdruck, ungünstige Umgebungsbedingungen wie Lärm, Schichtarbeit, emotionaler Druck) über einen Gesundheitsbeeinträchtigungsprozess (*health impairment process*) zu einer stärkeren Belastung (*strain*) mit negativen Folgen wie Erschöpfung oder Burnout bei Mitarbeitern kommt. Im Gegensatz dazu führen Arbeitsressourcen (z. B. Autonomie und Partizipation, Feedback, positive Beziehungen am Arbeitsplatz, Weiterbildung, sinnvolle und abwechslungsreiche Arbeit, sicherer Arbeitsplatz, Karrieremöglichkeiten) über den motivationalen Prozess des Modells (*motivational process*) zu höherem Engagement und besserer Leistung bei der Arbeit.

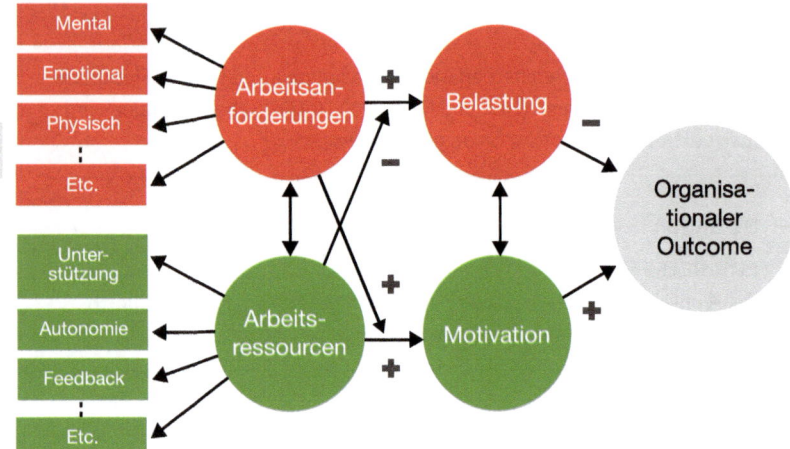

◻ Abb. 3.2 Das Job-Demands-Resources Model. (Adaptiert, nach Bakker und Demerouti 2007)

Das Modell enthält zusätzlich einen Interaktionseffekt zwischen Arbeitsanforderungen und Arbeitsressourcen: Erstens können vorhandene Ressourcen die durch die Anforderungen entstehende Belastung dämpfen. Zweitens – und das ist besonders interessant – verstärken hohe Anforderungen den Puffereffekt von Ressourcen. Arbeitsressourcen haben also die größte positive Wirkung auf das Engagement und die Motivation von Mitarbeitern, wenn die Anforderungen hoch sind (Bakker et al. 2014; vgl. ◻ Abb. 3.2).

Das Modell zeigt, dass Mitarbeiter am effizientesten sind, die besten Leistungen erbringen und somit dazu beitragen, den organisationalen Outcome zu erhöhen, wenn es in ihrem Arbeitsalltag eine gute Balance zwischen Anforderungen und Ressourcen gibt. Um diese Balance zu erreichen, können laut Bakker und Demerouti (2008) die Arbeitsanforderungen reduziert oder die Arbeitsressourcen erhöht werden. Zum Beispiel kann dies gelingen durch einen ergonomischen oder von Lärm geschützten Arbeitsplatz, durch Videotechnik, um Reiseaktivitäten zu reduzieren, durch proaktives Lösen von Konflikten, ggf. mittels Mediation, sowie durch personelle oder finanzielle Unterstützung in schwierigen Situationen. Laut der Autoren führt die Abwesenheit von Arbeitsressourcen bei Mitarbeitern zu einer zynischen Haltung gegenüber der Arbeit.

Eine Erweiterung des ursprünglichen JD-R-Modells bringt die persönlichen Ressourcen ins Spiel (Bakker et al. 2014), welche mit individueller Resilienz ver-

3.2 · Wie organisationale Resilienz gestärkt werden kann

bunden sind. Sie beziehen sich auf die Fähigkeit einer Person, ihre Umgebung und Arbeit mitzugestalten. Arbeitsressourcen und persönliche Ressourcen verstärken sich gegenseitig. Dabei können sie die intrinsische Motivation fördern, weil sie eine positive Wirkung auf die Entwicklung und das Lernen von Beschäftigten haben. Oder sie können die extrinsische Motivation erhöhen, weil sie helfen, Arbeitsziele zu erreichen.

Die Positive Psychologie kennt zahlreiche Möglichkeiten, die persönlichen Ressourcen zu fördern. Besonders gut eignen sich dafür Stärkeninterventionen (vgl. ▶ Kap. 6) und das *Job Crafting*, also das Optimieren der eigenen Arbeit durch die Mitarbeiter selbst (Wrzesniewski und Dutton 2001). Dabei lassen sich drei Arten von Veränderungen unterscheiden:

- physische Veränderungen (z. B. Art, Ausmaß und Anzahl von Tätigkeiten sowie Veränderung der Arbeitsumgebung);
- beziehungsbezogene Veränderungen (Gestaltung der Beziehung zu Kollegen und Vorgesetzten);
- kognitive Veränderungen (z. B. Haltung und Einstellung zur eigenen Arbeit; Sinn).

▪ Exkurs: Herausforderung Digitalisierung: Permanente Erreichbarkeit und Gesundheit von Organisationen

Als Folge der digitalen Transformation halten neue mobile Informations- und Kommunikationstechnologien mehr und mehr Einzug in die Arbeitswelt. Ob mobiles Internet, Smartphones oder Laptops – die neuen Medien tragen mit dazu bei, dass sich unsere Arbeitswelt radikal verändert. Sie bringen Unternehmen und Beschäftigten Vorteile, beispielsweise in Form von mehr Freiheit, Mobilität und Flexibilität (orts- und zeitunabhängiges Arbeiten) und damit optimierter Zusammenarbeit, etwa bei virtuellen Teams. Die neuen Medien können auch Belastungen abbauen. So ersetzen Videokonferenzen etwa die eine oder andere Dienstreise.

Doch es gibt auch Nachteile. Ein in der Öffentlichkeit und auch im Rahmen von Gefährdungsbeurteilungen psychischer Belastung viel diskutiertes Phänomen ist die ständige Erreichbarkeit – auch „erweiterte Verfügbarkeit" genannt. Arbeits- und Organisationspsychologen sprechen von „Entgrenzung der Arbeitszeit", wenn Unterschiede zwischen Erwerbstätigkeit und Freizeit verwischen und traditionelle Grenzen des Arbeitstags wie Feierabend, Wochenende und Urlaub ihre Bedeutung verlieren (Dettmers 2017). Die Vereinbarkeit von Privat- und Berufsleben wird zunehmend erschwert (Sonntag 2014). Die Epoche wird auch „Liquid-Moderne" genannt, da Arbeit und Freizeit sich verflüssigen (Kewes 2017, S. 47). Viele Be-

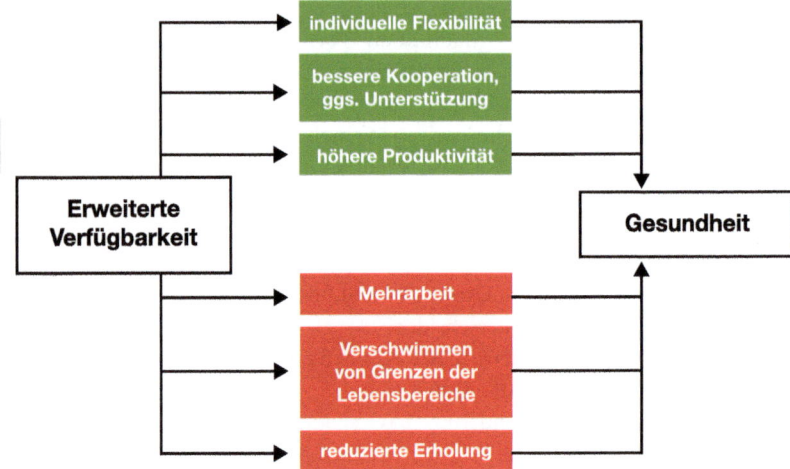

Abb. 3.3 Wirkung erweiterter Verfügbarkeit auf die Gesundheit des Menschen. (Eigene Darstellung, in Anlehnung an Dettmers 2017)

schäftigte scheinen subjektiv damit kein Problem zu haben und schätzen die damit verbundene Freiheit. Gleichzeitig zeigen Studien, dass die damit einhergehenden Erwartungen und Anforderungen an Arbeitseinsätze zu Überforderung führen und nicht zu unterschätzende wirtschaftliche, motivationale und gesundheitliche Auswirkungen haben können. In ■ Abb. 3.3 werden Chancen und Risiken aufgezeigt.

Studien, zum Beispiel zur Rufbereitschaft, zeigen, dass Beschäftigte eine Beeinträchtigung wahrnehmen, auch wenn keine Kontaktaufnahme durch den Arbeitgeber erfolgt. Schon die reine Erwartung, dass ein Anruf oder eine E-Mail sie erreichen könnte, führt dazu, dass Mitarbeiter und Führungskräfte nach Feierabend, am Wochenende oder im Urlaub schlechter abschalten können (Dettmers 2017, S. 168). Die Entgrenzung von Erwerbstätigkeit und Freizeit kann darüber hinaus zu Rollenkonflikten (*Work-Family Conflict*) führen, wie das folgende Beispiel zeigt.

Fallbeispiel

Einer meiner Coachees – er ist seit einem Jahr Führungskraft in einem Krankenhaus und vor kurzem Vater geworden – schilderte mir sein Dilemma wie folgt: „Manchmal weiß ich nicht mehr so richtig, ob ich zu einem bestimmten Zeitpunkt Führungskraft oder Papa bin. Ich habe das Gefühl, weder der einen noch der anderen Aufgabe gerecht zu werden, und das frustriert mich. Seit mehreren Monaten bin ich ständig gereizt, kann nicht gut abschalten, treibe nur noch selten Sport, schlafe schlecht und habe gleichzeitig den Eindruck, die Arbeit wird mehr und mehr. Dazu gesellt sich dann der Konflikt mit meiner Frau. Ich fühle mich wie im Hamsterrad."

In der Tat gibt es laut Studien einen Kausalzusammenhang zwischen permanenter Erreichbarkeit und Symptomen wie verminderter Stimmung, emotionaler Erschöpfung, schlechterer Schlafqualität, physischen Gesundheitsproblemen wie Rücken- und Nackenschmerzen sowie Absentismus (Dettmers 2017, S. 168; Sonnentag et al. 2010; Rexroth et al. 2016). Darüber hinaus kann sich erweiterte Verfügbarkeit auf Erholungsprozesse auswirken: Das für effektive Erholung nötige Distanzieren, bzw. „Abschalten", kann nur eingeschränkt erfolgen (Dettmers 2017, S. 168). Ebenso kann das Gefühl der Selbstbestimmtheit der Beschäftigten darunter leiden.

- **Interventionsmöglichkeit für Unternehmen: Gute Gestaltung von Verfügbarkeit**

Wie können Unternehmen und Mitarbeiter mit erweiterter Verfügbarkeit umgehen, sodass sie die Flexibilität nutzen, aber möglichst keine negative Konsequenzen erfahren? Studien zeigen, dass die Wirkungen erweiterter Verfügbarkeit von Person zu Person und zwischen Organisationen erheblich variieren (Dettmers 2017).

Das Information-Communication-Use-Model von Day et al. (2011) gibt an, dass die wahrgenommenen Vorteile der Nutzung der neuen Technologien die potenziell negativen Wirkungen abmildern können. In der Tat werden je nach Art des Arbeitseinsatzes, der Rahmenbedingungen und Gestaltungsmerkmale die Beeinträchtigungen stärker oder gemäßigter empfunden, wie die ◘ Tab. 3.2, basierend auf Dettmers (2017) und Rexroth et al. (2016), zeigt.

Für die Praxis bedeutet das: Es ist möglich, kritische Punkte der Gestaltung von Verfügbarkeit in einem Unternehmen zu identifizieren und daraus Maßnahmen abzuleiten, um die Chancen zu nutzen und Risiken zu minimieren. *Boundary Management*, das heißt, die bewusste Grenzziehung zwischen den Lebensbereichen, basierend auf einem entsprechenden Wunsch der Betroffenen sowie Strategien zur Grenzsetzung und -wahrung, kann somit gezielt gefördert und damit die Erholung sowie das Wohlbefinden der Mitarbeiter unterstützt werden (Rexroth et al. 2016). Die besten Ergebnisse wurden durch Maßnahmen erzielt, welche nicht nur die Organisation berücksichtigen (z. B. flexible Arbeitszeiten, familienfreundliche Bedingungen), sondern auch das Individuum (z. B. Achtsamkeitstraining) miteinbeziehen (ebd.).

Tab. 3.2 Verstärkende und mindernde Faktoren auf die Effekte erweiterter Verfügbarkeit

Merkmale	Beeinträchtigung verstärkende Faktoren	Beeinträchtigung mindernde Faktoren
Ressourcen und Risikofaktoren der Person	Hohe Besorgnisneigung, niedere Erholungsfähigkeit	Niedere Besorgnisneigung, gute Erholungsfähigkeit
Verfügbare Zeit	Der Arbeitseinsatz erfolgt unter hohem Zeitdruck	Flexible Zeiteinteilung möglich
Soziale Unterstützung	Die Person kann auf keine Unterstützung zurückgreifen	Die Person erhält Unterstützung, z. B. durch Kollegen oder bei der Kinderbetreuung
Arbeitsorganisatorisches und Ausstattung des Arbeitsplatzes	Ergonomisch schlechter Arbeitsplatz, schlechte WLAN-Verbindung, IT-Probleme	Optimale ergonomische und technische Ausstattung
Selbstwirksamkeit	Die Person fühlt sich der Situation nicht gewachsen	Die Person fühlt sich der Situation gewachsen
Höhe der Anforderung	Hohe, dauerhafte Erwartungen, häufige Inanspruchnahme der erweiterten Erreichbarkeit	Erweiterte Erreichbarkeit wird selten in Anspruch genommen und über die Erwartungen wird offen gesprochen
Verfügbare Ressourcen	Wenig/keine Steuerbarkeit des erweiterten Arbeitseinsatzes; wenig/keine Vorhersehbarkeit	Arbeitseinsätze sind vorherseh- und steuerbar
Flexibilitätsgewinn und wahrgenommene Unterstützungsleistung	Kein/wenig wahrgenommener Flexibilitätsgewinn für sich selbst; geringer Unterstützungsgrad für Kollegen durch die eigene Erreichbarkeit	Hoher eigener Flexibilitätsgewinn; die eigene Erreichbarkeit bringt große Vorteile für die Kollegen und wird als wertvoll wahrgenommen

3.2 · Wie organisationale Resilienz gestärkt werden kann

Tab. 3.2 (Fortsetzung)

Merkmale	Beeinträchtigung verstärkende Faktoren	Beeinträchtigung mindernde Faktoren
Wahrgenommene Legitimität und Wertschätzung	Inanspruchnahme erfolgt z. B. weil die Arbeit an anderer Stelle liegengeblieben ist; Arbeitseinsätze jenseits der offiziellen Arbeitszeit gelten als selbstverständlich	Inanspruchnahme erfolgt nur in wirklich dringenden Situationen; klare Wertschätzung durch den Vorgesetzten
Wahrgenommene Gerechtigkeit	Wahrnehmung: „Immer nur ich muss in die Bütt springen"	Wahrnehmung: „Wir teilen uns die Verfügbarkeit im Team gerecht auf"

Mit Blick auf die Fürsorgepflicht des Arbeitgebers und die arbeitsgesetzlich vorgeschriebene Gefährdungsbeurteilung psychischer Belastungen hat es sich bewährt, erweiterte Verfügbarkeit im Unternehmen zum Thema zu machen.

Hebel 2: Fairness

Zwischen Fairness und dem Gesundheitsstatus von Menschen gibt es einen klaren Zusammenhang. In einer Stichprobe von 804 Industriearbeitern führte ein hohes Fairnesserleben zu einem um 45 % geringeren Risiko eines kardiovaskulären Todes (Elovainio et al. 2006). Osterloh und Weibel (2006) unterscheiden zwischen drei Ausprägungen organisationaler Fairness:

- **Distributive Fairness:** Arbeitsverteilung und Belohnung entsprechen der Anstrengung, Erfahrung und Leistung des Mitarbeiters.
- **Prozedurale Fairness:** Ein Vorgehen wird als fair wahrgenommen, wenn es
  - konsistent für alle Personen im Unternehmen gilt,
  - Unparteilichkeit gewährleistet,
  - Korrekturen ermöglicht,
  - auf möglichst allen relevanten Informationen basiert und
  - Partizipationsmöglichkeiten gewährleistet.
- **Interaktive Fairness:** Sie bezieht sich auf die konkrete Umsetzung durch die Führungskräfte. Wichtig dabei ist, wie Vorgesetzte Entscheidungen mitteilen (Umgangston, Verständlichkeit, Nachvollziehbarkeit).

Fairness ist eine der wirksamsten Maßnahmen, um Vertrauen in Unternehmen zu fördern. Vor allem Investitionen in die prozedurale und interaktive Fairness zeigen große Wirkung bei relativ geringem Aufwand (Osterloh und Weibel 2006, S. 125 ff.).

Hebel 3: Partizipation

Partizipation meint, dass Beschäftigte bei Entscheidungen, die ihren Arbeitsplatz und für sie relevante Themen betreffen, einbezogen werden (z. B. Organisation, Arbeitsziele, Weiterbildung, Arbeitszeitpläne, Unternehmensvision/*purpose*). Partizipative Formen der Entscheidungsfindung geben Beschäftigten ein gewisses Maß an Selbstbestimmung, Verantwortlichkeit und Gestaltungsfreiraum. Sie zeigen, dass das Unternehmen den Einsatz und das Engagement des Mitarbeiters wertschätzt. Dadurch fördern sie das soziale Zugehörigkeitsgefühl der Mitarbeiter (Osterloh und Weigel 2006, S. 103). Auf die Bedeutung von Autonomie und Partizipation für das organisationale Lernen wird gleich näher eingegangen. Das Thema Partizipation und neue Arten der Zusammenarbeit in Teams wird später behandelt (vgl. ▶ Kap. 6).

Fallbeispiel

Ein deutsches Industrieunternehmen, das ich als Beraterin begleiten darf, achtet bei Beinahe- oder kleinen Unfällen darauf, dass die Vorfälle gemeinsam mit den Kollegen bearbeitet werden, denen sie widerfahren sind bzw. die sie beobachtet haben. Bekommt beispielsweise ein Mitarbeiter ein Staubpartikel ins Auge, weiß er meist am besten, was passiert ist. Die Ursachen werden offen besprochen, auch wenn es durch einen Fehler oder ein Fehlverhalten zu dem Unfall gekommen ist. Damit dies gelingt, ist Vertrauen und Ehrlichkeit zwischen Mitarbeitern und Führungskräften nötig. Gemeinsam kann dann unter Berücksichtigung der relevanten Faktoren die optimale Lösung entwickelt werden. Wurde wie im oben genannten Beispiel eine vorgeschriebene Schutzbrille nicht oder nicht ordnungsgemäß getragen, gilt es herauszufinden, was der Grund dafür ist und was getan werden kann. In unserem Beispiel haben Mitarbeiter und Vorgesetzter herausgefunden, dass eine bessere Belüftung eingeführt werden sollte, denn durch die feuchte Arbeitsumgebung beschlug die Schutzbrille ab und zu, weshalb der Mitarbeiter sie nicht ordnungsgemäß trug. „Durch das eigenverantwortliche Ansprechen und Bearbeiten von Beinaheunfällen können schlimmere Situationen vermieden werden", so ein Bereichsleiter.

3.2.1.3 Organisationales Lernen

Organisationale Resilienz ist eng verbunden mit Lernprozessen (Weick und Sutcliffe 2015; Sutcliffe und Vogus 2003; Wildavsky 1988). Denn zur Bewältigung neuer Situationen ist eine Anpassung des erfahrungsbasierten, informellen Wissens erforderlich.

> **Definition**
>
> Informelles Wissen umfasst Verständnis und Fähigkeiten, die Menschen spontan durch Erfahrungen und in der Interaktion mit anderen erworben haben, ohne diese thematisiert und vorsätzlich gelernt zu haben.

Studien über organisationales Lernen weisen darauf hin, dass in unsicheren Zeiten langfristige positive Anpassung möglich ist, wenn Unternehmen der Spagat zwischen Wachstum (z. B. durch Innovation) und Kompetenzbildung (z. B. Wirksamkeit, Achtsamkeit, Improvisation) gelingt (Sutcliffe und Vogus 2003, S. 104).

Je schneller Veränderungen und Innovationsprozesse vor sich gehen, desto wichtiger wird die zentrale Herausforderung für Unternehmen, „lernen zu lernen" (Sauer und Trier 2012, S. 257).

In diesem Kontext unterscheiden Argyris und Schön (1999) zwischen drei Lernarten: Single-Loop-Learning, Double-Loop-Learning und Deutero-Learning.

> **Definition**
>
> Single-Loop-Learning – auf Deutsch „Einschleifen-Lernen" – bezieht sich in erster Linie auf Effektivität. Es geht um die Frage, wie die bestehenden Ziele am besten erreicht und die Leistung der Organisation in dem von den bestehenden Werten und Normen vorgegebenen Bereich gehalten werden kann (Argyris und Schön 1999, S. 37), also darum, die Dinge richtig zu machen. Dabei werden die Symptome verändert und Strukturen und Prozesse angepasst.

> **Definition**
>
> Beim Double-Loop-Learning – auf Deutsch „Doppelschleifen-Lernen" oder „Veränderungslernen" – geht es darum zu fragen, ob man die richtigen Dinge tut, ob die Weichen richtig gestellt wurden und ob in dem spezifischen Kontext überhaupt eine Chance auf Erfolg besteht. Es geht darum, nicht die Symptome, sondern die Bedingungen zu verändern. Beim Doppelschleifen-Lernen kommt es in der Organisation zu einem Wertewandel (Argyris und Schön 1999, S. 36). Dies kann notwendig sein, wenn trotz Anpassung der Strukturen und Prozesse (Single-Loop-Learning) das Ergebnis nicht den Erwartungen entspricht und eine weitere Anpassung nicht erfolgsversprechend ist.

Argyris und Schön (1999, S. 111) haben untersucht, wann Double-Loop-Learning in Organisationen scheitern kann. Zum Lernabwehrverhalten von Unternehmen gehört, widersprüchliche Botschaften auszugeben, so zu handeln, als wären diese nicht widersprüchlich und die Mehrdeutigkeit sowie die Widersprüchlichkeit selbst zu tabuisieren.

Die dritte Lernart, die darauf abzielt, dass Organisationen das Lernen lernen, ist das Deutero-Learning.

> **Definition**
>
> Lernt ein Unternehmen, seine Lernabwehrroutinen zu verändern und Widersprüchlichkeit aufzulösen um Single- und Double-Loop-Learning zu ermöglichen, findet Deutero-Learning statt. Das Unternehmen deckt sein Lernsystem auf und verändert dieses. Beim Deutero-Learning lernt eine Organisation, wie, wann und warum sie Strukturen und Prozesse anpasst oder nicht anpasst, bzw. wie, wann und warum sie ihre grundlegende Ausrichtung (Werte, Normen, Grundüberzeugungen, Strategien, Ziele) verändert oder nicht verändert.

Für organisationales Lernen ist es wichtig, dass einzelne Akteure und agierende Einheiten (z. B. Teams) miteinander verknüpft werden (Kleindienst et al. 2015, S. 58). Das in ◘ Abb. 3.4 dargestellte Modell organisationalen Lernens von Nonaka und Takeuchi (2012) basiert auf der Annahme, dass sich Wissen während des Lernprozesses über die verschiedenen organisationalen Ebenen – Indivi-

3.2 · Wie organisationale Resilienz gestärkt werden kann

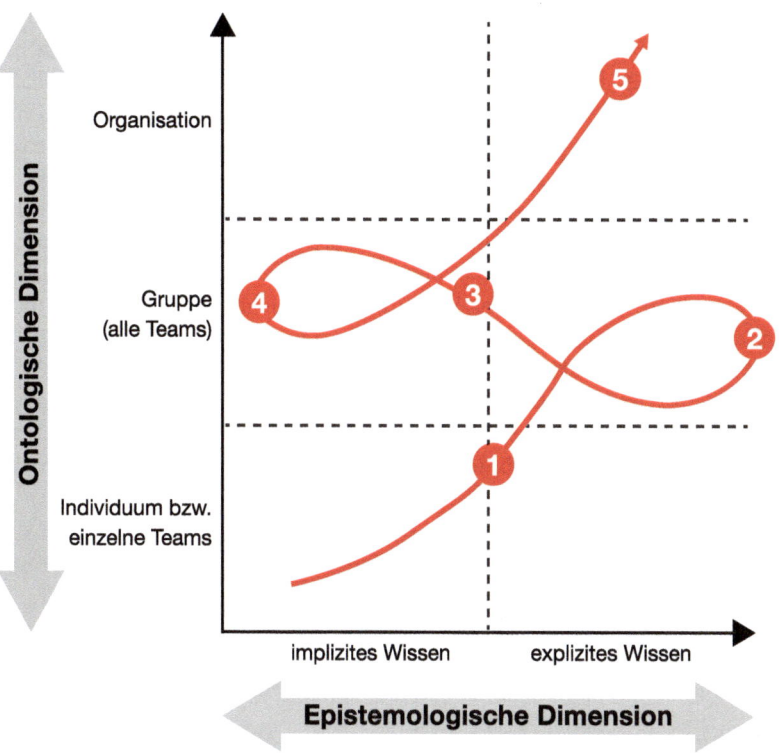

◘ **Abb. 3.4** Organisationaler Lernprozess nach dem Modell von Nonaka und Takeuchi (2012; adaptiert, nach Kleindienst et. al. 2015, S. 58)

duum, Gruppe/Team, Organisation (ontologische Dimension) – bewegt und sich dabei von implizit zu explizit und umgekehrt verändert (epistemologische Dimension).

Kleindienst et al. (2015) betonen, dass implizites Wissen kontextspezifisch und daher nur begrenzt formalisiert kommunizierbar sei. Im Gegensatz dazu ist explizites Wissen abstraktes, aus dem Kontext herausgelöstes Wissen und kann über Sprache weitergegeben werden. Für organisationales Lernen bezogen auf Resilienz ist es daher zentral, implizites Wissen zu übertragen. Das kann gelingen, indem positive Beispiele für resilientes Verhalten bei der Bearbeitung von Szenarien festgehalten werden (z. B. auf Videos) und den anderen Teammitgliedern gezeigt werden (Lernen am Modell). So wird Wissen in seinen konkreten Handlungskontext eingebettet übertragen und wird dadurch direkt anwendbar (Kleindienst et al. 2015, S. 59). Durch gemeinsames Ausüben einer Tätigkeit (*shared practice*), zum Beispiel in Workshops oder Schulungen, wird implizites Wissen anhand von Verhalten aufgezeigt, gegenseitig beobachtet und imitiert (Schreyögg und Geiger 2004; Kleindienst et al. 2015).

Eine weitere Voraussetzung für organisationales Lernen ist, dass das kollektiv ausgetauschte und neu kombinierte Wissen in den organisationalen Strukturen, Prozessen und Regelsystemen verankert wird (Argote und Miron-Spektor 2011).

Organisationales Lernen basiert demnach auf dem Lernen einzelner Organisationsmitglieder, doch es erschöpft sich nicht darin (Kleindienst et al. 2015, S. 59). Selbst wenn auf individueller Ebene Veränderungen stattfinden, Einzelpersonen lernen und Prozesse neu definiert werden, verändern diese Einzelaktionen nicht das Verhalten einer Organisation (Gessler 2006, S. 267). Daher ist es zentral, Maßnahmen zur Resilienzförderung integral zu konzipieren, das heißt, dabei alle Ebenen zu berücksichtigen (vgl. ▶ Abschn. 3.3).

Arbeitsorientiertes Lernen

Im Rahmen des Managements von Ungewissheit zeigt sich der Trend neuer Lernkulturen und damit die Entwicklung vom institutionalisierten Lernen, wie es von der Schule und der bisherigen Weiterbildung bekannt ist, hin zum arbeitsorientierten Lernen (Sonntag und Stegmaier 2007).

> **Definition**
>
> Unter arbeitsorientiertem Lernen werden Lernvorgänge verstanden, die durch die direkte Auseinandersetzung mit Arbeit ausgelöst werden (Sonntag und Stegmaier 2007).

Dabei lässt sich zwischen der Lernhaltigkeit des Arbeitsplatzes und der Lernförderlichkeit der Organisation unterscheiden.

Lernhaltigkeit des Arbeitsplatzes

Die Lernhaltigkeit einer Arbeitsituation ist von der Gestaltung der Arbeitsaufgaben abhängig. Man differenziert dabei zwischen der Inhalts- und der Aktivierungskomponente. Während sich die Inhaltskomponente auf die Arbeitsinhalte bezieht, sind mit der Aktivierungskomponente das Motivierungspotenzial und der aktionale Anregungsgrad einer Aufgabe gemeint. Das Motivierungspotenzial ist eng mit der vom Mitarbeiter erlebten Sinnhaftigkeit der Aufgabe und mit deren Kernkomponenten Variabilität (abwechslungsreiche Tätigkeiten, welche Lernen und Motivation stärken können), Ganzheitlichkeit und Bedeutung verknüpft. Der aktionale Anregungsgrad hingegen hängt von den objektiven und den subjektiv empfundenen Möglichkeiten der aktiven Mitgestaltung ab (Wieland 2004).

Zur Stärkung des organisationalen Lernens und Förderung der Lernhaltigkeit von Arbeit gilt es, Selbständigkeit, Partizipation, Komplexität, Kommunikation/Kooperation und Feedback kontinuierlich zu verbessern (Frieling et al. 2000). Was ist damit genau gemeint? Selbständigkeit/Autonomie gilt als Voraussetzung für die Bewältigung potenziell kritischer Situationen und ist eine Grundvoraussetzung von Anpassungsfähigkeit und damit Resilienz. Als Beispiel sei der Pilot genannt, dem es gelingt, ein nicht mehr steuerfähiges Flugzeug zu landen, oder das Ärzteteam, das Patienten in lebensbedrohlichen Situationen zu retten vermag (Ritz 2015a, S. 8). Partizipation im Sinne von Einflussmöglichkeiten der Beschäftigten auf die Organisation und die Arbeitsinhalte gilt als Voraussetzung für Kompetenzentwicklung. Kompetenzentwicklung findet dabei vor allem in der Auseinandersetzung mit Arbeitsaufgaben innerhalb von Gruppen, Teams und Organisationen statt (Frieling et al. 2000, S. 25). Eine höhere Lernhaltigkeit der Arbeit wird als höhere Komplexität – im positiven Sinne, d. h. im Gegensatz zu simplen oder repetitiven Aufgaben – wahrgenommen. Durch regelmäßiges Feedback in Gruppen und Teams und die Fähigkeit, dieses anzunehmen und schnell in den Alltag zu integrieren, können Lernprozess und Anpassungsfähigkeit gesteigert werden (Sutcliffe und Vogus 2003, S. 104).

Lernförderlichkeit des Arbeitsplatzes

Ob eine lernhaltige Arbeitssituation auch lernförderlich ist, hängt von drei Komponenten ab (Sonntag und Stegmaier 2007):
- dem organisationalen Umfeld,
- den Lernenden,
- den Trainingsmethoden und -ansätzen.

Das organisationale Umfeld und die entsprechenden Rahmenbedingungen beziehen sich auf die Lernkultur im Unternehmen. Wird in einer Organisation beispielsweise aktives, selbständiges Verhalten verlangt und gefördert, so müssen sich die Anstrengungen für die Übernahme neuer Aufgaben auch lohnen, um lernförderlich zu sein (Sauer und Trier 2012). Die Lernenden wiederum unterscheiden sich zum Beispiel in ihren kognitiven Fähigkeiten, Lernstrategien, Persönlichkeitsfaktoren sowie ihrem Stresserleben und Alter (Sonntag und Stegmaier 2007). Geeignete Trainingsmethoden und -ansätze für arbeitsorientiertes Lernen sind zum Beispiel kognitive Trainings, Fehlermanagementtrainings, Behavior Modeling Trainings und computergestützte Simulationen (ebd.).

Zum arbeitsorientierten Lernen gehört auch das selbstorganisierte, informelle Lernen. Dabei kann das institutionalisierte Lernen als Grundlage dienen.

Selbstorganisiertes Lernen

> **Definition**
>
> Selbstorganisiertes Lernen (SOL), auch informelles Lernen genannt, betont die aktive Rolle bzw. die Selbststeuerung des Lernenden im Gegensatz zu einer konsumierenden Lernhaltung in einem lernzentrierten Unterricht (Gessler 2006, S. 266). Einige Autoren unterscheiden zwischen selbstbestimmtem Lernen (die Lernenden bestimmen selbst über die Ziele und Inhalte, Formen und Wege, Ergebnisse und Zeiten sowie die Orte des Lernens) und selbstorganisiertem Lernen (die Lernenden steuern bei vorgegebenen Inhalten und Zielen die Art und Weise des Lernens) (Dohmen 1998; Mader 1997). Für Sauer und Trier (2012, S. 264) ist selbstorganisiertes Lernen „Problemlösen unter Unsicherheit".

Job Crafting, d.h. Veränderung der eigenen Arbeit um eine bessere Passung zu erreichen, und *Career Related Continuous Learning*, also selbstinitiierte, interessengesteuerte, geplante und proaktive Aktivitäten formellen oder informellen Lernens auf individueller Ebene zur Aneignung und Anwendung von Wissen mit dem Ziel der Karriereentwicklung (London und Smither 1999), sind Ansätze selbstorganisierten Lernens.

Das organisationale Lernen ist also eng mit dem individuellen Lernen verknüpft (vgl. ▶ Abschn. 4.3.5.2). Mitarbeiter bevorzugen bestimmte Arbeitssituationen und lehnen andere ab. Damit beeinflussen sie das Anforderungs- und Belastungsprofil ihres Arbeitsplatzes, was zu Wechselwirkungen zwischen Arbeit und Person führt.

Beispielsweise präferieren einige Beschäftigte herausfordernde, selbstverantwortliche Aufgabenstellungen, während andere sich mit Routineaufgaben wohler fühlen, die geringe Entscheidungsspielräume bieten und wenig Anforderungen an die Selbstorganisation und -regulation stellen (Sauer und Trier 2012). Eine resiliente Organisation und resiliente Führungskräfte gehen auf diese Talente und Stärken der Mitarbeiter aktiv ein (vgl. ▶ Abschn. 3.2.1 und ▶ Kap. 5).

Vor diesem Hintergrund ist es relevant, zwischen einer statischen und dynamischen Denkweise und einem entsprechenden Lernverständnis zu unterscheiden. Ritz (2015a) warnt vor der „Gefahr einer Fixierung auf erlernte Bewältigungsmechanismen", die bei einem statischen Lernverständnis besteht. Denn ein statisches Lernverständnis und das Festhalten an einmal erlernten Bewältigungsmechanismen führen bei abweichenden Situationsanforderungen nicht zum Erfolg. Das Verhaltensrepertoire sollte daher auf die Bewältigung nicht planbarer Situationen hin erweitert werden, mit dem Ziel, flexible Anpassungsfähigkeit zu erhalten und zu fördern (vgl. ▶ Kap. 4).

Neben dem Lernen am Arbeitsplatz zählen Sauer und Trier (2012) auch das Lernen im sozialen Umfeld, wie etwa im alltäglichen bürgerschaftlichen Leben, zu möglichen Strukturen neuer Lernkulturen. Ein weiterer Fokus liegt auf der stärkeren Kompetenznutzung von älteren Menschen und ihrer verbesserten sozialen Teilhabe. Um den Rahmen dieses Bandes nicht zu sprengen, wird auf eine Vertiefung dieser wichtigen Themen verzichtet.

3.2.1.4 Fehlerkultur

Mit resilienzförderndem Lernen eng verbunden ist das Fehlermachen. Voraussetzung für eine gesunde Fehlerkultur in Organisationen ist, dass Unternehmen den Begriff „Misserfolg" für sich umdeuten. Ein Misserfolg ist „ein Problem, dem man sich stellen, mit dem man umgehen und aus dem man lernen kann" (Dweck 2016, S. 44). Kratzer (2016, S. 2) fordert ein „gesundes Scheitern": Wenn Scheitern möglich oder sogar unausweichlich ist, dann muss Scheitern auch erlaubt sein.

Sitkin (1992) führt die Theorie des „intelligenten Scheiterns" ein. Damit sind umsichtig geplante Maßnahmen gemeint, die die Experimentierfreude von Menschen fördern und gleichzeitig klein genug sind, um bei deren Misslingen größere Unfälle oder Katastrophen zu vermeiden. Sitkin plädiert dafür, den erfolgsbasierten Erfahrungsschatz durch Fehler oder kleine Verluste zu ergänzen. Er zeigt auf, dass Lernen aus Erfolg zwar die Zuverlässigkeit einer Organisation erhöht, jedoch auch ihre Abhängigkeit von bewährten Methoden und Erfolgsformeln ver-

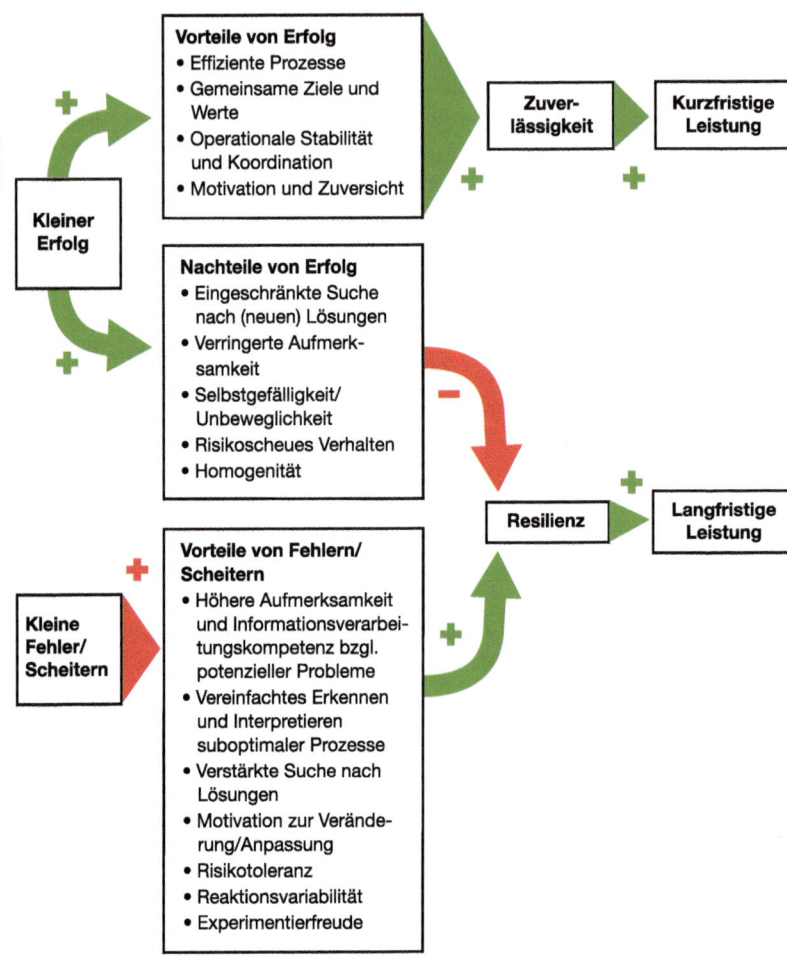

□ Abb. 3.5 Die Vor- und Nachteile von Erfolg und Misserfolg. (Adaptiert, nach Sitkin 1992, S. 242)

stärkt, was wiederum organisationales Lernen und Ausprobieren behindern kann. Lernen aus Misserfolgen hingegen fördert Resilienz, gerade auch im Umgang mit neuen Situationen (Sitkin 1992, S. 241 f.; Linnenluecke 2017, S. 17; □ Abb. 3.5).

Die Entwicklung einer gesunden Fehlerkultur in Unternehmen ist ein wichtiger Hebel zur Stärkung organisationaler Resilienz und langfristigen Erfolgs: Oft sind

3.2 • Wie organisationale Resilienz gestärkt werden kann

Menschen unsicher oder zu stolz, um sich selbst und anderen Fehler ein- bzw. zuzugestehen. Resiliente Organisationen helfen ihren Mitarbeitern, diese Reaktionen zu überwinden, indem sie eine Kultur fördern, die zu Offenheit und Toleranz gegenüber Fehlern aufruft, Fehler nicht als Scheitern, sondern als Lernchancen sieht und Mitarbeiter ermutigt, Risiken einzugehen (Sandberg und Grant 2017, S. 144 f.).

Dazu gehört auch, die Arbeitswelt wieder menschlicher zu gestalten und Verletzlichkeit zuzulassen. Denn Lernen, Kreativität und Innovation sind untrennbar mit Verletzlichkeit verbunden, es gibt dabei nie genug Sicherheit (Brown 2017). In einem Unternehmen bedarf es daher eines sicheren Umfelds, auch „psychologische Sicherheit" genannt.

> **Definition**
>
> Im Kontext von Ausprobieren, Risiken eingehen und Lernen aus Fehlern ist das Konstrukt der psychologischen Sicherheit von Bedeutung. Es erklärt, weshalb sich der Fokus auf das Positive und Lernen aus Fehlern gegenseitig bedingen. Wenn Menschen Wertschätzung erfahren für ihre Arbeit, wenn sie Fehler machen dürfen, wenn auch das, was gelingt, gesehen und gefeiert wird, dann entwickeln sie Vertrauen und den Mut, Neues zu wagen und Risiken einzugehen. Daher ist psychologische Sicherheit der Nährboden für Innovation, Kreativität und Veränderung.

Verletzlichkeit ist also eng mit Vertrauen und Authentizität verbunden. Werden sie durch die Unternehmenskultur nicht gefördert oder sogar unterbunden, investieren Mitarbeiter viel Zeit und Energie, ihre Fehler und Unsicherheiten zu verstecken und politische Spielchen zu spielen. Für Kegan und Lahey (2016, S. 1) ist dieses Verstecken der größte Ressourcenverlust, den Unternehmen täglich erleiden. Mit einer Unternehmenskultur, die sicher und fordernd genug ist (*safe enough and demanding enough*), kann dem entgegengewirkt werden kann (ebd., S. 3).

Fehlerkultur bedeutet außerdem, die Neigung, die Schuldfrage klären zu wollen, abzulegen. Dieser Automatismus liegt oft in der Unternehmenskultur begründet und hält die Mitarbeiter davon ab, Verantwortung zu übernehmen, da sie Selbstverantwortung vor diesem Hintergrund als zu riskant erachten. Verantwortungsübernahme ist jedoch gerade in einer Krise oder in turbulenten Zeiten erfolgsentscheidend, da sie den Menschen hilft, schneller wieder aktiv zu werden und Zukunft zu gestalten (Borgert 2013, S. 18).

Auch hinsichtlich der Innovationsfähigkeit von Unternehmen ist eine gesunde Lern- und Fehlerkultur zentral:

> Innovationen sind immer mit Risiken verbunden, nur bedingt planbar und enthalten die Gefahr des Misslingens. Nicht zu verkennen ist jedoch, dass auch aus gescheiterten Vorhaben neue Ideen erwachsen, die letztendlich zu weiteren Innovationen führen können (Sauer und Trier 2012, S. 273).

Doch gerade bei Innovationen kann es schwierig sein, von Fehlern zu lernen. Välikangas (2010, S. 65) spricht dabei vom Innovationstrauma, das persönliche und emotionale Investitionen verhindern kann, die für eine zukünftige hohe Innovationsleistung nötig sind.

Definition

Ein Innovationstrauma ist die Unfähigkeit, sich aufgrund einer herben Enttäuschung bei einer früheren Innovation – zum Beispiel der Zurückweisung eines neuen Produkts durch das Management oder den Markt – auf eine neue Innovation einzulassen.

Bei betroffenen Mitarbeitern ist es wichtig, resilienzfördernde Maßnahmen einzuleiten. Dazu gehört, dass sie Zeit bekommen, sich von den negativen Erfahrungen zu lösen (Nadler 1988). Darüber hinaus empfiehlt Välikangas (2010, S. 73) „Post-mortem-Workshops", um gemeinsam die Gründe für das Scheitern herauszufinden und daraus zu lernen. Oft gibt es eine Vielzahl von Gründen, wie etwa das Ego der Entwickler, die sich in eine Erfindung verliebt haben und dabei die Marktbedürfnisse aus den Augen verloren haben, oder der Druck von der Unternehmensspitze bzw. der Führungskraft. Eine weitere hilfreiche Methode, um Teams dabei zu unterstützen, von der gescheiterten Innovation zu lernen, ist eine gemeinsame Fallbeschreibung, d. h., die Teammitglieder dokumentieren das gesammelte Wissen und ihre Erfahrungen gemeinsam.

Das Konzept der kleinen Fehler – schnelles und frühes Fehlermachen und Darauslernen (*failing fast*) – und des Loslassens von Perfektionismus zeigt sich auch in den modernen Zusammenarbeitsformen mittels Agilitätsmethoden (vgl. ▶ Kap. 6). Monatelange Konzeptentwicklungen im Elfenbeinturm werden ersetzt durch gemeinsames Arbeiten in Schleifen (Iteration). Das fördert Kreativität, Innovation, Motivation und Selbstverantwortung – kann jedoch auch mit Stress verbunden sein.

Während der Fokus auf Fehler zur Stärkung organisationaler Resilienz beitragen kann (Weick et al. 1999), ist es genauso wichtig, auf das zu schauen, was im Unternehmen gut läuft, und auf die Talente und Stärken der Mitarbeiter zu setzen.

3.2.1.5 Stärkenorientierung

Laut der Beratungsgesellschaft Gallup besteht bei Personen, die ihre Stärken täglich nutzen, eine sechsmal höhere Wahrscheinlichkeit, dass sie eine hohe emotionale Bindung an ihre Tätigkeit haben, und eine dreimal so hohe Wahrscheinlichkeit, dass sie ihre Lebensqualität als hervorragend bewerten, als bei Personen, die ihre Stärken weniger oft einsetzen können (Gallup 2012). Für die emotionale Bindung von Mitarbeitern an ihr Unternehmen ist die Möglichkeit, das zu tun, was man richtig gut kann, fünfmal wichtiger als das Gehalt (Gallup 2017).

Obwohl zurzeit bei zahlreichen Unternehmen ein Umdenken erkennbar ist, liegt der Fokus vieler Organisationen nach wie vor auf den Schwächen ihrer Mitarbeiter und deren Behebung und nicht auf den Stärken und deren gezieltem Einsatz – und das, obwohl Forschungsergebnisse zeigen, dass Menschen durch Schulung ihre Schwächen höchstens mittelmäßig verbessern können, während eine Investition in ihre Talente und Stärken es ihnen ermöglicht, nachhaltig hervorragende Leistung zu erbringen (Rath und Conchie 2009).

Neben Vorteilen für Einzelpersonen (▶ Kap. 4) und Führung (▶ Kap. 5) trägt eine Stärkenorientierung auch zur Verbesserung der Unternehmensleistung bei: Gallup berichtet von einer Zunahme um 12,5 % der Teamproduktivität, wenn die Führungskräfte zuvor an einer Stärkenintervention teilgenommen haben, und von einer 14,9 % geringeren Mitarbeiterfluktuation (Asplund et al. 2009). CAPP (2017) verbindet den vermehrten Einsatz von Stärken mit höherer Produktivität und Profitabilität in Unternehmen.

Der Corporate Leadership Council (2005) fand heraus, dass ein Fokus auf Mitarbeiterstärken bei der Leistungsbeurteilung zu einer Leistungssteigerung von 36,4 % führt (◘ Abb. 3.6).

Anwendungen des Stärkenansatzes auf Organisationsebene

Der Stärkenansatz bietet sich in Unternehmen beim Recruiting an. Biswas-Diener (2010, S. 37) erläutert die Vorteile eines stärkenbasierten Recruitingprozesses zusammengefasst wie folgt: In der heutigen Arbeitswelt, die durch höhere Mobilität, neue Kommunikationstechnologien und schnelle Veränderungsprozesse gekennzeichnet ist, müssen sich Beschäftigte ständig an neue Software, neue Kollegen

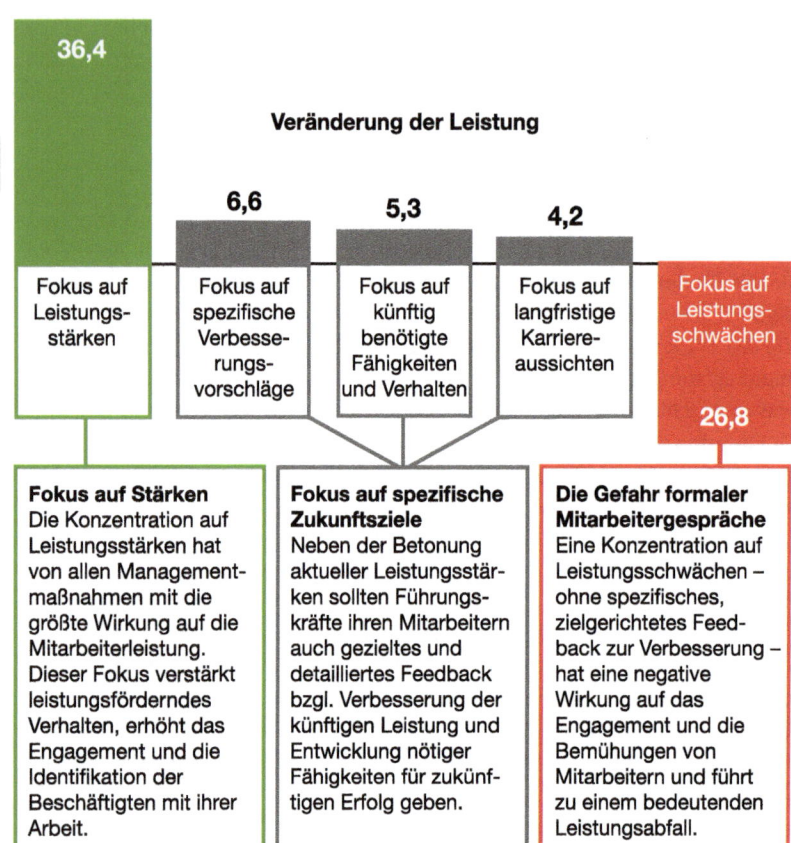

Abb. 3.6 Einfluss formeller Leistungsbeurteilungen auf die Mitarbeiterleistung. (Adaptiert, nach Corporate Leadership Council 2005)

und Vorgesetzte und andere Bürosituationen anpassen. Während ein Recruiting auf der Basis von Fähigkeiten einen Einblick in das gewährt, was ein Mitarbeiter in der Vergangenheit getan hat, helfen stärkenbasierte Einstellungsprozesse zu erkennen, was er in Zukunft tun kann.

Ein weiteres Einsatzgebiet von Stärken auf Unternehmensebene, das direkt mit Resilienz verbunden ist, ist das Outplacement. In Krisen und wirtschaftlich schweren Zeiten, wenn Unternehmen Mitarbeiter entlassen müssen – trotz der wissenschaftlich belegten negativen Konsequenzen für die betroffenen Personen, die zurückbleibenden Kollegen, das im Unternehmen verbleibende Talent und Wissen sowie die Stimmung (Cameron und McNaughtan 2014, S. 453) –, kann der Stärkenansatz Linderung bringen: Er fördert die Energie der Mitarbeiter, die im Unternehmen bleiben, und unterstützt die Führungskräfte, die die schlechten Nachrichten überbringen müssen (Biswas-Diener 2010, S. 38)

Stärken und Sicherheit in Unternehmen

Das Thema Sicherheit ist in Unternehmen oft noch negativ konnotiert und rückt meist in den Fokus, nachdem ein Fehler oder Unfall passiert ist (Ritz 2015a). Entsprechend beziehen sich die Rückmeldungen an die Mitarbeiter zum Thema Sicherheit oft auf Fehlverhalten und dessen Vermeidung. Nur langsam, so Ritz, findet in den Organisationen ein Umdenken von der Defizitorientierung hin zur Ressourcenorientierung statt. Die positive Perspektive von Resilienz, genauer die Fokussierung auf Stärken, können laut Ritz dabei helfen. Dadurch kann die Defizitorientierung weiter gewandelt und gleichzeitig zu einem eindeutigen Verständnis von Sicherheit und Unsicherheit beigetragen werden. Zentrales Anliegen ist hierbei, den Menschen auch aktiv als Sicherheitsfaktor begreifen zu können (Ritz 2015a, S. 5).

3.2.2 Lernfeld 2: Bewusste, positive Führung

Eine stabile Organisationskultur und klare Rahmenbedingungen sind die Basis für wirksame, positive Führung. So betonen Gebhardt et al. (2015, S. 28) in ihrer Studie *Zukunftsfähige Führung* die Bedeutung des passenden Umfeldes und einer förderlichen Organisationskultur für eine wirksame Führung:

» Wirksame Führung findet in wirksamen Führungssystemen statt. Aus systemischer Perspektive wissen wir, dass individuelles Führungshandeln in der Regel kongruent zum übergeordneten Führungssystem funktioniert. Soll also Führungsverhalten hinsichtlich Förderung von Resilienz und Gesundheit verändert werden, ist die zeitgleiche Veränderung des übergeordneten Führungssystems entscheidend.

Dem für organisationale Resilienz zentralen Thema „Führung" ist in diesem Buch ein separates Kapitel gewidmet (vgl. ▶ Kap. 5).

3.2.3 Lernfeld 3: Organisationale Energie

Betritt man als aufmerksamer Besucher ein Unternehmen, kann man sie erahnen: die Energie, die eine Organisation ausstrahlt. Sie spiegelt sich in Architektur und Raumgestaltung (z. B. Baumaterialien, Lichtverhältnisse, ausgestellte Kunst, Möbel) genauso wider wie in den Menschen selbst (z. B. Mimik und Gestik des Empfangsteams, Körperhaltung der Mitarbeiter, Kleidung) und in ihren Interaktionen (z. B. Begrüßung, Gespräche). Der Arbeitsalltag wird kontinuierlich von der organisationalen Energie beeinflusst, beispielsweise in Sitzungen und Projekten, bei der Entscheidungsfindung und Ideengenerierung. Organisationale Energie findet sich auch auf individueller Ebene: Manche Kollegen gelten offen oder versteckt als „Energetisierer", die Teams und Projekten zum Weiterkommen verhelfen, andere hingegen lähmen durch ihr destruktives Denken und Verhalten ganze Gruppen.

> **Definition**
>
> Organisationale Energie ist die Kraft, Geschwindigkeit und Ausdauer, mit der eine Organisation zielgerichtet Dinge bewegt. Sie zeigt auf, in welchem Ausmaß ein Unternehmen, eine Abteilung oder ein Team gemeinsam das emotionale, kognitive und verhaltensbezogene Potenzial mobilisiert hat, um die gesteckten Ziele zu erreichen (Bruch und Vogel 2009, S. 35). Organisationale Energie entspricht nicht der Summe der Energie der Mitarbeiter eines Unternehmens, sondern wird zu einem eigenständigen Merkmal für Unternehmen insgesamt (ebd., S. 30).

3.2.3.1 Relevanz organisationaler Energie

Unternehmen unterscheiden sich in ihrem Verhalten stark voneinander: Während einige agil und innovationsfreundlich sind und Veränderungen zügig angehen, sind andere eher träge oder statisch. Forschungsergebnisse zeigen, dass dieser Unterschied mit der organisationalen Energie zu tun hat (Bruch und Vogel 2009, S. 18).

Energie in Organisationen ist eng mit Leistung, Lernen, Stimmung und Innovation verbunden (Cross et al. 2003, S. 56). In hochleistenden Organisationen gibt es dreimal so viele positive Energetisierer wie in durchschnittlichen Organisationen (Cameron und McNaughtan 2014, S. 454). Obwohl die Forschung noch in den Kinderschuhen steckt, mehren sich die Anzeichen, dass organisationale Energie den entscheidenden Unterschied macht zwischen Spitzenleistungen, Mittelmäßigkeit und Misserfolg von Unternehmen (Bruch und Vogel 2009, S. 20).

Darüber hinaus kann organisationale Energie den Zusammenhalt und das Wir-Gefühl in Unternehmen und Teams stärken.

Von zentraler Bedeutung ist das Wissen um und der zielorientierte Umgang mit organisationaler Energie in Krisen und bei Veränderungsprozessen. Denn ob eine Organisation über genügend produktive Energie verfügt, kann für den Erfolg eines Changevorhabens und das Überleben einer Organisation entscheidend sein. Bruch und Vogel (2011, S. 235) empfehlen, ein Managementsystem zu entwickeln, das eine Vielzahl von Energiequellen schafft, und nicht nur auf den charismatischen CEO oder das Topmanagement zu setzen. Es bedarf starker Führungskräfte auf unterschiedlichen Hierarchieebenen und in unterschiedlichen Bereichen im Unternehmen, die als Energetisierer agieren.

Die Kultur eines Unternehmens ist ein wesentlicher Einflussfaktor der organisationalen Energie: Sie spielt eine entscheidende Rolle beim Aufbau eines Systems, das nachhaltig und eigenständig Energie erneuert, fördert und erhält (Bruch und Vogel 2009, S. 230). Doch eine starke Unternehmenskultur kann auch Trägheit fördern, wenn sie Eigeninitiative und Veränderungsbereitschaft behindert. Daher gilt es, darauf zu achten, Elemente in die Unternehmenskultur mit aufzunehmen, die Veränderung und Eigeninitiative unterstützen (vgl. ▶ Kap. 5).

3.2.3.2 Typische Energieausprägungen in Unternehmen

Bruch und Vogel (2009) unterscheiden in einer Energiematrix mithilfe der beiden unabhängigen Dimensionen Qualität und Intensität vier grundlegende Energiezustände in Unternehmen: resignative Trägheit, angenehme Trägheit, korrosive Energie und produktive Energie. In fast jedem Unternehmen und jedem Bereich lässt sich ein typischer Energiezustand feststellen (vgl. ◘ Abb. 3.7). Während sich Intensität auf das Ausmaß der Aktivierung organisationaler Energie bezieht, zeigt Qualität, inwiefern diese Energie auf die Unternehmensziele ausgerichtet ist.

In ◘ Tab. 3.3 werden die von Bruch und Vogel (2009, S. 65 ff.) vorgestellten vier Ausprägungen zusammengefasst.

Resiliente Unternehmen zeichnen sich durch hohe produktive Energie und intensive positive Emotionen aus, die sie achtsam sein lassen gegenüber Signalen aus der Umwelt. Dabei wechseln sich hochdynamische Phasen mit Erholungs- und Erneuerungsphasen ab, was hilft, die Beschleunigungsfalle zu vermeiden (s. Fallstrick). Bei Bedarf können diese Organisationen schnell Kräfte mobilisieren. Es entsteht eine Aufwärtsspirale der erweiterten Fähigkeiten (z. B. Changekompetenzen) und Ressourcen, zu denen auch Resilienz gehört (Broaden-and-build-Theorie, vgl. ▶ Kap. 4).

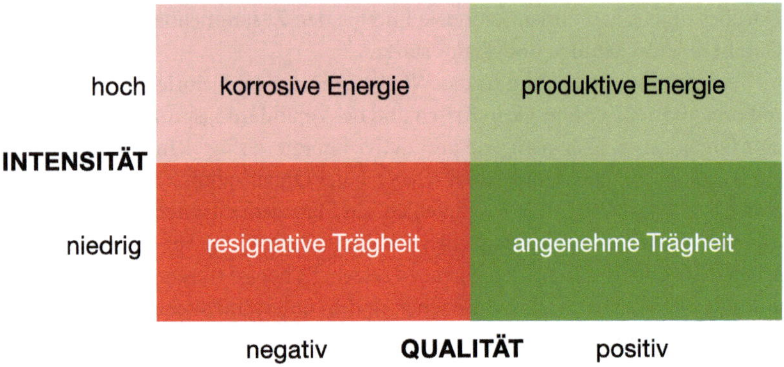

hoch	korrosive Energie	produktive Energie
INTENSITÄT		
niedrig	resignative Trägheit	angenehme Trägheit
	negativ **QUALITÄT** positiv	

Abb. 3.7 Energiematrix mit den vier typischen Energieausprägungen in Unternehmen. (Adaptiert, nach Bruch und Vogel 2009, S. 40)

Tab. 3.3 Ausprägungen organisationaler Energie

Ausprägung	Merkmale und Wirkung
Angenehme Trägheit	Niedrige positive Energie und Vorherrschen von Emotionen mit niedrigem Aktivierungsgehalt (z. B. Zufriedenheit mit dem Status quo); geringes Aktivitätsniveau, reduzierte Aufmerksamkeit und Wachsamkeit Schwache Signale aus dem Umfeld werden in der Regel erst spät wahrgenommen. Mitarbeiter sind wenig agil, denken weniger mit und tauschen sich untereinander seltener aus Wirkung: Festhalten an bisherigen Strategien, reduzierte Innovations- und Veränderungsfähigkeit des Unternehmens Oft resultiert angenehme Trägheit aus länger anhaltendem Erfolg
Resignative Trägheit	Negative Emotionen (z. B. Enttäuschung, Frustration, Indifferenz, Zynismus) überwiegen. Geringes Aktivitätsniveau und reduzierte Interaktions- und Kommunikationsintensität. Innere Abkehr, Desinteresse an den Unternehmenszielen oder lethargisches Verhalten herrschen vor Oft ist resignative Trägheit auf anhaltende, wenig erfolgreiche Changeprozesse bzw. mangelnde sichtbare Zielerreichung zurückzuführen. Erschöpfung und Veränderungsmüdigkeit bis hin zu organisationalem Burnout machen sich breit. Es herrscht kein massiver Änderungsdruck, sondern Orientierungs- und Perspektivlosigkeit sowie dauerhaft beeinträchtigte Hoffnung

Tab. 3.3 (Fortsetzung)

Ausprägung	Merkmale und Wirkung
Korrosive Energie	Hohe Aktivität, emotionale Involviertheit und Wachheit, jedoch bei negativ ausgerichteter Energie. Fokus auf interne Kämpfe, Spekulationen und Aggressionen statt auf gemeinsame Arbeits- und Veränderungsprozesse. Gefahr der sich verstärkenden, negativen Spirale durch Ansteckungsprozesse negativer Emotionen und durch Feindbilder innerhalb der Organisation (z. B. andere Abteilungen oder Vorgesetzte). Ursachen sind wahrgenommene Ungerechtigkeiten, mangelnde Unterstützung oder Integrität durch das Topmanagement und das Stoßen auf interne Barrieren. Gefahr der Zerstörung gemeinsamer Werte, von Vertrauen und Zusammengehörigkeitsgefühl
Produktive Energie	Hohes Aktivitätsniveau und Engagement bei Vorherrschen positiver Emotionen (Begeisterung, Stolz, Flow-Erleben). Aufmerksamkeit und Anstrengungen sind auf gemeinsame Ziele und erfolgskritische Kernaktivitäten fokussiert und gehen in die gleiche Richtung. Eigene Belastbarkeit und Kompetenzen der Beteiligten können „gedehnt" werden. Hohe Wachsamkeit für relevante Informationen und schwache Signale, hohe Interaktionsintensität und Wandlungsfähigkeit. Hohe produktive Dringlichkeit und Effizienz. In kürzester Zeit können durch Mobilisierung gemeinsamer Kraftreserven scheinbar unmögliche Aufgaben bewältigt werden

Fallstrick

Angenehme Trägheit (durch anhaltenden Erfolg) und resignative Trägheit (durch dauerhaftes Arbeiten unterhalb der eigenen Potenziale) können in die **Trägheitsfalle** führen. Erfolgsverwöhnten Organisationen (angenehme Trägheit) fällt es dann zunehmend schwer, intensive Energien zu mobilisieren, die sie für Veränderung und in Krisensituationen benötigen. Bei resignativer Trägheit fehlen Erfolgs- und Stärkeerfahrungen, das Vertrauen in die eigene Kompetenz beginnt zu bröckeln. So kann die Trägheitsfalle oft existenzbedrohend sein.

Von der **Korrosionsfalle** spricht man, wenn Organisationen mit massiver negativer Energie zu kämpfen haben. Sie ist eine große Gefahr und verlangt nach schnellem Eingreifen, da positive Prozesse durch Kleinigkeiten ins Negative kippen und eskalieren können.

> **Ständig hoher Einsatz, erhöhte Geschwindigkeit und dauerhafte Intensität bei Aktivitäten können Unternehmen in die Beschleunigungsfalle treiben. Reagieren Manager auf Ermüdungserscheinungen mit noch mehr Druck, können sich Changemüdigkeit und Zynismus bis hin zum organisationalen Burnout ergeben. Organisationen sind dann dauerhaft unfähig, Energien zu aktivieren.**

Durch die kontinuierliche Steuerung organisationaler Energie können diese Energiefallen vermieden werden. Konsequentes Energiemanagement in Organisationen ist somit eine grundlegende Führungsaufgabe. Daher sind Führungskräfte neben der Organisationskultur ein wichtiger Einflussfaktor von Energie in Unternehmen (vgl. ▶ Kap. 5).

Organisationale Energie ist direkt verknüpft mit zwei weiteren für die Resilienz von Unternehmen zentralen Konstrukten: mit der Selbstwirksamkeit von Einzelpersonen, also dem Vertrauen in die eigenen Fähigkeiten (Bandura 1998) (vgl. ▶ Kap. 4), und der kollektiven Wirksamkeitsüberzeugung von Gruppen, Teams und ganzen Organisationen (Sucliffe und Vogus 2003).

3.2.3.3 Kollektive Wirksamkeitsüberzeugung

Kollektive Wirksamkeitsüberzeugung ist mehr als die Summe der Selbstwirksamkeitsüberzeugung jedes Gruppenmitglieds.

Definition

Unter kollektiver Wirksamkeitsüberzeugung versteht man den gemeinsamen Glauben an die Fähigkeit, auch schwierigste Aufgaben, Hürden und Krisen zusammen bewältigen zu können. Ist diese Überzeugung hoch, haben die Mitarbeiter großes Vertrauen in die Leistungsfähigkeit ihres Unternehmens. Die kollektive Wirksamkeitsüberzeugung fördert die individuelle Stärke der Mitarbeiter, ihr gemeinsames Selbstbewusstsein und die Leistung unter schwierigen Bedingungen. Sie wird durch positive Erfahrungen, Experimentieren und durch Vorbilder gestärkt (Bandura 1998; Sutcliffe und Vogus 2003; Bruch und Vogel 2009).

3.2.3.4 Der Zusammenhang zwischen Energie, Leistung und Lernen in Unternehmen

In wissenschaftlichen Studien konnte nachgewiesen werden, dass Mitarbeiter, die Kollegen energetisieren, auch mehr Leistung erbringen. Dafür gibt es mehrere Gründe (Cross et al. 2003, S. 52):

- Energetisierer haben eine größere Chance, dass ihre Ideen im Unternehmen berücksichtigt und umgesetzt werden;
- Energetisierer motivieren sowohl unternehmensinterne Stakeholder (z. B. Kollegen) als auch externe Zielgruppen (z. B. Kunden) zum Handeln und sind dadurch erfolgreicher und wirksamer;
- Energetisierer bekommen mehr von anderen Menschen zurück, da andere die Interaktion mit ihnen schätzen, ihnen ungeteilte Aufmerksamkeit zukommen lassen oder auch mehr Zeit für ihre Bedürfnisse aufwenden;
- Energetisierer ziehen auch das Commitment anderer Leistungsträger auf sich, da man gerne für sie und mit ihnen arbeitet;
- Umgekehrt gilt: Menschen, die mit Energetisierern vernetzt sind, erbringen ebenfalls höhere Leistungen.

Darüber hinaus haben Energetisierer einen hohen Einfluss auf das Lernen von Einzelpersonen und Netzwerken. Denn Menschen wenden sich mit hoher Wahrscheinlichkeit an Energetisierer aus ihrem Netzwerk, um an Informationen zu gelangen und zu lernen (Sparrowe et al. 2001). Das Wissen und die Erfahrung von Energieräubern hingegen wird oft nicht berücksichtigt, unabhängig von dessen Relevanz (Cross et al. 2003, S. 53).

Es besteht demnach ein wissenschaftlich basierter Zusammenhang zwischen organisationaler Energie, Leistung, Lernen und Innovation in Unternehmen. Dieses Thema wird später noch vertieft (vgl. ▶ Kap. 6).

> **Praxistipp**
>
> **Organisationale Energie im Arbeitsalltag:**
> Was bedeutet das nun für die Praxis? Wie können diese Erkenntnisse im Arbeitsalltag umgesetzt werden? Laut Cross et al. (2003) genügen schon kleine Änderungen bei Recruiting und Onboarding, der Leistungsmessung und in Weiterbildungen, um energetisierendes Verhalten zu stärken:
> - Enthusiasmus und Energie als Auswahlkriterien für potenziell neue Mitarbeiter aufnehmen und in Vorstellungsgesprächen sowie während der Probezeit besonders darauf achten, ob die Kandidaten entsprechendes Verhalten zeigen;
> - die Dimensionen Energie und Vertrauen bei 360-Grad-Feedbackprozessen ergänzen;
> - organisationale Energie als Modul in Führungskräftetrainings aufnehmen.

3.2.3.5 Ein neuer Leistungsbegriff

Heute gilt in vielen Unternehmen noch das klassische Leistungsverständnis, welches Leistung als die in einer Zeiteinheit verrichtete Arbeit beschreibt:

> **Klassischer Leistungsbegriff**
> $L = A / t$
> Leistung = Arbeit geteilt durch Zeit
>
> Bei dieser Art von Leistung sind Effektivität und Effizienz die Messkriterien.

Brohm (2016b) beschreibt die Auswirkungen wie folgt:

> Dieses Leistungsverständnis führt zu einer zunehmenden Verdichtung von Lern- und Arbeitszeit und auf Wettbewerb ausgerichtete Leistungsstrukturen; es bleibt kein Raum mehr für ruhige, tiefe, menschengerechte Entwicklung, denn maximale Leistung = maximaler Arbeitsoutput bei minimalem Zeiteinsatz. Mehr in weniger Zeit. Es geht also hier um ein kaltes Verständnis von Leistung. „Kalte Leistung" sozusagen.

Brohm (2017) fordert einen Paradigmenwechsel im Leistungsverständnis von Organisationen. Die stetig steigenden Burnout- und Depressionsraten sowie deren

Auswirkungen (vgl. ▶ Kap. 2) scheinen ihr Recht zu geben. Die Autorin befürwortet einen nachhaltigen Leistungsbegriff, der sich an der Natur des Menschen orientiert.

> **Neuer Leistungsbegriff**
> L = (A × W) / t
> Leistung = Arbeit mal Wohlbefinden geteilt durch Zeit
>
> Dieses Leistungsverständnis trägt der wissenschaftlichen Erkenntnis Rechnung, dass das Maß der Reflexion, also ruhige Zeit zum Denken, mit der Leistungsstärke zusammenhängt (Brohm und Vogt 2016). Es ermöglicht Organisationen, Individuen und Teams, Leistungsfähigkeit zu erhalten. Gleichzeitig führt es zu positiver Energetisierung.

Es ist wissenschaftlich erwiesen, dass Menschen, die sich wohlfühlen, im Schnitt psychisch und physisch gesünder, motivierter, leistungsstärker und sozialverträglicher sind. Die Universität Warwick hat in einem Laborexperiment herausgefunden, dass glückliche Arbeitnehmer um 12 % produktiver sind als der Durchschnitt (Kewes 2017, S. 46). Mit dieser Art Leistung ist darüber hinaus das Flow-Erleben verbunden, welches signifikant mit hohem Leistungsstreben und hohen Werten für Ausdauer und Fleiß assoziiert wird (Csikszentmihályi 1996). Es geht ganz allgemein darum, organisationales Potenzial und menschliches Potenzial miteinander zu verbinden (Kegan und Lahey 2016, S. 2). Die Investition in die Zufriedenheit der Mitarbeiter könne daher als „bestes Effizienzprogramm aller Zeiten" bezeichnet werden (ebd.).

3.2.4 Lernfeld 4: Resilienzfördernde Unternehmensstrukturen und -prozesse

Um Resilienz nachhaltig im Unternehmen zu verankern, werden neben kontinuierlichen Investitionen in die dargelegten Resilienzfaktoren und Lernfelder auch dynamische Strukturen und Prozesse benötigt, die diese Bemühungen wirksam unterstützen. Denn sie ermöglichen es Organisationen, Herausforderungen und Disruptionen zu antizipieren, sich darauf vorzubereiten und ihnen zu widerstehen und gleichzeitig Kohärenz beizubehalten, damit das Unternehmen „zurückspringen", überleben und wettbewerbsfähig bleiben kann (Luthans und

Youssef-Morgan 2017). Zu solchen unterstützenden Strukturen und Prozessen gehören neben dem Unternehmensklima auch Verfügbarkeit von Ressourcen, sowie Weiterbildungs- und Informationssysteme (van der Beek und Schraagen 2015).

Ein Blick auf hochzuverlässige Organisationen, deren Prozesse mit hohen Gefahren verbunden sind, bietet wertvolle Erkenntnisse. In der Tat fehlt traditionellen Unternehmen laut Weick et al. (1999, S. 61) oft das Verständnis für die (soziale) Infrastruktur, die für einen resilienten und flexiblen Umgang mit Krisen und herausfordernden Situationen nötig ist.

3.2.4.1 Resilienzfördernde Strukturen und Prozesse von hochzuverlässigen Organisationen

Unternehmen in allen Branchen können bezüglich Resilienz von hochzuverlässigen Organisationen (*High Reliability Organizations,* HROs) lernen (Borgert 2013; Ritz 2015a). HROs sind ständig extrem hohem Druck ausgesetzt, begegnen laufend Unwägbarkeiten und sind in einem komplexen dynamischen Umfeld tätig. Fehler, die ihnen unterlaufen, können verheerende Auswirkungen haben. Sie sind zum Beispiel in Branchen wie der Atomenergie, im Öltransport und der Luftfahrt zu finden. Gleichzeitig macht Ritz (2015a, S. 10) auf die Gefahr einer Verwässerung der Erkenntnisse aufmerksam, wenn „sicherheitswissenschaftliche Befunde willkürlich und kritiklos in unterschiedlichste Wirtschaftszweige Einzug" halten.

Forscher haben herausgefunden, dass eine möglichst fehlerfreie Leistung nicht nur durch die Vermeidung von Scheitern erreicht werden kann, sondern durch aktives Bemühen um Zuverlässigkeit (Linnenluecke 2017, S. 10). HROs zeichnen sich nicht dadurch aus, dass sie keine Fehler machen, sondern dass die Fehler sie nicht handlungsunfähig machen (Weick und Sutcliffe 2015, S. 12).

Weick et al. haben zahlreiche Organisationen und Systeme untersucht, um HROs zu beschreiben. Ihr Konzept des „achtsamen Organisierens" (*mindful organizing*) umfasst fünf Prinzipien, welche die Prozesse von HROs beeinflussen (Weick et al. 1999; Weick und Sutcliffe 2015; s. ◘ Abb. 3.8).

Im Folgenden werden die einzelnen Prinzipien erläutert.

Fokus auf Fehler

HROs organisieren sich um Fehler herum und nicht um Erfolge. Durch die stets hohe Achtsamkeit (*mindfulness*) können sie auch kleine Abweichungen von der Norm, welche sich mit anderen Anomalitäten verbinden und zur Krise werden

3.2 · Wie organisationale Resilienz gestärkt werden kann

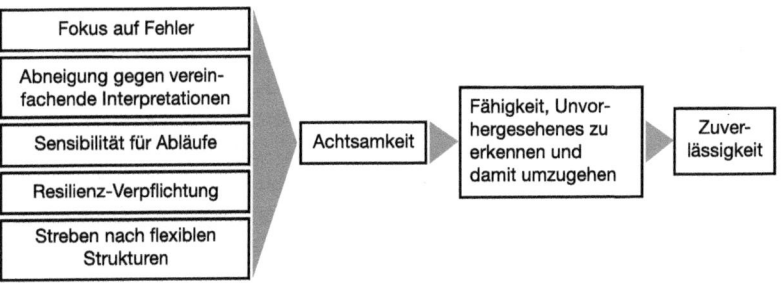

◘ **Abb. 3.8** Achtsame Infrastruktur für Hochzuverlässigkeit. (Adaptiert, nach Weick et al. 1999, S. 37)

könnten, besser erkennen, rechtzeitig korrigieren und daraus lernen. Dazu gehört auch, dass bei Störungen hingeschaut wird und diese an- und besprochen werden dürfen. Die hier verwendete Definition von Achtsamkeit geht auf Langer (1997, deutsche Ausgabe: Langer 2015) zurück.

> **Definition**
>
> Achtsamkeit (*mindfulness*) ist eine Form der aufgeschlossenen Aufmerksamkeit, die sich auf den gegenwärtigen Moment konzentriert und ihm vorurteilsfrei begegnet. Dazu gehört die Offenheit für Neues (neue Informationen, unterschiedliche Standpunkte) genauso wie die Berücksichtigung des Kontextes und die Orientierung am Prozess statt am Ergebnis.

Abneigung gegen vereinfachende Interpretationen

HROs wissen, was sie nicht wissen. Sie treffen weniger Annahmen und ermutigen ihre Mitarbeiter, besser hinzuschauen und Dinge zu hinterfragen. Dieses Prinzip geht davon aus, dass es eines komplexen internen Systems (z. B. Vielfalt in Teams und damit vielfältigere „Sensoren" für Signale) bedarf, um mit komplexen externen Situationen umzugehen. Die Bemühungen um Variation zeigt sich z. B. in häufigen Jobrotationen, wiederholten Trainings oder der Entscheidung, neue Mitarbeiter einzustellen, die über keine entsprechende Vorerfahrung verfügen. Außerdem bezieht sich dieses Prinzip auf Kategorisierungen (z. B. „Das geht sowieso nicht", „Ganz oder gar nicht", „Das haben wir immer schon so gemacht"), die es zu vermeiden gilt.

Sensibilität für Abläufe

Die kontinuierliche Bemühung darum, das große Ganze im Auge zu behalten und über ein hohes Situationsbewusstsein zu verfügen, zeichnet HROs aus. Achtsamkeit bedeutet hier, dass jede Handlung mit Aufmerksamkeit einhergeht, also „denkend gehandelt" wird. Weick et al. (1999) weisen darauf hin, dass Druck und Überlastung die Fähigkeit von Menschen, den Überblick zu bewahren, gefährden kann. HROs ist bewusst, dass Unfälle immer eine Folge mehrfacher, miteinander verbundener Ereignisse sind.

Resilienzverpflichtung

Effektive HROs tendieren dazu, sowohl Antizipation als auch Resilienz zu fördern. Sie stärken also einerseits ihre Fähigkeit, potenzielle Gefahren vorherzusagen und möglichst zu vermeiden (Antizipation). Andererseits investieren sie auch in ihre Fähigkeit, sich nach unvorhergesehenen und eingetretenen Krisen und Überraschungen wieder zu erholen (Resilienz). Viele „normale" Unternehmen (d. h. nicht HROs) tendieren laut Weick et al. (1999) zum einen oder anderen, meistens zur Antizipation.

Streben nach flexiblen Strukturen

Die Frage, wer Entscheidungen trifft, wird nicht mehr hierarchiebezogen beantwortet. Entscheider sind jene Personen, die über das nötige Wissen und die nötige Erfahrung verfügen (Rochlin 1989). Indem Probleme und Entscheidungsrechte migrieren, wird die Chance erhöht, dass durch den Zugang zu einer breiteren Auffassungs- und Meinungsbasis neue Lösungen und Ideen entstehen (Sutcliffe und Vogus 2003, S. 107). Achtsames Vorgehen vermeidet dabei vorschnelle oder „automatische" Entscheidungen.

Darüber hinaus zeichnen sich HROs als komplexe adaptive Systeme durch folgende Kriterien aus (Weick und Sutcliffe 2015):

- **Agieren:** HROs warten nicht, bis ein Fehler eintritt, sondern agieren vorher.
- **Akzeptieren des Unperfekten:** HROs akzeptieren, dass Fehler unausweichlich, Menschen nicht perfekt, Technologie störanfällig und Wissen begrenzt ist.
- **Selbstorganisierte (Krisen-)Netzwerke:** Kommt es zu einer Krise, bilden Personen, die über das benötigte Wissen verfügen, selbstorganisierte Ad-hoc-Netzwerke und kümmern sich um das Problem. Sobald die Störung

vorbei ist, lösen sich die Netzwerke wieder auf. Durch dieses rasche Zusammenbringen kognitiven Wissens jenseits von Hierarchien gelingt eine flexible Krisenintervention, die es Systemen ermöglicht, mit der Unsicherheit und dem beschränkten Wissen umzugehen, die zu ihrer Realität gehören.

- **Improvisation:** Improvisieren ist offiziell erwünscht, um mit Problemen und Herausforderungen umzugehen, bevor sie eskalieren.
- **Erweiterter Handlungsspielraum:** Effektive HROs sind in der Lage, Maßnahmen aus ihrem Repertoire neu zu kombinieren. Dadurch erhöht sich ihr Maßnahmensprektrum genauso, wie wenn neue Maßnahmen dazukommen. Sie verfügen dadurch über eine erhöhte Fähigkeit, neue Gefahren zu erkennen.
- **Ambivalenz gegenüber Best Practice:** HROs sind in der Lage, in Krisen an Erfahrungen zu glauben und diese gleichzeitig zu hinterfragen (Kombination von Ad-hoc und Know-how).
- **Zentralisierung versus Dezentralisierung:** HROs zeichnen sich durch eine ausbalancierte Zentralisierung und Dezentralisierung aus (Bruch und Vogel 2009). Dezentralisierung hilft, Probleme auf lokaler Ebene zu erkennen und zu lösen. Die gleichzeitige Unterstützung durch die Zentrale (Rahmen, Ausrichtung, Orientierung) ermöglicht es, Erkenntnisse aus den dezentralen Einheiten der Gesamtorganisation zur Verfügung zu stellen und übergeordnete Vulnerabilitäten im Blick zu behalten. Zentralisierung und rigide Stellenbeschreibungen korrelieren hingegen negativ mit Resilienz (Sutcliffe und Vogus 2003, S. 104).

3.2.4.2 Agilität, Netzwerke und Selbstorganisation

Die oben genannten Kriterien von HROs erinnern an das Konzept der Agilität. Für Lengnick-Hall et al. (2011) gehört Agilität zur verhaltensbezogenen Dimension von Resilienz und ist ein Bestandteil der erlernten Ressourcennutzung. Diese ermöglicht es Unternehmen, unkonventionelle, kreative Lösungen für unvorhergesehene Herausforderungen zu finden. Agilität und Resilienz ergänzen sich also (vgl. ▶ Kap. 2). Im Kontext von Resilienz spreche ich von „gesunder Agilität", da falsch verstandene Agilität wiederum Stress, Überforderung und Burnout auf allen Organisationsebenen fördern kann. Neben einem Fehlen der nötigen Grundhaltung gehört für mich zu falsch verstandener Agilität beispielsweise auch, wenn Unternehmen agile Praktiken über ihre hierarchisch geprägte Organisationsstruktur stülpen. Dies gilt es zu vermeiden.

Bezogen auf Unternehmensstrukturen wird Agilität oft mit Netzwerken und Selbstorganisation in Verbindung gebracht. Laut der Studie *Gesunde Führung*, bei

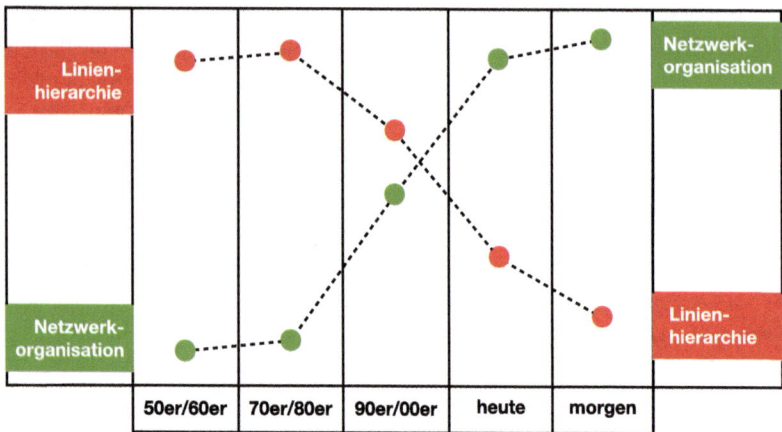

◘ Abb. 3.9 Organisationsformen und Führungsanforderungen im Zeitverlauf. (Adaptiert, nach Studie *Gute Führung* 2014, Nextpractice 2014)

der 400 Tiefeninterviews mit Führungskräften geführt wurden, sind die meisten Führungskräfte der Meinung, dass die Zusammenarbeit in Netzwerkstrukturen am besten geeignet ist, um die Herausforderungen der modernen Arbeitswelt zu bewältigen (vgl. ◘ Abb. 3.9). Von der kollektiven Intelligenz selbstorganisierter Netzwerke erhoffen sie sich mehr Kreativität, Innovationskraft, Beschleunigung der Prozesse und eine Verringerung von Komplexität (Nextpractice 2014, S. 7).

Netzwerke

Eine Netzwerkorganisation bedeutet auch, dass der „bislang selbstverständliche Schonraum hierarchischer Strukturen" wegfällt (Initiative neue Qualität der Arbeit 2014, S. 8). So glauben die befragten Führungskräfte, eigene Vorstellungen über Anweisungen durchzusetzen, sei nicht mehr möglich. Macht entfalten werde nur das, was bei anderen auch auf Resonanz trifft.

Wheatley (2006, S. 211) verdeutlicht, dass Selbstverantwortung nicht Chaos bedeutet:

> » If people are free to make their own decisions, guided by a clear organisational identity for them to reference, the whole system develops greater coherence and strength. The organization is less controlling but more orderly.

Bei Netzwerken lässt sich unterscheiden zwischen einer Zusammenarbeit, die zeitlich oder thematisch definiert und dadurch „gesteuert" ist, und Netzwerken, die der eigenen Weiterentwicklung und Wirkungsentfaltung dienen (z. B. Working Out Loud). In zeitlich oder thematisch gesteuerten Netzwerken wird parallel an Themen oder Aufgaben gearbeitet, während die Individuen ganzheitliche Verantwortung übernehmen. Die Qualitätskontrolle wird durch Transparenz im Entwicklungsprozess gewährleistet (Richter 2014; Stepper 2015).

Working Out Loud (WOL)

In einem Interview erklärt Katharina Krentz, Senior Consultant New Work and Digital Collaboration bei Bosch, was sich hinter Working Out Loud verbirgt (Lezner 2017a). Die wichtigsten Inhalte seien im Folgenden zusammengefasst.

> **Definition**
>
> Working Out Loud ist eine Methode der Zusammenarbeit in Netzwerken unter Nutzung von Social Media. Dabei macht eine Person sich selbst und ihre Arbeit so sichtbar, dass das Netzwerk darauf reagieren kann und sie Mehrwert in ihrem Netzwerk generiert. Damit die Methode funktioniert, ist eine entsprechende innere Haltung nötig: die Bereitschaft, Arbeitsergebnisse zu teilen, auch wenn sie noch nicht zu hundert Prozent fertig sind, sowie das Bestreben, anderen zum Erfolg zu verhelfen.

Working Out Loud im erweiterten Sinne ist demnach eine Lebenseinstellung und eine Möglichkeit, Selbstverantwortung zu übernehmen und Kontrolle über sein eigenes Leben und seine Arbeit zu haben, was, wie bereits dargelegt, Wohlbefinden, Motivation und Resilienz stärkt. Dafür muss eine Person wissen, was sie möchte, sich selbst und ihre Talente gut kennen und ihre Arbeit durch Themen anreichern, die diesen Talenten entsprechen.

Die Prinzipien von WOL lassen sich demnach wie folgt zusammenfassen:
1. sich selbst, die eigenen Ziele und Talente gut kennenlernen;
2. die Arbeit mit anderen teilen und dadurch sichtbar machen;
3. stabile virtuelle Beziehungen aufbauen.

Beziehungen sind die Basis für sichtbares Arbeiten. Ohne Netzwerk fehlt die Sichtbarkeit der Arbeit und damit die Wirksamkeit. Über Social Media Beziehungen mit Menschen aufzubauen, die man nicht kennt, funktioniert laut Krentz nur, wenn man anderen Sinn und Mehrwert bietet – zum Beispiel durch Rückmeldungen und Impulse, die ihnen helfen, weiterzukommen. Dadurch wird das Vertrauen gestärkt (Lezner 2017a). Mit dem Feedback und dem Input der anderen Personen wiederum gelingt es, die eigene Arbeit weiterzuentwickeln.

Working Out Loud kann man in einem 12-wöchigen Programm („WOL Circle Program") lernen (Stepper 2015). Laut Krentz wird Working Out Loud durch Diversität besonders interessant, also wenn möglichst unterschiedliche Teilnehmer an ganz unterschiedlichen Zielen arbeiten und sich bei der Zielerreichung gegenseitig unterstützen (Lezner 2017a).

Selbstorganisation

Selbstorganisation als Konzept wird oft missverstanden. Laloux (2015, S. 137 f.) nennt vier Fehleinschätzungen, die im Folgenden zusammengefasst werden:

- **Fehleinschätzung 1: Es gibt keine Struktur, kein Management, keine Führung**
  Selbstführende Unternehmen sind komplexe, partizipative, verbundene, voneinander abhängige und sich ständig entwickelnde Systeme, so wie die Natur. Das herkömmliche Pyramidenmodell wird durch ineinandergreifende Strukturen, Prozesse und Praktiken ersetzt (z. B. bezüglich Zusammenstellung von Teams, Entscheidungen, Rollendefinition). Die Aufgaben des Managements sind dabei breiter verteilt, sodass zu jedem Zeitpunkt mehr Management und Führung wirkt.
- **Fehleinschätzung 2: Alle sind gleich**
  Das Ziel besteht nicht darin, alle Mitarbeiter gleich zu machen. Im Gegenteil: Alle sollen ihr stärkstes und gesündestes Selbst zum Ausdruck bringen. Wie weit man dabei geht, hängt von den eigenen Talenten, Interessen, dem Charakter und der Unterstützung ab, die man bei Kollegen inspiriert. Ziel ist es, dass jeder in dem Bereich, der ihm wichtig ist, durch den sogenannten „Beratungsprozess" (bei Entscheidungen die Beteiligten um Rat fragen und dann, im Wissen um diese Meinungen, selbst entscheiden, vgl. ▶ Abschn. 6.9.3) alle nötigen Entscheidungen treffen kann.
- **Fehleinschätzung 3: Empowerment ist wichtig**
  In selbstführenden Organisationen bewirken Strukturen und Praktiken, dass jeder im Unternehmen Macht erhalten kann und niemand mehr

machtlos ist. Daher ist auch keine „Ermächtigung" nötig. Vermag ein Unternehmen (noch) nicht über die Pyramidenstruktur hinauszudenken, dann können ungesunde Konsequenzen der Machtungleichheit durch bewusste Führung verringert werden (vgl. ▶ Kap. 5).

- **Fehleinschätzung 4: Selbstführung ist noch in der Experimentierphase**
Viele namhafte Unternehmen praktizieren Selbstorganisation seit vielen Jahren. Laloux (2015, S. 141) vermutet, dass es manchen Unternehmen und Personen aufgrund ihrer Erfahrungen mit herkömmlichen, hierarchischen Unternehmen schwerfällt, die Selbstführung anzunehmen. Denn jüngere Generationen verstünden Selbstführung instinktiv.

Es würde den Rahmen dieses Buches sprengen, detailliert auf die Strukturen und Prozesse der Selbstorganisation einzugehen. Dafür sei auf Laloux 2015, S. 142 ff. verwiesen. Weitere Hinweise zu selbstorganisierten Teams und vereinfachtem Projektmanagement mittels agiler Methoden finden sich in ▶ Kap. 6.

3.2.4.3 Erweiterte Anreiz- und Steuerungssysteme

Zurzeit überwiegen in vielen Unternehmen noch klassische betriebswirtschaftliche Ziel- und Steuerungsgrößen wie Umsatzentwicklung, Qualität, Profitabilität. Auf dem Weg zu einem resilienten Unternehmen lohnt es sich, vermehrt auch resilienz- und entwicklungsorientierte Kriterien einzuführen, z. B. Selbstwirksamkeitsüberzeugung, Emotions- und Energiemanagement, Wohlbefinden, Krankheitsstand im Team, Lernbereitschaft und Weiterbildungsmotivation sowie Stärkenorientierung bei der Besetzung von Stellen (Mourlane et al. 2013, S. 28; Bruch und Vogel 2009, S. 217). Darüber hinaus beziehen sich zeitgemäße Ziel- und Steuerungsgrößen vermehrt auf Teams und nicht mehr auf Einzelpersonen (Laloux 2015, S. 125). Klassische Strukturen und Entscheidungswege gilt es genauso zu hinterfragen wie Anreizsysteme und Kompetenzen. Ein Blick auf die in diesem Kapitel aufgeführten Resilienzfaktoren und Lernfelder kann dabei hilfreich sein.

Möchte sich ein Unternehmen also zu einer resilienten Organisation entwickeln, gilt es nicht nur, die Menschen zu betrachten – Führungskräfte auf den verschiedenen Stufen und die Mitarbeiter –, obwohl sie natürlich im Mittelpunkt stehen. Sondern es gilt genauso, die Rahmenbedingungen und Spielregeln, die ihr Handeln strukturieren, entsprechend auszurichten.

3.2.4.4 Gestaltung des unternehmenseigenen Führungssystems

Neue, auf die VUCA-Welt zugeschnittene Führungsansätze brauchen ein entsprechendes Führungssystem. Diese Gestaltungsaufgabe ist multidirektional, sie untersucht Struktur, Entscheidungswege und Zuordnungen in alle Richtungen. Gebhardt et al. (2015, S. 28) schlagen die folgenden Leitfragen bei der Ausgestaltung eines neuen Führungssystems vor:

> **Leitfragen zur Entwicklung eines resilienzfördernden Führungssystems**
> - Welche Struktur ist die am besten geeignete, um auf äußere Einflüsse reagieren zu können?
> - Welche Struktur hält für alle Mitwirkenden die größten Entfaltungsmöglichkeiten bereit?
> - Wie lassen sich Leistungserfolge messen und ihre Urheber erkennen?
> - Erlauben die gesetzten Führungsspannen eine intensive Kommunikation und Auseinandersetzung mit den Geführten?
> - Sind Zuteilung von Rollen und Verantwortung noch sinnvoll?
> - Werden die als nötig erachteten Kompetenzen auch systematisch gesucht und gefördert, und wird das dazugehörige Verhalten belohnt?
> - Werden die Führungskräfte aufgrund dieser Kompetenzen gefördert?
> - Fördern also die unternehmenseigenen Anreizsysteme das gewünschte Verhalten?

3.3 Betriebliches Resilienzmanagement

Ein betriebliches Resilienzmanagement sollte in ein ganzheitlich ausgerichtetes betriebliches Gesundheitsmanagement (BGM) eingebettet sein. Dabei umfasst ein betriebliches Resilienzmanagement Maßnahmen zur Stärkung der Organisation auf den Ebenen Individuum, Team und Unternehmen. Sie ergänzen somit eher körperbezogene Maßnahmen, wie beispielsweise Sportangebote, Rückenschulungen, Entspannungskurse oder Raucherentwöhnungen.

Dabei zeigen Studien und Erfahrungen, dass ein wirkungsvolles Resilienzkonzept
- auf organisationalen Lernprozessen beruhend,
- handlungsbasiert,

3.3 · Betriebliches Resilienzmanagement

- praxisorientiert sowie
- langfristig ausgelegt ist,
- Interventionen (z. B. Workshops, Schulungsmodule) in regelmäßigen Abständen enthält und
- alle Ebenen – Organisation, Individuum, Führungskräfte, Team – einbezieht (Kleindienst et al. 2015; Wellensiek 2011; Waite und Richardson 2004).

Für Resilienztrainings als integraler Bestandteil eines Betrieblichen Resilienzmanagements empfiehlt sich somit eine Kombination aus theoretischem Input und aktiver Beteiligung der Teilnehmer mittels

- Impulsvorträgen,
- interaktiven Workshops und Trainings für Führungskräfte und Mitarbeiter,
- verankernden Maßnahmen basierend auf selbstorganisiertem Lernen,
- gemeinsamer Follow-up-Sessions und
- begleitender Beratung auf Unternehmens- und Führungsebene.

Als Beispiel sei auf das von Kleindienst et al. (2015) vorgestellte Schulungskonzept für Leitwartenteams in einem Kernkraftwerk verwiesen.

Fazit

Eine Stärkung der Resilienz und Agilität auf organisationaler Ebene hilft Unternehmen, von der VUCA-Welt zu profitieren, die Chancen der Digitalisierung nachhaltig zu nutzen und positiv mit Veränderungen umzugehen. Dafür lohnt es sich, in vier Lernfelder zu investieren: Unternehmenskultur (z. B. Sinn und Werte, Vertrauen statt Macht und Kontrolle, organisationales Lernen und Fehlerkultur sowie Stärkenorientierung), bewusste, positive Führung, organisationale Energie sowie resilienzfördernde Strukturen und Prozesse (z. B. Förderung der Selbstorganisation und von Netzwerken). Jedes Unternehmen setzt dabei den Hebel da an, wo es für sich und die Beschäftigten den größten Mehrwert sieht. Ein Blick auf hochzuverlässige Organisationen kann dabei hilfreiche Erkenntnisse liefern. Durch die neuen Informations- und Kommunikationstechnologien entsteht eine neue Herausforderung in Form der erweiterten Verfügbarkeit von Mitarbeitern, die es anzugehen gilt. Damit Konzepte zur Förderung von Resilienz nachhaltig sind, sollten sie mit dem betrieblichen Gesundheitsmanagement verzahnt sein, auf allen Ebenen – Organisation, Individuum, Führungskräfte und Teams – ansetzen und organisationale Lernprozesse berücksichtigen.

Literatur

Amabile, T. (1993): Motivational synergy: Toward new conceptualizations of intrinsic and extrinsic motivation in the workplace. *Human Resource Management Review 3*, 185–201.

Annarelli, A. & Nonino, F. (2016): Strategic and operational management of organizational resilience: Current state of research and future directions. *Omega 62*, 1–18.

Argote, L. & Miron-Spektor, E. (2011): Organizational learning: From experience to knowledge. *Organization Science 22*(5), 1123–1137.

Argyris, C. & Schön, D. (1999): Die Lernende Organisation. Grundlagen, Methode und Praxis. Klett-Cotta, Stuttgart.

Asplund, J.; Lopez, S.; Hodges, T. & Harter, J. (2009). The Clifton Strengths Finder 2.0 technical report. Gallup, Princeton.

Bakker, A. & Demerouti, E. (2007): The job-demands-resources model: state of the art. *Journal of Managerial Psychology, 22*, 309–328.

Bakker, A. & Demerouti, E. (2008): Towards a model of work engagement. *Career Development International, 13*, 209–223.

Bakker, A.; Demerouti, E. & Sanz-Vergel, A.I. (2014): Burnout and work engagement: The JD-R approach. *Annual Review of Organizational Psychology and Organizational Behavior, 1*, 389–411.

Bandura, A. (1998): Personal and collective efficacy in human adaptation and change. In: Adair, J.; Belanger, D. & Dion, K. (Hrsg.), *Advances in psychological science, 1, Personal, social and cultural aspects*. Psychology Press, Hove.

Biswas-Diener, R. (2010): Practicing positive psychology coaching. Assessment, activities and strategies for success. Wiley, Hoboken.

Borgert, S. (2013): Resilienz im Projektmanagement. Bitte anschnallen, Turbulenzen! Erfolgskonzepte adaptiver Projekte. Springer, Wiesbaden.

Brohm, M. & Vogt, D. (2016): Leistungsmotivation: der Einfluss von Flowerleben und Reflexionsfähigkeit. In: Dlugosch, G.E.; Fluck, J. & Marquardt, C. (Hrsg.), *Gesundheit und Bildung: Schülergesundheit. Empirische Pädagogik, 30(2), Themenheft*. Empirische Pädagogik, Landau.

Brohm, M. (2016b): Heiße Leistung, kalte Leistung: Warum wir Leistung neu denken sollten. Blog-Artikel vom 22. Mai 2016. Online: https://scilogs.spektrum.de/positive-psychologie-und-motivation/heisse-leistung-kalte-leistung-warum-wir-leistung-neu-denken-sollten/. Zugegriffen am 21.01.2017.

Brohm, M. (2017): Werte, Sinn und Tugenden als Steuerungsgrößen in Organisationen. Springer, Wiesbaden.

Brown, B. (2017): Verletzlichkeit macht stark. Goldmann, München.

Bruch, H. & Vogel, B. (2009): Organisationale Energie. Gabler, Wiesbaden.

Bruch, H. & Vogel, B. (2011): Fully charged: How great leaders boost their organization's energy and ignite high performance. Harvard Business Review Press, Boston.

Cameron, K. (2012): Positive leadership. Strategies for extraordinary performance. Mcgraw-Hill Eduction Ltd., New York.

Cameron, K. (2013): Practicing positive leadership. Tools and techniques that create extraordinary results. Berrett-Koehler, San Francisco.

Cameron, K. & McNaughton, J. (2014): Positive organizational change. *The Journal of Applied Behavioral Science, 50*(4), 445–462.

Literatur

CAPP (2017): Webseite des Center for Applied Positive Psychology http://www.capp.co/sp-strengths. Zugegriffen am 14.02.2018.

Corporate Leadership Council (2005): Managing for high performance and retention. An HR toolkit for supporting line managers. Online: http://ceboard.vo.llnwd.net/o1/HRMedia/Vendor/Delivering%20Future_Focused%20Performance%20Feedback/story_content/external_files/Managing%20for%20High%20Performance.pdf. Zugegriffen am 10.02.2018.

Coutu, D. (2002). How resilience works. *Harvard Business Review, 80*, 46–55.

Cross, R.; Baker, W. & Parker, A. (2003): What creates energy in organizations? *MITSloan Management Review, 44*(4), 51–56.

Csikszentmihályi, M. (1996): *Creativity: Flow and the psychology of discovery and invention.* Harper/Collins, New York.

Day, A.; Scott, N.; Paquet, S. & Hambley, L. (2011): Perceived information and communication technology (ICT) demands on employee outcomes: The moderating effect of organizational ICT support. In: *Journal of Occupational Health Psychogoly 4*, 473–491.

Deci, E. & Ryan, R. (2000): The „what" and „why" of goal pursuits: human needs and the self-determination of behavior. *Psychological Inquiry 11*(4), 227–268.

Dettmers, J. (2017): Ständige Erreichbarkeit und erweiterte Verfügbarkeit – Wirkungen und Möglichkeiten einer gesundheitsförderlichen Gestaltung. In: Knieps, F. & Pfaff, H. (Hrsg.), *Digitale Arbeit – Digitale Gesundheit. BKK Gesundheitsreport 2017,* 167–174. Medizinisch Wissenschaftliche Verlagsgesellschaft und BKK Dachverband e.V.

Dohmen, G. (1998): Das „selbstgesteuerte Lernen" und die Notwendigkeit seiner Förderung. Online: http://www.die-bonn.de/id/1985. Zugegriffen am 25.03.2017.

Dweck, C. (2016): Selbstbild. Wie unser Denken Erfolge oder Niederlagen bewirkt. Piper, München.

Elovainio, M.; Leino-Arjas, P.; Vahtera, J. & Kivimäki, M. (2006): Justice at work and cardiovascular mortality: A prospective cohort study. *Journal of Psychosomatic Research, 61*, 271–274.

Frankl, V. (1963): Man's search for meaning: An introduction to logotherapy. Washington Square Press, New York.

Frieling, E.; Fölsch, T. & Schäfer, E. (2000): Konzepte zur Kompetenzentwicklung und zum Lernen im Prozess der Arbeit. Waxmann, Münster.

Gallup (2012): Stärkenorientiertes Coaching. Schulungsunterlage.

Gallup (2017): Engagement Index Deutschland. Pressemitteilung vom 22. März 2017. Online: http://www.gallup.de/183104/engagement-index-deutschland.aspx. Zugegriffen am 24.03.2017.

Gebhardt, B.; Hofmann; J. & Roehl, H. (2015): Zukunftsfähige Führung. Die Gestaltung von Führungskompetenzen und -systemen. Bertelsmann Stiftung, Gütersloh. Online: http://creating-corporate-cultures.org/fileadmin/files/BSt/Publikationen/GrauePublikationen/ZukunftsfaehigeFuehrung_final.pdf. Zugegriffen am 28.12.2016.

Gessler, M. (2006): Selbstorganisiertes Lernen und lernende Organisationen. In: Bröckermann, R. & Müller-Vorbrüggen, H. (Hrsg.), *Handbuch Personalentwicklung. Die Praxis der Personalbildung, Personalförderung, Arbeitsstrukturierung,* 263–281. Schäffer-Poeschel.

Grant, A. (2008): Relational job design and the motivation to make a prosocial difference. *Academy of Management Journal 32*, 393–417.

Greve, G. (2010): Organisationales Burnout. Das versteckte Phänomen ausgebrannter Organisationen. Gabler, Wiesbaden.

Hamel, G. & Välikangas, L. (2003): The quest for resilience. *Harvard Business Review, 81*, 52–65.

Heller, J.; Elbe, M. & Linsenmann, M. (2012): Unternehmensresilienz. Faktoren betrieblicher Widerstandsfähigkeit. In: Böhle, F. & Busch, S. (Hrsg.), *Management von Ungewissheit. Neue Ansätze jenseits von Kontrolle und Ohnmacht, 213–232.* transcript, Bielefeld.
Hollnagel, E. (2006): Resilience – the challenge of the unstable. In: Hollnagel, E.; Woods, D. & Levenson, N. (Hrsg.), *Resilience engineering – concepts and precepts*, 9–17. Ashgate, London.
Hollnagel, E. (2011): Epilogue: RAG – The resilience analysis grid. In: Hollnagel, E.; Pariés, J; Woods, D. & Wreathall, J. (Hrsg.), *Resilience engineering in practice – a guidebook*, 275–296. Ashgate, Farnham.
Horne, J. & Orr, J. (1998): Assessing behaviors that create resilient organizations. *Employment Relations Today*, winter, 29–39.
Hüther, G. (2011): Dünger fürs Hirn. Artikel in der Welt vom 01. Mai 2011. Online: https://www.welt.de/print/wams/vermischtes/article13313628/Duenger-fuers-Hirn.html. Zugegriffen am 20.08.2017.
Initiative neue Qualität der Arbeit (Hrsg.) (2014): Führungskultur im Wandel. Kulturstudie mit 400 Tiefeninterviews. Online: https://www.nextpractice-forum.de/images/pdf/inqa_monitor_gute_fuehrung.pdf. Zugegriffen am 30.12.2017.
Kegan, R. & Lahey, L. (2016): An everyone culture: Becoming a deliberately developmental organization. Harvard Business Review Press, Boston.
Kewes, T. (18./19./20. August 2017): Endlich wieder im Büro! Handelsblatt, 159, 44–48.
Kleindienst, C.; Koch, J.; Ritz, F. & Brüngger, J. (2015): Förderung von Resilienz durch organisationales Lernen – Ein Schulungskonzept für Leitwartenteams in einem Kernkraftwerk. *Wirtschaftspsychologie 4,* 53–61.
Kratzer, N. (2016): Unternehmenskulturelle Aspekte des Umgangs mit Zeit- und Leistungsdruck. In: Badura, B.; Ducki, A.; Schröder, H.; Klose, J. & Meyer, M. (Hrsg.): Fehlzeiten-Report 2016. Schwerpunkt: Unternehmenskultur und Gesundheit – Herausforderungen und Chancen. Berlin
Laloux, F. (2015): Reinventing Organizations. Ein Leitfaden zur Gestaltung sinnstiftender Formen der Zusammenarbeit. Franz Vahlen, München.
Langer, E. (1997): The power of mindful learning. Addison Wesley, Reading.
Langer, E. (2015): Mindfulness – das Prinzip Achtsamkeit. Franz Vahlen, München.
Latham, G. & Pinder, C. (2005): Work motivation theory and research at the dawn of the twenty-first century. *Annual Review of Psychology, 56,* 485–516.
Lengnick-Hall, C. & Beck, T. (2005): Adaptive fit versus robust transformation: How organizations respond to environmental change. *Journal of Management, 31,* 738-757.
Lengnick-Hall, C.; Beck, T. & Lengnick-Hall, M. (2011): Developing a capacity for organizational resilience through strategic human resource management. *Human Resource Management Review, 21,* 243–255.
Lezner, L. (2017a): Podcast vom 12. November 2017 „FF004 Working Out Loud" https://firmenfunk.com/podlove/file/83/s/download/c/select-show/ff018-bedeutung-von-working-out-loud-fuer-fuehrungskraefte.mp3. Zugegriffen am 25.02.2018.
Linnenluecke, M. (2017): Resilience in business and management research. A review of influencial publications and a research agenda. *Internatinonal Journal of Management Reviews, 19,* 4–30.
London, M. & Smither, J. (1999): Career-related continuous learning: Defining the construct and mapping the process. *Research in Personnel and Human Resources Management, 17,* 81-121
Luthans, F. & Youssef-Morgan, C. (2017): Psychological capital: An evidence-based positive approach. *The Annual Review of Organizational Psychology and Organizational Behavior, 4,* 339–366.

Literatur

Mader, W. (1997): Differentielle Rahmenbedingungen und Forschungsperspektiven für selbstgesteuertes und lebenslanges Lernen. Berichte aus den Arbeitsgruppen. In: Dohmen, G. (Hrsg.): Selbstgesteuertes, lebenslanges Lernen? Ergebnisse der Fachtagungen des Bundesministeriums für Bildung, Wissenschaft, Forschung und Technologie vom 6.-7.12.996 im Gustav-Stresemann-Institut in Bonn, 131–139.

McManus, S.; Seville, E.; Vargo, J. & Brunsdon, D. (2008): Facilitated process for improving organisational resilience. *Natural Hazards Review, 9*(2), 81–90.

Mishra, A. & Mishra, K. (2013): Becoming a trustworthy leader: Psychology and practice. Routledge, New York, London.

Mourlane, D.; Hollmann, D. & Trumpold, K. (2013): Studie „Führung, Gesundheit & Resilienz". Bertelsmann Stiftung, Gütersloh & mourlane management consultants, Frankfurt/Main.

Nadler, D. (1988): Concepts for the management of organizational change. In: Tushman, M. & Moore, W. (Hrsg.), *Readings in the Management of Innovations*, 718–731. Ballinger Publishing Company, Cambridge.

Neuhaus, C. (2006): Zukunft im Management. Orientierungen für das Management von Ungewissheit in strategischen Prozessen. Carl-Auer, Heidelberg.

Nextpractice (2014): Studie „Gute Führung" (2014), https://www.nextpractice-forum.de/wertewelten/führung.html. Zugegriffen am 30.12.2017.

Nonaka, I. & Tekeuchi, H. (2012): Die Organisation des Wissens: Wie japanische Unternehmen eine brachliegende Ressource nutzbar machen. Campus, Frankfurt am Main.

Oetting, M. (2008): Stress und Stressbewältigung am Arbeitsplatz. In: Berufsverband deutscher Psychologinnen und Psychologen (BDP) (Hrsg.): *Psychische Gesundheit am Arbeitsplatz in Deutschland*, 55–59. Online: https://psydok.psycharchives.de/jspui/bitstream/20.500.11780/3617/1/BDP_Bericht_2008_Gesundheit_am_Arbeitsplatz.pdf. Zugegriffen am 28.12.2017.

Osterloh, M. & Weibel, A. (2006): Investition Vertrauen. Prozesse der Vertrauensbildung in Organisationen. Gabler, Wiesbaden.

Rath, T. & Conchie, B. (2009): Strenghts-based leadership: Great leaders, teams, and why people follow. Gallup, New York.

Rexroth, M.; Feldmann, E.; Peters, A. & Sonntag, K. (2016): Learning how to manage the boundaries between life domains. *Zeitschrift für Arbeits- und Organisationspsychologie, 60*, 117–129.

Richter, A. (Hrsg.) (2014): *Vernetzte Organisation*. Oldenbourg Wirtschafsverlag. München.

Riolli, L. & Savicki, V. (2003): Information system organizational resilience. *Omega 31*, 227–233.

Ritz, F. (2015a): Organisationale Resilienz – Paradigmenwechsel, Konzeptentwicklung und Anwendung. In: Bargstedt, U.; Horn, G. & van Vegden, A. (Hrsg.): *Resilienz in Organisationen stärken: Vorbeugung und Bewältigung von kritischen Situationen*, 3–24. Verlag für Polizeiwissenschaft, Frankfurt am Main.

Rochlin, G. (1989): Informal organizational networking as a crisis avoidance strategy: U.S. naval flight operations as a case study. *Industrial Crisis Quarterly, 47*, 1–30.

Sandberg, S. & Grant, A. (2017): Option B. Facing adversity, building resilience and finding joy. Alfred A. Knopf, New York.

Sauer, J. & Trier, M. (2012): Ungewissheit und Lernen. In: Böhle, F. & Busch, S. (Hrsg.), *Management von Ungewissheit. Neue Ansätze jenseits von Kontrolle und Ohnmacht*, 257–278. transcript, Bielefeld.

Scharnhorst, J. (2008): Resilienz – neue Arbeitsbedinungen erfordern neue Fähigkeiten. In: *Psychische Gesundheit am Arbeitsplatz in Deutschland (BDP-Gesundheitsbericht)*, 51–54. Online: https://psydok.psycharchives.de/jspui/bitstream/20.500.11780/3617/1/BDP_Bericht_2008_Gesundheit_am_Arbeitsplatz.pdf. Zugegriffen am 28.12.2017.

Schreyögg, G. & Geiger, D. (2004): Kann man implizites in explizites Wissen konvertieren? Die Wissensspirale auf dem Prüfstand. In: Frank, U. (Hrsg.), *Wissenschaftstheorie in Ökonomie und Wirtschaftsinformatik. Theoriebildung und -bewertung, Ontologien, Wissensmanagement,* 269–288. Deutscher Universitäts-Verlag, Wiesbaden.

Seliger, R. (2014): Positive Leadership. Die Revolution in der Führung. Schäffer-Poeschel, Stuttgart.

Sitkin, S. (1992): Learning through failure: The strategy of small losses. In: Staw, B. & Cummings, L. (Hrsg.), *Research in organizational behaviour, 14,* 231–266. JAI Press, Greenwich.

Sonnentag, S.; Kuttler, I. & Fritz, C. (2010): Job stressors, emotional exhaustion, and need for recovery: A multi-source study on the benefits of psychological detachment. *Journal of Vocational Behavior, 76*(3), 344–365.

Sonntag, Kh. (Hrsg.) (2014): Arbeit und Privatleben harmonisieren. Life Balance Forschung und Unternehmenskultur: das WLB-Projekt. Asanger, Kröning.

Sonntag, Kh. & Stegmaier, R. (2007): Arbeitsorientiertes Lernen. Zur Psychologie der Integration von Lernen und Arbeiten. Kohlhammer, Stuttgart.

Sparrowe, R.; Liden, R.; Wayne, S. & Kraimer, M. (2001): Social Networks and the performance of individuals and groups. *Academy of Management Journal, 44,* 316–325.

Steger, M., Oishi, S. & Kesebir, S. (2011): Is a life without meaning satisfying? The moderating role of the search for meaning in satisfaction with life judgements. *Journal of Positive Psychology, (6)*3, 173–180.

Stepper, J. (2015): Working out loud: For a better career and life. Ikigai Press.

Sutcliffe, K. & Vogus, T. (2003): Organizing for resilience. In: Cameron, K.; Dutton, J. & Quinn, R. (Hrsg.), *Positive Organizational Scholarship: Foundations of a New Discipline,* 94–110. Berrett-Koehler, San Francisco.

Välikangas, L. (2010): The resilient organization. How adaptive cultures thrive even when strategy fails. McGraw-Hill, New York.

Van der Beek, D. & Schraagen, J. (2015): ADAPTER: Analysing and developing adaptability and performance in teams to enhance resilience. *Reliability Engineering and System Safety, 141,* 33–44.

Waite, P. & Richardson, G. (2004): Determining the efficacy of resiliency training in the work site. *Journal of Allied Health 33*(3), 178–183.

Weick, K. (1993): The collapse of sensemaking in organizations: the Mann Gulch disaster. *Administrative Science Quarterly, 38,* 628–652.

Weick, K.; Sutcliffe, K. & Obstfeld, D. (1999): Organizing for high reliability: process of collective mindfulness. *Research in Organizational Behavior, 21,* 31–66.

Weick, K. & Sutcliffe, K. (2015): Managing the unexpected. Sustained performance in a complex world. Wiley, Hoboken.

Wellensiek, S.K. (2011): Handbuch Resilienz-Training. Widerstandskraft und Flexibilität für Unternehmen und Mitarbeiter. Beltz, Weinheim, Basel.

Wheatley, M. (2006): Leadership and the new science: Discovering order in a chaotic world. Berrett-Koehler, San Francisco.

Wieland, R. (2004): Arbeitsgestaltung, Selbstregulationskompetenz und berufliche Kompetenzentwicklung. In: Wiese, B. (Hrsg.), *Individuelle Steuerung beruflicher Entwicklung. Kernkompetenzen in der modernen Arbeitswelt,* 170–197. Campus, Frankfurt am Main.

Wildavsky, A. (1988): Searching for safety. Transaction Books. New Brunswick.

Wrzesniewski, A. & Dutton, J. (2001): Crafting a job: employees as active crafters of their work. *Academy of Management Review, 26,* 179–201.

Individuelle Resilienz: Wie Menschen lebendig, gelassen und stark bleiben

Mirjam Rolfe

4.1 Die Hintergründe – 102
4.1.1 Belastungen im Privat- und Berufsleben – 102
4.1.2 Subjektives Wohlbefinden bei der Arbeit – 103

4.2 Die Grundlagen individueller Resilienz – 105
4.2.1 Schutzfaktoren und Risikofaktoren – 106
4.2.2 Copingstile – 107
4.2.3 Erkenntnisse aus der Neurowissenschaft und Stressforschung – 109
4.2.4 Resilienzfaktoren – 121
4.2.5 Die psychologischen Grundbedürfnisse des Menschen – 125
4.2.6 Psychologisches Kapital – 128

4.3 Wie sich individuelle Resilienz fördern lässt – 129
4.3.1 Ganzheitlicher Resilienzansatz: Körper, Emotionen, Verstand, Seele – 129
4.3.2 Der persönliche Resilienzkompass – 130
4.3.3 Phase 1: Klärung – 132
4.3.4 Phase 2: Entlastung – 133
4.3.5 Phase 3: Ausrichtung – 140
4.3.6 Phase 4: Umsetzung – 146

Literatur – 152

© Springer-Verlag GmbH Deutschland, ein Teil von Springer Nature 2019
M. Rolfe, *Positive Psychologie und organisationale Resilienz*,
Positive Psychologie kompakt, https://doi.org/10.1007/978-3-662-55758-7_4

> **Überblick**
> - Was individueller Resilienz zugrunde liegt
> - Welche Auswirkungen Stress auf Menschen hat und wie dies die persönliche Resilienz beeinflusst
> - Wie individuelle Resilienz gestärkt werden kann

„Was mich nicht umhaut, macht mich stärker, was mich nicht kleinkriegt, macht mich groß", singt Nik P. in seinem Lied „Harte Zeiten". – Ob in Liedtexten, Sprichwörtern oder Bauernregeln: Durchhalteparolen als Tipp für das Bewältigen von Krisen sind im Alltag weit verbreitet. Dieses Kapitel untersucht, was die Resilienzforschung zum Umgang mit Widrigkeiten im (Arbeits-)Alltag sagt.

4.1 Die Hintergründe

Ob eine Person resilient ist, Stresssymptome zeigt oder gar an einer Belastungsstörung erkrankt, hängt von zahlreichen Faktoren ab. Im Folgenden werden die Hintergründe beleuchtet.

4.1.1 Belastungen im Privat- und Berufsleben

Ob Optimist oder Pessimist, die meisten Menschen würden wohl der Aussage zustimmen, dass das Leben einen manchmal ganz schön durchschütteln kann. Laut einer aktuellen Befragung des Wissenschaftlichen Instituts der AOK (WIdO) von 2000 Personen, berichten etwas mehr als ein Drittel der unter 30-Jährigen (37,6 %) von kritischen Lebensereignissen, bei den 50- bis 65-Jährigen sind es fast zwei Drittel (64,7 %). Während bei jüngeren Beschäftigten neben privaten Konflikten auch finanzielle oder soziale Probleme dazukommen, spielen bei älteren Erwerbstätigen Krankheit, Altern oder der Tod des Partners eine größere Rolle (Badura et al. 2017). Diese Widrigkeiten beeinträchtigen einerseits die Gesundheit der Betroffenen und beeinflussen andererseits auch ihre Berufstätigkeit. So berichten 58,7 % der Befragten von körperlichen und 79 % von psychischen Problemen, was zu einer Minderung ihrer Leistungsfähigkeit führt (53,4 %).

Doch auch der Arbeitsplatz selbst ist für viele Beschäftigte eher eine Quelle der Belastung als der Freude: Permanente Erreichbarkeit und Ablenkung durch Smartphones, Tablets und Computer – Esch (2017, S. 26) nennt sie „weapons of mass distraction" („Massenablenkungswaffen") –, die Angst, nicht mehr zu genügen, und Konflikte mit Vorgesetzten und Kollegen machen Mitarbeitenden zu schaffen.

Was viele Menschen im Alltag erleben, wird durch Studien bestätigt: Private und berufliche Probleme vermischen sich. Die Gedanken an den Streit mit dem Partner werden mit an den Arbeitsplatz genommen, die Absage des Kunden beschäftigt manch einen noch beim Abendessen. Das hat Auswirkungen auf die innere Kraft und das eigene Wohlbefinden.

4.1.2 Subjektives Wohlbefinden bei der Arbeit

Zum besseren Verständnis der Wirkmechanismen hinter der oben beschriebenen Situation kann das Konstrukt des subjektiven Wohlbefindens beitragen (vgl. ▶ Kap. 2). Das Circumplex-Modell von Russell (1980) unterscheidet zwischen positiven Typen subjektiven Wohlbefindens bei der Arbeit (Engagement und Zufriedenheit) und negativen Typen (Workaholismus und Burnout). Dabei entstehen Affekte auf der Basis von zwei grundlegenden neurophysiologischen Systemen: der Lust/Unlust-Dimension (Valenz) einerseits und der Erregung/Ruhe-Dimension (Aktiviertheit) andererseits (vgl. ◘ Abb. 4.1). Affektiv positive Zustände führen eher zu Annäherungsverhalten, und affektiv negative Zustände fördern eher Vermeidungsverhalten. So haben Mitarbeiter ein hohes subjektives Wohlbefinden bei der Arbeit, wenn sie mit ihrem Job zufrieden sind und dabei oft positive Emotionen und selten negative Emotionen empfinden. Mitarbeiter, die bei der Arbeit hauptsächlich negative Emotionen empfinden, laufen Gefahr, an Burnout zu erkranken (Diener et al. 1991).

> **Definition**
>
> Unter **Engagement bei der Arbeit** wird eine positive, erfüllende Haltung gegenüber der Arbeit verstanden, die durch Vitalität (Energie, Resilienz und Durchhaltevermögen), Einsatz (Gefühl von Bedeutung und Enthusiasmus) und Absorption (volle Konzentration und Vertiefung in die Arbeit) gekennzeichnet ist (Bakker und Oerlemans 2010, S. 6).

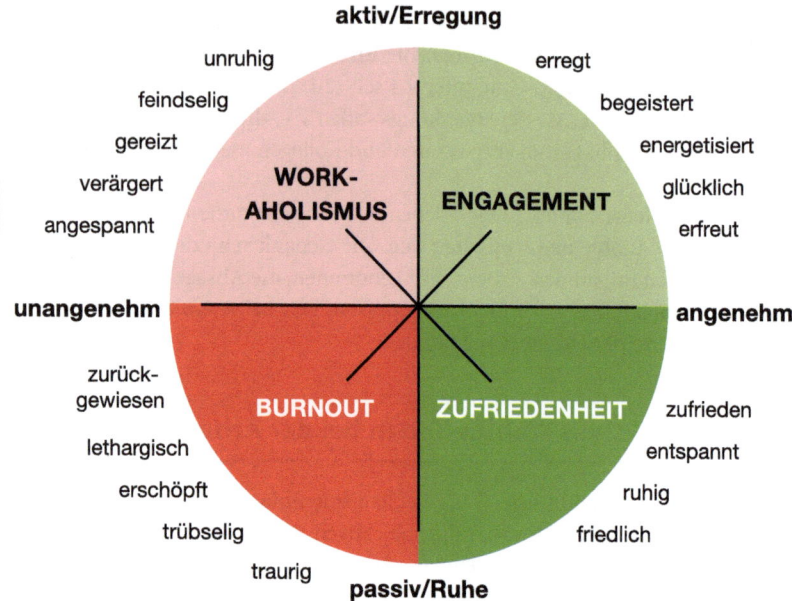

◘ Abb. 4.1 Circumplex-Modell von Russell (1980). (Adaptiert, nach Bakker und Oerlemans 2010, S. 31)

Definition

Selbstwirksamkeit – eine der Hauptkomponenten von Resilienz – gehört zu den besterforschten Eigenschaften der Psychologie (Mourlane 2015). Sie beschreibt die Überzeugung eines Menschen, sein Leben selbst gestalten und die Dinge aus eigenen Kräften zum Besseren verändern zu können (Bandura 1997; Reivich und Shatté 2002; Luthans 2002). Menschen mit hoher Selbstwirksamkeitsüberzeugung interpretieren Herausforderungen positiver (Sutcliffe und Vogus 2003), probieren neue Lösungsstrategien aus und sind beim Lösen von Problemen hartnäckig (Reivich und Shatté 2002). Kurz: Sie sind „auf dem Fahrersitz" ihres Lebens. Selbstwirksamkeit und Selbstvertrauen sind das Ergebnis einer erfolgreichen Problemlösung, ergeben sich also aus Erfolgen und positiven Erfahrungen im Leben.

Für Bakker und Oerlemans (2010) sind Engagement und Glücksempfinden bei der Arbeit die besten Prädikatoren für hohe Leistung. Denn optimale Leistung ist am wahrscheinlichsten, wenn eine hohe Aktivierung und Freude an der Arbeit aufeinandertreffen. Engagierte Mitarbeiter verfügen über viel Energie und Selbstwirksamkeit und sind nicht von ihrer Arbeit abhängig (Bakker und Oerlemans 2010).

Fallstrick
Nicht nur negative Emotionen können Burnout begünstigen. Auch ein Zuviel an Engagement (zum Beispiel bei Selbständigen) oder ein stark ausgeprägter Wille zu helfen (zum Beispiel bei Pflegepersonal) kann zu Ausbrennen führen. In diesem Fall würde eine Person im Circumplex-Modell vom Bereich rechts oben in den Bereich links unten rutschen (◘ Abb. 4.1).

Vor diesem Hintergrund ist es umso wichtiger, sich selbst sowie die eigenen Ressourcen und Grenzen gut zu kennen, die ersten Warnsignale wahr- und ernstzunehmen und zu wissen, wie man reagieren kann und was einem guttut. Eine der Grundideen des Resilienzkonzeptes ist es, durch Aufbau von Ressourcen und durch Lernprozesse bereits vor dem Eintreten von Krisen und Stresssituationen innere Stärke aufzubauen, um dann im Ernstfall wirkungsvoll mit der Herausforderung umgehen zu können. Resilient zu sein bedeutet also, über persönliche Bewältigungskompetenzen zu verfügen und sich selbst achtsam steuern zu können.

Dieser Präventionsansatz beinhaltet auch die Integration von Verhaltensaspekten. Genau darum geht es in diesem Kapitel. Werfen wir zuerst einen Blick auf einige grundlegende Aspekte individueller Resilienz.

4.2 Die Grundlagen individueller Resilienz

Resilienz ist ein multidimensionales Konzept (Newman 2005). Dabei sind weder die Resilienz noch ihr Gegenpol, die Vulnerabilität, statisch, sondern sie verändern sich je nach der individuellen Bilanz zwischen Herausforderungen des Lebens einerseits und Ressourcen andererseits (Petermann et al. 2004).

4.2.1 Schutzfaktoren und Risikofaktoren

Persönliche Resilienz ist also sehr individuell. Sie entsteht beim Zusammenwirken von Mensch und Umfeld – einem komplexen Zusammenspiel zwischen Anpassungsprozessen (Adaption) unter Nutzung von Schutzfaktoren (Ressourcen) einerseits und Fehlanpassung (Maladaption) mit entsprechenden Risikofaktoren andererseits (Di Bella 2014). Risiko- und Schutzfaktoren können entweder in der Person selbst begründet oder auf ihr Umfeld bezogen sein (Luthans 2002). Während die Schutzfaktoren kompetenzerhöhend und resilienzbildend wirken, erzeugen die Risikofaktoren beim Individuum eine Belastung (vgl. ◘ Abb. 4.2).

Zu den personenbezogenen Schutzfaktoren (Ressourcen) gehören:
- Eigenständigkeit (Autonomie),
- Authentizität,
- Ausgeglichenheit,
- gute Selbstwahrnehmung und Selbstkontrolle,
- hohe Selbstwirksamkeitserwartung,
- soziale Kompetenz,
- hohes Durchhaltevermögen,

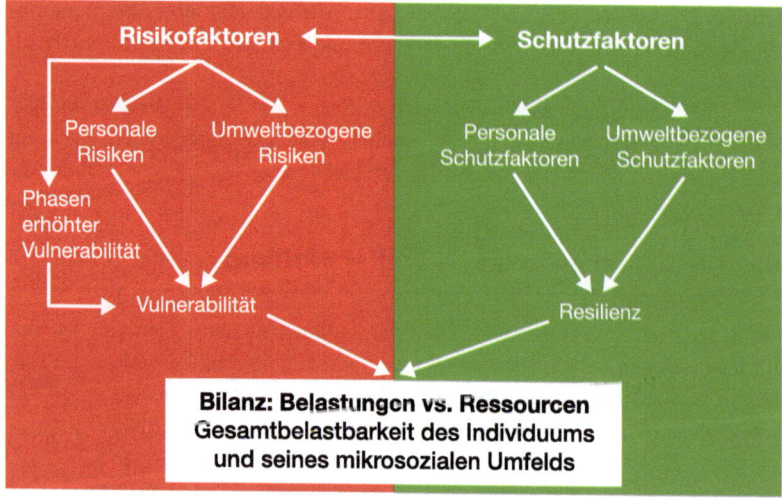

◘ Abb. 4.2 Interaktionales Risiko-Schutz-Faktorenmodell. (Adaptiert, nach Di Bella 2014, S. 95)

- effektives Stressmanagement,
- Problemlösungsstrategien,
- erlebte Sinnhaftigkeit.

Zu den umfeldbezogenen Schutzfaktoren (Ressourcen) zählen:
- soziale Einbindung,
- ein konstruktives, unterstützendes und wertschätzendes Arbeitsumfeld,
- Beziehungen zu engen, einfühlenden Bezugspersonen,
- eine resilienzfördernde Kultur und Struktur des Umfeldes.

Der Stressforscher Richard Lazarus nannte den Umgang mit einem Stressor „Coping", also Bewältigung (Lazarus und Folkman 1984). Die einer Person zur Verfügung stehenden Möglichkeiten der Reaktion des Umgangs mit einer Gefahr sind ihr Bewältigungspotenzial.

Nach Hobfoll (1998) erzeugen drohende Ressourcenverluste bei Menschen Stress, da die Personen zukünftigen Belastungen mit reduzierten Bewältigungspotenzialen entgegentreten müssen. Gescheiterte Investitionen in die eigenen Copingkapazitäten können ebenfalls als stressreich empfunden werden, da trotz Bemühung kein zufriedenstellendes Ziel erreicht werden konnte.

Die Stressforschung unterscheidet zwischen verschiedenen Stressauslösern: selbst erzeugte, physikalische, psychologische, arbeitsbezogene und soziale Quellen für Stress, kurzfristiger Stress und langfristiger Stress, der chronisch werden kann (Lazarus und Folkman 1984; Rigotti und Mohr 2008).

4.2.2 Copingstile

Die persönliche Resilienz hängt unter anderem von der richtigen Copingstrategie ab. „Richtig" meint in diesem Kontext passend zur Person und Situation. Resiliente Menschen zeichnen sich durch einen dynamischen Copingstil aus. Sie können aus einem großen Portfolio unterschiedlicher Bewältigungsstrategien die passende auswählen und umsetzen.

Riolli und Savicki (2010) unterscheiden zwischen vier adaptiven Copingstilen. Sie werden auch als konstruktives Coping oder Annäherungscoping bezeichnet (Moos und Schaefer 1993; s. ◘ Abb. 4.3).

Die Grenzen zwischen den verschiedenen Stilen sind fließend und hängen von der Situation ab.

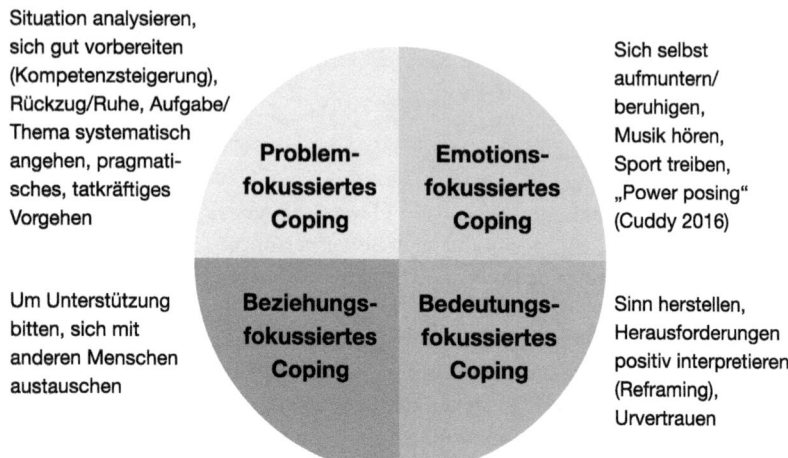

○ Abb. 4.3 Die vier adaptiven Copingstile. (Adaptiert, nach DGPP 2015)

Zu den destruktiven Copingstilen – auch Vermeidungscoping genannt – gehören:

- Flucht in Alkohol oder Drogen,
- Verdrängung der stressbezogenen Situation,
- Ablenkung durch soziale Aktivitäten oder andere Aufgaben,
- Risikosuche (sich selbst überfordern) und Selbstsabotage (sich z. B. absichtlich nicht vorbereiten).

Während die adaptiven Copingstile helfen, die Drucksituation zu bewältigen, sind destruktive Copingstile weniger effektiv und mindern die Resilienz (Harland et al. 2005).

> **Praxistipp**
>
> **Die eigene Copingstrategie identifizieren und erweitern**
> **Phase 1** – Stressinduktion: Setzen Sie sich unter Stress (z. B. durch einen Kurzvortrag vor Publikum), da Coping nur unter Stress auftritt.
> **Phase 2** – Bewältigung: Was haben Sie getan, um die Phase 1 vorzubereiten? Was haben Sie sich innerlich gesagt?
> **Phase 3** – Identifizierung: Meistens hat man bei seiner eigenen Copingstrategie Präferenzen für den einen oder anderen Stil. Überlegen Sie sich, wie sie sonst noch hätten vorgehen können. Was beobachten Sie bei Kollegen oder Familienangehörigen? Tauschen Sie sich ggf. mit anderen Personen darüber aus.
> **Phase 4** – Erweiterung: Welche anderen Copingstile könnten Sie in Ihre Strategie integrieren? Wann passen sie am besten? Denken Sie daran: Kleine, praktikable Schritte bringen Sie weiter!
> (Quelle: DGPP 2015)

4.2.3 Erkenntnisse aus der Neurowissenschaft und Stressforschung

Um die Wirkmechanismen der individuellen Resilienz zu verstehen, hilft der Blick in andere relevante Wissenschaften: die Hirnforschung (Neurowissenschaft) und die Stressforschung.

4.2.3.1 Das menschliche Gehirn

Das menschliche Gehirn besteht aus drei Bereichen, die evolutionsgeschichtlich verschieden alt sind und unterschiedliche Funktionen übernehmen, aber dennoch im sogenannten „dreieinigen Gehirn" (*tribune brain*) zusammenwirken und sich verständigen müssen (MacLean 1990). Diese drei Bereiche sind (Siegel 2012; Hüther 2015):

- **Stammhirn (Hirnstamm):** Das älteste Gehirn, auch Reptiliengehirn genannt, reagiert instinktiv. Es nimmt Informationen aus dem Körper auf und sendet dem Körper Informationen zurück, um Grundfunktionen wie Herzschlag und Atmung zu regulieren. Das Stammhirn kontrolliert dadurch das

Energieniveau des Körpers und bestimmt unsere Erregungszustände, z. B. ob wir Hunger haben, wach sind oder schlafen wollen.
- **Limbisches System (Zwischenhirn):** Das Zwischenhirn ist für die Erzeugung der Grundtriebe und Gefühle des Menschen verantwortlich.
- **Neocortex (Großhirn):** Die äußerste Schicht des Gehirns wird auch Säugetiergehirn genannt, weil es sich mit Auftreten der Primaten – vor allem beim Menschen – stark ausgebreitet hat. Der Neocortex ist also das jüngste Gehirn. Es ist u. a. für Rationalität, planendes Handeln, Voraussicht und bewusste Erinnerung zuständig. Der im Großhirn angesiedelte präfrontale Cortex – der Bereich hinter der Stirn – regelt abstraktere Formen des Informationsflusses, z. B. die Vorstellung von Zeit, Selbstgefühl, moralisches Urteilen und auch unsere mentalen Landkarten (vgl. ▶ Abschn. 4.2.3) werden hier angelegt. Der präfrontale Cortex stellt sicher, dass der Mensch innehält, bevor er handelt, etwas einsehen oder Empathie empfinden kann. Er ist auch dafür zuständig, die emotional reaktiven Bereiche des limbischen Systems und des Stammhirns zu beruhigen.

4.2.3.2 Umgang mit Herausforderungen und Krisen: Drei Wege

Damit der Mensch mit Komplexität, Unsicherheit, Veränderungen und Turbulenzen im Alltag besser und effizienter umgehen kann und entscheidungsfähig bleibt, entwickelt das menschliche Gehirn mentale Landkarten, auf die es immer wieder zurückgreifen kann. Für Achor (2011) gibt es nach Schicksalsschlägen oder bei Stress auf jeder dieser mentalen Landkarten drei Wege:
- Der erste Weg verläuft dort, wo die Person vor dem Rückschlag war, im Kreis. Das negative Ereignis führt also zu keiner Veränderung des Ausgangszustandes bzw. beinhaltet das Zurückspringen in den ursprünglichen Zustand.
- Der zweite mentale Weg führt zu weiteren negativen Auswirkungen. Das heißt, der Person geht es nach der Krise schlechter als vorher (z. B. Depression, posttraumatische Störung).
- Der dritte Weg bewirkt, dass sich die betroffene Person nach der Krise stärker, selbstsicherer und fähiger fühlt als davor. Dieses Phänomen bezeichnet man als resilientes Wachstum.

Carver (1998) unterscheidet zwischen Resilienz als Zurückspringen in den Ausgangszustand (Weg 1) und Aufblühen (*thriving*) nach einem Trauma (Weg 3). Zu posttraumatischem Wachstum sei auf Bonanno (2004) und das Trauma-Modell der Resilienz von Wilson et al. (2001) verwiesen.

Der dritte Weg entspricht der Reaktion resilienter Menschen, die in der Folge ihr aktuelles Handlungsmuster verändern und die Krise so überwinden. Die erste und zweite Reaktion hingegen führt dazu, dass Menschen in die Opferhaltung fallen bzw. andere für die Situation verantwortlich machen. Sie reagieren instinktiv, statt ihr Verhalten an die Situation anzupassen. Dies reduziert ihre Fähigkeit, das Problem zu lösen und schwächt ihre Resilienz. Ständige Angst und Sorgen überfordern die regulativen Kräfte des Menschen, schwächen das menschliche Immunsystem und erhöhen dadurch die Anfälligkeit für Krankheiten.

Leider gelingt es vielen Menschen nach einem Rückschlag oder in einer Krise nicht, diesen dritten, positiven und proaktiven Weg zu sehen und für sich zu nutzen. Sie glauben nicht an ihn und suchen erst gar nicht danach. Dadurch verfügen sie nur über eine unvollständige mentale Landkarte und haben somit weniger Handlungsoptionen zur Anpassung. Für Achor (2011, S. 108) macht die Fähigkeit, diesen dritten Weg zu finden, den Unterschied aus zwischen jenen Menschen, die an einer Krise zerbrechen bzw. von ihr in ihrer Entwicklung gebremst werden, und jenen, die daran wachsen.

4.2.3.3 Konditionierung, Neuroplastizität und Negativitätsbias

Es lassen sich zwei Prozesse der Gehirnfunktion unterscheiden: Konditionierung und Neuroplastizität (Hüther 2015). Durch die Plastizität des Gehirns bleibt dieses ein Leben lang form- und veränderbar (Vogel 2012; Feldman 2009). Das Gehirn ist ein Meister der Anpassung:

- Neuronenverbindungen, die wir nicht nutzen, lösen sich auf, es gilt das Nutzen-oder-Verlieren-Prinzip (*use it or lose it*) (Hüther 2015, S. 134).
- Schaltkreise, die benutzt werden, verändern sich und werden durch Übung effizienter (Kalisch 2017, S. 173), d. h., Erlebens- und Verhaltensmuster, die wir häufig aktivieren, werden verstärkt und verankern sich strukturell als neuronale Verschaltungsmuster (Hüther 2015, S. 134) – die Redewendung „Neuronen, die zusammen feuern, verbinden sich" (*neurons that fire together, wire together*) verdeutlicht dies (Siegel 2012). Dieser Prozess der Codierung wird Konditionierung genannt (Hüther 2015; Kalisch 2017).

So können zum Beispiel durch das Kultivieren positiver Emotionen bewusst entsprechende Gehirnregionen stimuliert werden (Bryant et al. 2011; Hanson 2018).

Genauso wichtig wie das Stärken des Positiven ist es jedoch, die evolutionär bedingte negative Verzerrung des Gehirns zu überwinden, die auch als Negativitätsbias (*negativity bias*) bezeichnet wird (Rozin und Royzman 2001; Baumeister et al. 2001). Von Natur aus fokussieren Menschen viel stärker das Negative als das Positive. Hanson (2016) vergleicht das Negative mit einem Klettverschluss – es bleibt in unserem Gehirn haften –, während das Positive wie an Teflon abperlt. Oder anders gesagt: Die meisten positiven Erlebnisse fließen durchs menschliche Gehirn wie durch ein Sieb; die negativen aber bleiben hängen. Deshalb erinnert sich eine Person nach einem Tag, an dem sie neun positive Erfahrungen und eine negative Erfahrung gemacht hat, an die schlechte Situation (ebd.). Menschen halten Ausschau nach dem Negativen, fokussieren zu sehr darauf, überreagieren und speichern diese Erfahrung im Gehirn ab, wodurch dieses noch mehr für das Negative sensibilisiert wird. Was für unsere Vorfahren überlebenswichtig war, wird zum Bremsklotz, der es uns erschwert, von positiven Erlebnissen zu lernen und diese in bleibende neuronale Strukturen umzuwandeln. Für Hanson (2016) ist das Negativitätsbias heute keine hilfreiche Gehirnfunktion mehr, sondern ein Programmierfehler.

Der hauptsächliche Weg zum Aufbau innerer Ressourcen wie Resilienz, Mitgefühl, Selbstmitgefühl, Glücklichsein und Dankbarkeit führt also über die Verankerung im Gehirn (Hanson 2018). Dafür müssen Menschen diese Gefühle empfinden, also entsprechende Erfahrungen machen, und sie im Gehirn in Form von dauerhaften neuronalen Strukturen oder Funktionen „encodieren" (Hüther 2015). So wird eine flüchtige Erfahrung zu einer inneren Stärke, einer langfristigen psychologischen Ressource, die fest im Nervensystem verdrahtet ist. Geschieht dies nicht, bleiben sie flüchtige Emotionen und Erfahrungen ohne langfristige Wirkung (ebd.).

4.2.3.4 Bewertung von Chancen und Risiken

Wie ein Mensch eine Situation oder ein Ereignis bewertet, hat gemäß der Bewertungstheorie (*appraisal theory*) – der wichtigsten Theorie der Emotionsforschung (Kalisch 2017) – einen entscheidenden Einfluss auf seine Emotionen (Arnold 1969). In seinem Buch *Der resiliente Mensch* beschreibt der Hirnforscher Raffael Kalisch, Gründungsmitglied des Deutschen Resilienzzentrums (DRZ) in Mainz, die kognitiven Prozesse und Mechanismen, die im menschlichen Gehirn bei Stress ablaufen. Demnach entstehen emotionale Reaktionen nicht durch den Reiz selbst, sondern durch die Vorhersagen, die ein Mensch aufgrund dieses Reizes für sein Wohlergehen trifft (Kalisch 2017, S. 98). Je nachdem, wie die Bewertung ausfällt, wird im Gehirn entweder das Stresssystem (bei Bedrohungen) oder das Belohnungssystem (bei Chancen) getriggert.

Es ist also nicht in erster Linie der Vorfall selbst, der die Resilienz einer Person stärkt oder schwächt, sondern die Art und Weise, wie die betroffene Person diesen erlebt und welche emotionale Reaktion sie darauf zeigt.

Der Stressforscher Lazarus erkannte, dass die Bewertung einer neuen Situation hinsichtlich möglicher Gefahren davon abhängt, welches Ziel oder Bedürfnis bedroht ist und wie wichtig dieses für eine Person ist (Lazarus und Folkman 1984; Kalisch 2017). Das Bedrohungspotenzial – und damit die Bedrohungsbewertung – hängt von drei Kategorien ab:

- der Wahrscheinlichkeit der Bedrohung;
- ihrer Größe oder Art;
- dem eigenen Bewältigungspotenzial, also den Möglichkeiten des Umgangs mit der Bedrohung, die eine Person für sich sieht.

Wird ein Mensch mit einer neuen Situation – ob neues Jobangebot, neuer Chef, Veränderungsprozess im Unternehmen oder Krise in der Partnerschaft – konfrontiert, muss er also Annahmen und Vorhersagen treffen und die Chancen gegen die Risiken abwägen. Dabei fängt er nicht jedes Mal bei null an. Das menschliche Gehirn nimmt Abkürzungen, indem es auf frühere Erfahrungen zurückgreift. Daran beteiligt sind das Belohnungs- und das Stresssystem. Die neurobiologischen Prozesse, die im Gehirn bei Stress ablaufen, sind faszinierend. Kalisch (2017) erläutert die Freisetzung von Botenstoffen, stressbedingte Übererregbarkeit und Gegenregulierungsprozesse anschaulich. Es würde den Rahmen dieses Buches sprengen, darauf näher einzugehen. Festgehalten werden sollen im Folgenden die für Resilienz wesentlichen Erkenntnisse. Dabei sollen sowohl neuronale als auch psychologische Wirkmechanismen berücksichtigt werden.

Das Belohnungssystem

Hat ein Mensch etwas getan, das gut für ihn und sein Überleben ist, beschert ihm das Belohnungssystem seines Gehirns ein Hochgefühl. Das Belohnungssystem merkt sich diese mit Belohnungen verbundenen Situationen (Reize) und reagiert beim nächsten Mal wieder genauso. Es kommt zu einer positiven Rückkoppelung und zu nützlichen Gewohnheiten (Kalisch 2017, S. 65). Eine Situation wird sozusagen vom Gehirn mit dem Etikett „positiv – bitte wiederholen" versehen. Das gilt für überlebenswichtige Handlungen wie Essen, Trinken, Fortpflanzung, Schlaf genauso wie für eine erfolgreich bewältigte Herausforderung, zum Beispiel eine Rede vor Publikum oder eine neue Verhaltensweise, wie regelmäßiges Joggen.

Das Stresssystem

Bewertet ein Mensch eine neue Situation hingegen als Gefahr, löst dies in ihm eine Stressreaktion aus. So wie beim Belohnungssystem der Fall, merkt sich auch das Stresssystem die in der Vergangenheit mit Gefahr assoziierten Reize. Treten sie erneut auf, wird das Stresssystem sie höchstwahrscheinlich als Gefahrenvorhersagereize bewerten und entsprechend reagieren (ebd., S. 131). Stress ist demnach erst einmal positiv zu sehen. Denn der Mensch braucht Stressantworten in Form von Gefühlen wie Angst, Furcht, Wut usw., um Bedrohungen abzuwenden.

Ob ein Mensch eine Situation als Gefahr oder Chance bewertet, hängt auch vom Kontext ab. Kalisch nennt das Beispiel eines Grizzlybären (ebd., S. 96). In freier Wildbahn würde man ihn als Bedrohung wahrnehmen, im Zoo als faszinierendes Tier, das man gerne beobachtet.

Der resilienzförderliche Bereich für die Bewertung von Unsicherheit und Gefahren

Kalisch (2017) definiert einen resilienzförderlichen Bereich der Bewertung von Unsicherheit und Gefahren (vgl. ◘ Abb. 4.4). Dabei steht die Null für eine realis-

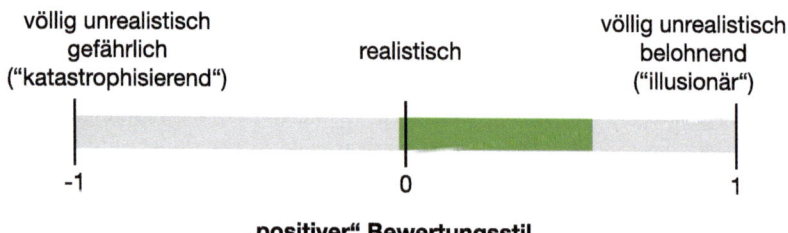

◘ Abb. 4.4 Resilienzförderlicher Bewertungsbereich. (Adaptiert, nach Kalisch 2017, S. 135)

4.2 · Die Grundlagen individueller Resilienz

tische Bewertung von Gefahren, die das Stresssystem im Gehirn genau so stark aktiviert, wie es für die Gefahrbewältigung nötig und angemessen ist. Werden Gefahren zu dramatisch eingeschätzt (Bereich links von der Null), dann entsteht unnötiger Stress, d. h., im Gehirn wird das Stresssystem aktiviert. Eine zu optimistische Einschätzung (Bewertungen zu weit rechts von der Null) wiederum aktiviert das Belohnungssystem im Gehirn. Diese Bewertung kann ebenfalls gefährlich für das Individuum sein, da Gefahren nicht erkannt werden.

Resiliente Menschen neigen in Momenten der Unsicherheit eher dazu, den positiven Ausgang der Situation anzunehmen (Kalisch 2017), sie sind realistisch optimistisch (Coutu 2002). Während der Resilienzfaktor Optimismus auf die Bewertung von Wahrscheinlichkeit und Größe einer Bedrohung einwirkt, beeinflussen die Resilienzfaktoren Selbstwirksamkeitserwartung und soziale Unterstützung die Bewertung des Bewältigungspotenzials (zu den Resilienzfaktoren vgl. ▶ Abschn. 4.2.4). Resilienz resultiert somit aus einer Stressoptimierung (Kalisch 2017, S. 137).

Die PASTOR-Theorie von Kalisch et al. (2015) geht davon aus, dass Resilienz das Ergebnis eines Anpassungsprozesses ist, bei dem die Anpassung hauptsächlich in der Entwicklung eines positiveren Bewertungsstils besteht (Kalisch 2017, S. 144). Andere Wissenschaftler plädieren für zusätzliche Forschungsstrategien und die Berücksichtigung von Vulnerabilitäten und Resilienzfaktoren (z. B. Luyten et al. 2015).

Bewertungsstile

Menschen haben unterschiedliche Bewertungsstile (Stressreaktionsstile). Laut Kalisch (2017) kann unterschieden werden zwischen:

- **positivem Bewertungsstil** (*Positive Appraisal Style*, PAS): beinhaltet eine flexible, situationsabhängige und positive Bewertung von Stresssituationen und belastenden Erlebnissen;
- **negativem Bewertungsstil** (*Negative Appraisal Style*, NAS): ist verbunden mit einer unflexiblen, verallgemeinernden und negativen Bewertung von Stresssituationen und belastenden Erlebnissen.

Dabei gilt, dass eine Stressreaktionstendenz nicht für alle Zeiten und für alle Arten von Stressoren gleichmäßig festgelegt ist. Sie kann sich bis zu einem gewissen Grad, der von der Genetik und von frühen Kindheitserfahrungen bestimmt sein dürfte, durch Erfahrung verändern (Kalisch 2017, S. 181).

Der menschliche Körper reagiert auf psychische Bedrohungen genauso wie auf physische Gefahren. Ein Gefühl permanenter Bedrohung jedoch erhöht den allgemeinen Stresspegel und ist gesundheitsschädigend: Das Risiko für Herzerkrankungen steigt genauso wie jenes für Immunschwäche, Depression, chronische Schmerzen, Gedächtnisschwäche und viele andere.

Um sich vor schädlichem Stress zu schützen, gilt es einerseits, unrealistisch negative, pessimistische oder katastrophisierende Bewertungen zu vermeiden, damit das Stresssystem nicht stärker als nötig aktiviert wird. Andererseits hilft es, in belastenden Situationen das Positive, die Chancen, den Vorteil zu suchen, um das Belohnungssystem zu aktivieren. Kalisch (2017, S. 168) nennt dies „Sicherheitslernen".

Sicherheitslernen

Zum Sicherheitslernen gehören für Kalisch (2017, S. 168) drei zentrale Mechanismen:
- **Unterscheidungslernen:** die Fähigkeit nach einer belastenden Situation, gut zwischen Gefahr und Sicherheit zu unterscheiden;
- **Erholung:** bezieht sich darauf, das Ende einer belastenden Situation schnell zu erkennen und eine Erholungsphase einzuleiten;
- **Extinktion:** meint das Erkennen, dass Dinge, die früher schlecht waren, irgendwann einmal wieder gut oder zumindest nicht mehr gefährlich sind.

Studien zufolge unterscheidet sich die unmittelbare Stressreaktion (erhöhte Herzfrequenz, Schwitzen, höhere Stresshormonwerte) von Probanden nach einer Stressinduktion nur wenig. Es ergeben sich jedoch bedeutende Unterschiede im Abklingen der Stressreaktion. In Querschnittstudien konnten Hinweise darauf gefunden werden, dass die Resilienz positiv mit dem Ausmaß und der raschen Erholung nach einem belastenden Ereignis zusammenhängt (Kalisch 2017, S. 169).

Eine Person, die nach einem Verkehrsunfall bald wieder Auto fährt, setzt sich damit vermeintlichen Gefahrenvorhersagereizen aus und kann erkennen, dass sie gar keine sind (Extinktion). Die bewusste Konfrontation mit diesen Reizen ist für die Resilienz entscheidend. Für eine Person mit einem negativen Bewertungsstil ist dies eine schwere – oft unüberwindbare – Herausforderung. Laborexperimente zeigen, dass Soldaten, die vor ihrem Einsatz bessere Extinktionslerner waren, resilienter waren, also weniger posttraumatische Belastungssymptome entwickelten als ihre Kollegen (Lommen et al. 2013). Das heißt im Umkehrschluss jedoch nicht, dass alle guten Extinktionslerner auch resilient sind, genauso wenig wie vor-

4.2 · Die Grundlagen individueller Resilienz

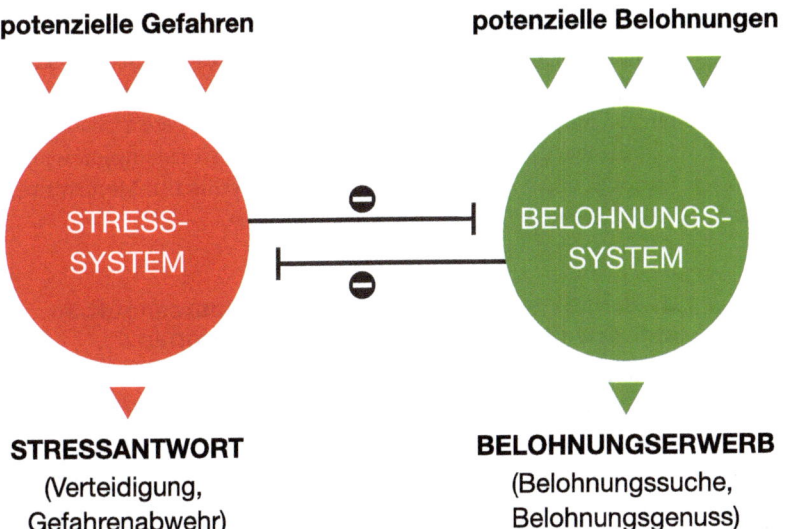

Abb. 4.5 Das menschliche Stresssystem und Belohnungssystem hemmen sich gegenseitig. (Adaptiert, nach Kalisch 2017, S. 160)

hergesagt werden kann, dass alle optimistischen Menschen resilient sind (Kalisch 2017, S. 171). Dafür ist Resilienz ein zu dynamisches und komplexes Phänomen, bei dem viele verschiedene Einflussgrößen miteinander interagieren.

Für Kalisch gilt es zu unterscheiden zwischen diesen neuronalen Fähigkeiten und Beiträgen zu einem positiven Bewertungsstil einerseits und einer positiven Lebenseinstellung andererseits. Bei Letzterer geht es um positive Bewertungs-*inhalte*, wie etwa positive Gedanken und positive Interpretationen von Ereignissen, die andere als negativ empfinden (Kalisch 2017, S. 178). Genau hier setzt die Positive Psychologie an.

Das Stresssystem und das Belohnungssystem im menschlichen Gehirn blockieren sich gegenseitig (Abb. 4.5):

- Eine chronische oder immer wiederkehrende zu starke Aktivierung des Stresssystems ist schädlich für Gehirn und Körper. Sie sollte vermieden werden.
- Unter Stress und Belastung tendieren Menschen in ihren Gefühlszuständen zum Entweder-oder: Sie reagieren hauptsächlich positiv oder hauptsächlich negativ, d. h., sie lassen sich nur von einem der beiden Gegenspieler leiten: dem Belohnungs- oder Stresssystem. Ein Hin und Her wäre zu aufwendig.

Zusammenfassend kann festgehalten werden: Das Belohnungssystem im menschlichen Hirn kann einer übermäßigen Aktivierung des Stresssystems und damit verbundenen negativen Konsequenzen für die Gesundheit entgegenwirken. Wie mental gesund ein Mensch aus Krisen und herausfordernden Lebensphasen hervorgeht, hängt demnach von seiner Fähigkeit ab, auf Stressoren angemessen zu reagieren. Diese wiederum wird von neuronalen und psychischen Mechanismen beeinflusst. Auf Letztere wird im Folgenden eingegangen.

4.2.3.5 Die Broaden-and-build-Theorie: Ressourcenaufbau und -erweiterung durch positive Emotionen

Zahlreiche Studien weisen auf die Wechselwirkung zwischen positiven Emotionen, Resilienz und subjektivem Wohlbefinden sowie Gesundheit hin, so etwa die Broaden-and-build-Theorie von Barbara Fredrickson, Wissenschaftlerin und Professorin für Psychologie an der Universität von North Carolina in Chapel Hill (z. B. Fredrickson 1998, 2001, 2004). Die Theorie zeigt, dass positive Emotionen nicht einfach ein Beiprodukt von Resilienz sind. Sie haben eine wichtige Funktion, denn sie versetzen Menschen in die Lage, sich von Stresssituationen zu erholen, indem sie potenziell negative Auswirkungen von Stress abmildern und negative Emotionen – ähnlich einem Löschblatt – „aufsaugen" (*undoing effect*, Tugade et al. 2004, S. 5). Darüber hinaus bauen sie langfristige Ressourcen auf. Denn positive Emotionen versetzen Menschen in die Lage, einen Sinn im Leben allgemein und vor allem auch in schweren Situationen zu sehen und stärken dadurch die Resilienz (Tugade et al. 2004). Außerdem haben sie eine erweiternde Wirkung auf das menschliche Denken und Handeln, denn sie schaffen Denkmuster, die Flexibilität, Kreativität, Offenheit für Informationen und Effizienz fördern. Durch positiven Affekt hat ein Mensch, der mit einer Krise oder belastenden Situation konfrontiert wird, also mehr Gedanken- und Handlungsoptionen zur Verfügung, was seine Bewältigungsressourcen (Coping) stärkt. Diese Ressourcen wiederum fördern Resilienz und begünstigen zukünftiges Erleben von positivem Affekt (Reschly et al. 2008). Es entsteht eine Aufwärtsspirale, bei der positiver Affekt mittel- bis langfristig als Katalysator für Coping und Resilienz wirkt (◘ Abb. 4.6). Durch die stärkende Wirkung positiver Emotionen auf die Resilienz wiederum erhöht sich die Lebenszufriedenheit des Menschen (Cohn et al. 2009).

Positive Emotionen gehen also über kurzfristige angenehme Erlebnisse hinaus und bilden mit der Zeit Ressourcen, die Überleben und Aufblühen (*flourishing*) ermöglichen. Unter Flourishing versteht man „optimales Funktionieren", zu

4.2 · Die Grundlagen individueller Resilienz

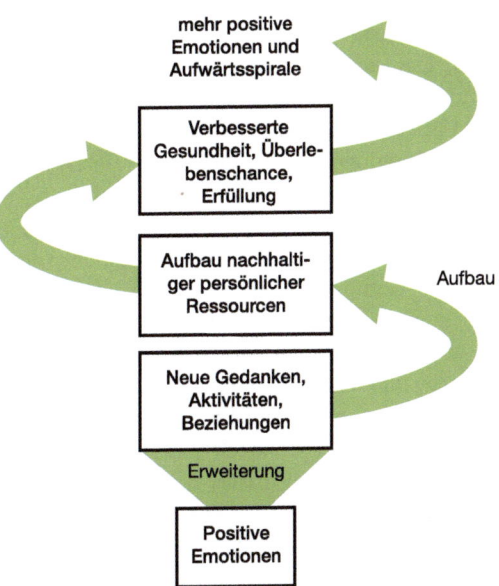

☐ **Abb. 4.6** Die Aufwärtsspirale positiver Emotionen nach der Broaden-and-build-Theorie. (Eigene Darstellung, in Anlehnung an Fredrickson 2013a)

welchem Wachsen, Generativität (Verantwortungsempfinden für künftige Generationen) und Resilienz gehören (Diener et al. 2010). Somit ist Flourishing ein integraler Bestandteil des „guten Lebens". Resilienz ist eine Schlüsselkomponente von Flourishing, und Forschungsergebnisse zeigen, dass positiver Affekt und Coping Flourishing fördern (Fredrickson und Joiner 2002; Keyes 2007).

Gloria et al. (2013) haben diesen ressourcenbildenden Effekt positiver Emotionen und ihre Wirkung auf den Arbeitsstress bei Lehrern untersucht. Sie empfehlen, bewusst positive Emotionen bei sich selbst und anderen Menschen zu fördern – und zwar nicht nur als kurzfristigen Selbstzweck, sondern auch als Mittel, um mit der Zeit psychologisches Wachstum zu erreichen und psychologisches sowie physisches Wohlbefinden zu fördern (Fredrickson 2004, S. 1367). Die Forschung zeigt, dass resiliente Menschen genau das tun: Sie helfen anderen, positive Emotionen zu empfinden, indem sie enge Beziehungen aufbauen und ihre Hilfe anbieten (Denovan et al. 2017, S. 139). Dadurch entsteht ein unterstützendes soziales Netz, das wiederum im Bewältigungsprozess hilft (Fredrickson 1998; Bonanno 2004, vgl. ▶ Kap. 6).

Der Positiven Psychologie wird manchmal vorgeworfen, negative Emotionen auszublenden oder zu vermeiden. Das ist nicht die Intention und wäre auch wenig sinnvoll, unrealistisch und ungesund. Alle Emotionen, positive wie negative, können je nach Bedingung und Umfeld menschliche Anpassungsprozesse unterstützen. Doch dauerhafte negative Emotionen sind oft der Grund für Dysfunktionen und Krankheiten (Garland et al. 2010).

Für die erweiternde und aufbauende Wirkung von positiven Emotionen ist hingegen wichtig, dass positive Emotionen gegenüber negativen Emotionen deutlich überwiegen (Fredrickson 2013b; Gottman und Silver 2014).

Positive Gefühle sind also nicht nur ein Nebenprodukt von Resilienz, im Gegenteil: Während einer Stresssituation positive Gefühle zu erfahren, kann das Adaptionsvermögen eines Menschen und somit seine Copingfähigkeiten stärken. Resiliente Personen nutzen positive Emotionen um effektives Coping zu erzielen (Tugade et al. 2004), so etwa Humor (Masten 2001), kreative Exploration (Cohler 1987), Entspannung (Anthony 1987) und optimistisches Denken (Masten und Reed 2002).

4.2.3.6 Positive Gefühle und Lebensstilveränderungen

Gemäß der Aufwärtsspiraltheorie der Lebensstilveränderung (*upward spiral theory of lifestyle change*), die auf der Broaden-and-build-Theorie sowie Erkenntnissen aus der Suchtforschung basiert, können positive Emotionen zu einer Veränderung des Lebensstils beitragen (van Cappellen et al. 2017): Studien zeigen, dass positiver Affekt während eines gesundheitsförderlichen Verhaltens unbewusste Motive für dieses Verhalten fördert, was wiederum das Aufrechterhalten des Verhaltens in der Zukunft begünstigt (ebd.). Ein Beispiel dafür ist das Laufen. Bei einer joggenden Person führt die Bewegung zu positiven Emotionen und diese wiederum zu spontanen positiven Gedanken, die in der Person die Lust steigern, öfter Laufen zu gehen. Darüber hinaus fördert positiver Affekt den Aufbau endogener Ressourcen: Ob biologisch (z. B. kardiovaskulärer Tonus), kognitiv (z. B. Achtsamkeit), psychologisch (z. B. das Priorisieren von Positivem) oder sozial (z. B. soziale Integration) – diese Ressourcen verstärken die Verbindung zwischen gesundem Verhalten und positivem Affekt. Es kommen dieselben Prozesse wie bei der Sucht in Gang. Allerdings gilt dies in erster Linie für die Verstärkung von positivem Verhalten wie etwa mehr Bewegung, gesünderes Essen, Meditieren, und nicht zur Vermeidung ungesunden Verhaltens wie Rauchen oder übermäßigem Alkoholkonsum (van Cappellen et al. 2017).

4.2.4 Resilienzfaktoren

Wie bereits erwähnt, bietet die Literatur zur individuellen Resilienz viele unterschiedliche Ansätze. Die Grundlagen sind jedoch im Wesentlichen dieselben. Je nach Autor bzw. Studie werden für Erwachsene die folgenden **Resilienzfaktoren** (auch Resilienzsäulen oder -dimensionen genannt) herangezogen (Huber 2005; ◘ Tab. 4.1).

Dabei beziehen sich die ersten drei Faktoren auf die Haltung eines Menschen und die anderen auf seine Fähigkeiten. Die Haltung eines Menschen wird durch seine gemachten Erfahrungen beeinflusst und bestimmt sein Verhalten. Sowohl Haltung als auch Fähigkeiten sind entwickel- bzw. veränderbar. Die Voraussetzung dafür: Aufmerksamkeit und Bewusstsein für die einzelnen Faktoren.

◘ **Tab. 4.1** Sieben Resilienzfaktoren. (Adaptiert nach Huber 2005)

Resilienzfaktor	Erklärung
(Realistischer) Optimismus	Bei Unsicherheiten den günstigeren Ausgang annehmen; also realistisch bis moderat optimistisch sein, niemals jedoch illusionär oder pessimistisch (Kalisch 2017)
Akzeptanz	Unterscheiden können zwischen veränderbaren und nicht veränderbaren Umständen (d. h. sich nicht an Unveränderbarem aufreiben)
Lösungsorientierung	Fokus auf das, was einen weiterbringt statt auf Probleme
Selbstwirksamkeit	Die Überzeugung, Einfluss zu haben auf Ereignisse, die das eigene Leben beeinflussen (Bandura 1997); dazu gehört auch, die Opferrolle zu verlassen (Huber 2005)
Verantwortungsübernahme	Den eigenen Anteil an einer Situation erkennen; damit ist auch Autonomie verbunden (Rutter 2012)
Netzwerkorientierung (und Kooperation)	Soziale Unterstützung (Rutter 2012; Kalisch 2017)
Zukunftsorientierung/-planung	Die eigene Zukunft planen und gestalten; einige Wissenschaftler unterscheiden zwischen Planen und Zukunftsausrichtung (Rutter 2012); Hoffnung spielt bei diesem Resilienzfaktor eine wichtige Rolle (Youssef und Luthans 2007)

Dewald und Bowen (2010) unterscheiden zwischen kognitiver Resilienz (*cognitive resilience*) und verhaltensbezogener Resilienz (*behavioral resilience*). Dabei bezieht sich kognitive Resilienz auf die Intention einer Person, in Veränderungssituationen Entscheidungen zu treffen, und ist abhängig von der Fähigkeit des Entscheiders, Dinge wahrzunehmen, zu interpretieren, zu analysieren und Antworten zu formulieren.

Basierend auf Reivich und Shatté (2002) arbeiten einige Autoren auch mit den in ◘ Tab. 4.2 beschriebenen sieben Resilienzfaktoren. Mourlane (2015, S. 45) nennt sie die „echten" Resilienzfaktoren, da sie auf langjähriger Forschung und Trainingsarbeit beruhen. Akzeptanz und Netzwerkorientierung seien lediglich Verhaltensweisen, die auf den „echten" Resilienzfaktoren basieren.

Die Forschung zeigt, dass Menschen auch tief verwurzelte Haltungen und lange an den Tag gelegtes Verhalten durch kontinuierliches Training ändern können – wenn sie dies denn wollen. Der Weg dahin kann allerdings lang sein, da unsere Gewohnheiten im Gehirn „Trampelpfade" oder, wie der Neurobiologe Prof. Dr. Gerald Hüther sie nennt, „stark befahrene Autobahnen" gebildet haben, die zwecks Effizienz vom Gehirn immer wieder benutzt werden, vor allem auch in Drucksituationen. Doch wie oben dargelegt ist der Mensch dank der Neuroplastizität lebenslang lernfähig – und Autobahnen können neu gebaut werden. Für manche Wissenschaftler gilt Resilienz demnach als erlernbar (Coutu 2002), andere sind der Meinung, dass man zumindest etwas dafür tun kann, um sie zu stärken (Kalisch 2017).

◘ Tab. 4.2 Sieben Resilienzfaktoren. (Mourlane 2015; Reivich und Shatté 2002)

Resilienzfaktor	Erklärung
Emotionssteuerung	Der Prozess, in dem ein Mensch eine als negativ empfundene (und dadurch nichtresiliente) Emotion so steuert, dass er eine positive Emotion empfindet und sich dadurch besser fühlt. Es geht darum, unter Druck ruhig und gelassen zu bleiben, und nicht etwa darum, Gefühle zu unterdrücken oder zu überspielen. Im Gegenteil: Gefühle zu zeigen – positive genauso wie negative – ist gesund und konstruktiv, und das angemessene Ausdrücken von Gefühlen gehört zur Resilienz. Menschen, die ihre Emotionen schlecht steuern können, haben oft Mühe, Freundschaften zu schließen und aufrechtzuerhalten, u. a. darum, weil Negativität auf andere abstoßend wirkt (Reivich und Shatté 2002, S. 36 f.)

Tab. 4.2 (Fortsetzung)

Resilienzfaktor	Erklärung
Impulskontrolle	Das effektive Steuern von ersten Impulsen, insbesondere in Stresssituationen. Es geht um Disziplin, um achtsames und konzentriertes Arbeiten, ohne sich ablenken zu lassen. In Zeiten der Digitalisierung mit ihrer permanenten Ablenkungsgefahr durch Facebook & Co. ist Impulskontrolle von essenzieller Bedeutung
Kausalanalyse	Die Fähigkeit, die wirklichen Gründe eines Problems oder emotional negativen Zustands zu identifizieren. Die Konsequenz einer guten Kausalanalyse kann z. B. sein, dass man sein eigenes Zutun zu einer Situation erkennt und so aus der Opferrolle findet. Durch Kausalanalyse kann vermieden werden, immer wieder dieselben Fehler zu machen
Empathie	Die Fähigkeit, sich in die Gedanken- und Gefühlswelt eines Menschen hineinzuversetzen. Empathie hilft, die Perspektive zu wechseln und eine schwierige Situation eher als Herausforderung zu sehen. Menschen mit geringer Empathie haben die Tendenz, sich über die Gefühle und Bedürfnisse anderer Personen hinwegzusetzen
Realistischer Optimismus	Der Glaube daran, dass sich Dinge zum Positiven wenden werden, verbunden mit der Hoffnung auf eine positive Zukunft. Optimismus und Selbstwirksamkeitsüberzeugung (vgl. unten) gehen oft Hand in Hand. Ein übertriebener Optimismus ist allerdings eher ein Risikofaktor, da ein Mensch eine heikle Situation deswegen falsch einschätzen und sich in Gefahr bringen könnte
Zielorientierung	Klare Ziele haben und sie – relativ unabhängig von der Meinung anderer Menschen – verfolgen, auch wenn Hürden im Weg stehen. Auf andere Menschen zugehen und offen sein für Neues (*reaching out*)
Selbstwirksamkeitsüberzeugung	Sein eigenes Schicksal in die Hand nehmen und davon überzeugt sein, die Dinge oder die Situation durch das eigene Verhalten verbessern zu können und erfolgreich zu sein. Gestalter statt Opfer sein

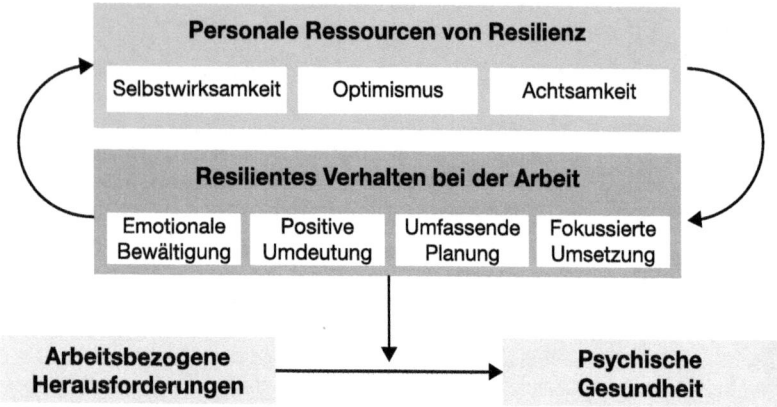

Abb. 4.7 Resilienzmodell für die Arbeit. (Adaptiert, nach Soucek et al. 2015)

Für Coutu (2002) kristallisieren sich aus der Resilienzliteratur drei Charakteristika heraus, die resiliente Menschen ausmachen:
- unerschrockene Akzeptanz der Realität (realistischer Optimismus),
- tiefer Glaube daran, dass das Leben sinnvoll ist – oft unterstützt durch starke Werte (Sinn) und
- eine ausgeprägte Fähigkeit zu improvisieren.

Soucek et al. (2015) berücksichtigen in ihrem Resilienzmodell für die Arbeit das Zusammenspiel personaler Ressourcen, resilienten Verhaltens bei der Arbeit, psychischer Gesundheit und arbeitsbezogener Herausforderungen (Abb. 4.7).

Dabei werden die vier Faktoren resilienten Verhaltens bei der Arbeit wie folgt definiert (Soucek et al. 2015, S. 10):
- **Emotionale Bewältigung:** Mit den eigenen emotionalen Reaktionen (z. B. Ärger, Unruhe) auf Probleme, die bei der Arbeit auftreten, wird erfolgreich umgegangen.
- **Umfassende Planung:** Problemen bei der Arbeit wird mit einer umfassenden Planung und Abwägung verschiedener Lösungsmöglichkeiten begegnet.
- **Positive Umdeutung:** Auftretende Probleme bei der Arbeit werden als Möglichkeit gesehen, eigene Fähigkeiten einzubringen und weiterzuentwickeln.
- **Fokussierte Umsetzung:** Die Lösung von Problemen bei der Arbeit wird ausdauernd verfolgt, Ablenkungen wird widerstanden.

4.2.5 Die psychologischen Grundbedürfnisse des Menschen

Die individuelle Resilienz ist eng mit den menschlichen Grundbedürfnissen verbunden, denn deren Erfüllung korreliert mit
- psychischer Gesundheit (Deci und Ryan 2000),
- psychologischem Wohlbefinden (Ryff 1989),
- effektivem Verhalten (Deci und Ryan 2000),
- positiven Emotionen (Deci und Ryan 2000).

Zu den psychologischen Grundbedürfnissen gibt es in der Forschung unterschiedliche Ansätze. Auf der Grundlage ihrer Selbstbestimmungstheorie (vgl. ▶ Abschn. 3.2.1) unterscheiden Deci und Ryan (2000) drei permanente und kulturübergreifende psychologische Grundbedürfnisse des Menschen:
- **Autonomie:** Freiwilligkeit sowie objektive Unabhängigkeit von anderen Personen und Gegebenheiten (d. h. selbstbestimmt Entscheidungen treffen, Aufgaben und Zeit selbst einteilen können);
- **Kompetenz:** das Gefühl, effektiv auf die als wichtig empfundenen Dinge einwirken zu können, davon überzeugt sein, den Anforderungen gewachsen zu sein, entsprechende Ergebnisse erzielen und sich dadurch selbst als wirksam erleben;
- **Verbundenheit:** soziale Bindungen eingehen, sich zugehörig fühlen; Zusammenhalt; Bedeutung, die andere Menschen für einen haben und Bedeutung, die man für andere Menschen hat.

In Anlehnung an die Arbeiten von Grawe (2004) und Epstein (1990) lassen sich die folgenden fünf neurobiologisch nachgewiesenen und kulturübergreifend gültigen psychologischen Grundbedürfnisse eines Menschen unterscheiden (Badura et al. 2013). Dabei sind die ersten drei mit den Grundbedürfnissen nach Deci und Ryan vergleichbar:
- das Bedürfnis nach **Orientierung und Kontrolle** (z. B. eigene Entscheidungen treffen dürfen);
- das Bedürfnis nach **Selbstwerterhöhung und Selbstwertschutz** (z. B. Anerkennung und Lob für gute Arbeit erhalten);
- das Bedürfnis nach **Bindung** (z. B. Zugehörigkeitsgefühl zum eigenen Team);

- das Bedürfnis nach **Lustgewinn und Unlustvermeidung** (z. B. Freude an der eigenen Arbeit; eine Führungskraft, die den Druck abpuffert und nicht ungefiltert weitergibt);
- das Bedürfnis nach **Kohärenz/Stimmigkeit** (z. B. Sinnhaftigkeit der eigenen Arbeit).

Zu den psychologischen Grundbedürfnissen kommen die physischen Grundbedürfnisse wie Essen, Schlaf und Bewegung.

> **Definition**
>
> Unter Kohärenz versteht man innere Stimmigkeit. Antonovsky (1997) unterscheidet zwischen drei Merkmalen von Kohärenz: dem Gefühl der Verstehbarkeit, dem Gefühl der Handhabbarkeit (dazu gehört auch Gestaltbarkeit) und dem Gefühl der Sinnhaftigkeit.

Der Begriff der Kohärenz verbindet mehrere für die Resilienz bedeutende Konzepte miteinander (Esch 2017), die uns in diesem Buch immer wieder begegnen werden:
- Sinn(-haftigkeit) als Bestandteil von Kohärenz,
- Achtsamkeit als Voraussetzung von Kohärenz,
- Resilienz und Kontrolle als Konsequenzen von Kohärenz.

Resilienten Menschen gelingt es, auch in ihren Fehlern, im Scheitern und in Krisen einen Sinn zu erkennen (Reivich und Shatté 2002, S. 11).

Mit dem Bedürfnis nach Orientierung und Kontrolle verbunden ist das für die Resilienz wesentliche Konzept der Kontrollüberzeugung (*locus of control*; Rotter 1966). Es wird unter anderem gestärkt, wenn der Mitarbeiter am Arbeitsplatz Autonomie und Befähigung erfährt.

> **Definition**
>
> Kontrollüberzeugung ist das Erleben eines subjektiv ausreichenden persönlichen Handlungsspielraums, d. h. der Kontrolle über das eigene Tun. Dazu gehört zum Beispiel die Möglichkeit, im Rahmen der beruflichen Tätigkeit oder bei der Gestaltung des Arbeitsplatzes eigenständige Entscheidungen zu treffen (Oetting 2008, S. 55).

Je besser es einer Person gelingt, diese Grundbedürfnisse miteinander zu vereinbaren, desto gesünder und resilienter ist sie. Sind die Grundbedürfnisse einer Person hingegen nicht gedeckt, empfindet sie starke negative Emotionen wie Angst, Wut oder Trauer.

Was genau geschieht dabei im Gehirn? – Wie bereits dargestellt, erzeugt das Zwischenhirn die Gefühle eines Menschen. Dabei schätzt es jeweils eine Situation nach der Schlüsselfrage „gut oder schlecht?" ein. Die Amygdala (Zirbeldrüse), auch „Angstzentrum" genannt, ist ein Teil des limbischen Systems. Sie erhält vom Hypothalamus, einer Region des Zwischenhirns, einen Stimulus, der auf eine Gefahr hinweist. Die Amygdala gleicht diesen Stimulus mit den im Hippocampus, einer zentralen Schaltstation des limbischen Systems, gespeicherten Erfahrungen ab. Ergibt sich eine Übereinstimmung, folgt die zweite Schlüsselfrage: „Bin ich dieser Bedrohung gewachsen?" Ist die Antwort darauf nein, entsteht Angst bis zu Panik und eine entsprechende Reaktion: Kampf (Angriff), Flucht oder Erstarren (*fight, flight, freeze*) (Siegel 2012). Die Amygdala übersteuert das rationale, langsamer arbeitende Gehirn (Neocortex) (vgl. ◘ Abb. 4.8).

Eine solche Übersteuerung des Verstandes (Ratio) durch die Emotionen (Emotio) ist in tatsächlichen Gefahrensituationen nützlich, da sie den Menschen sekundenschnell in Handlungsbereitschaft versetzt. Handelt es sich jedoch

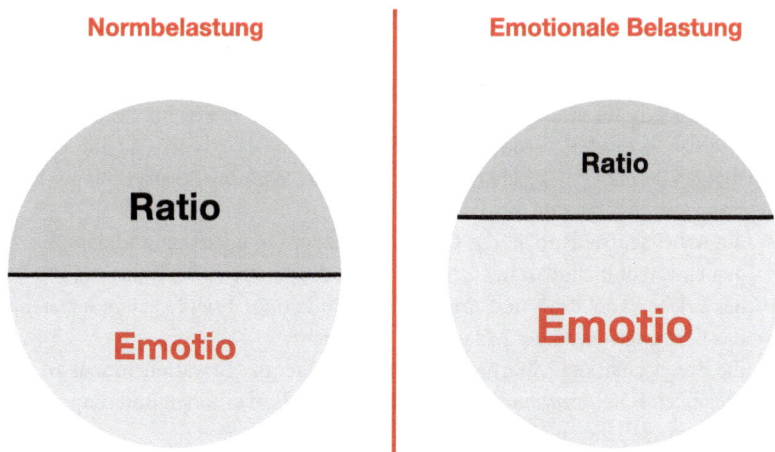

◘ **Abb. 4.8** Reaktionen auf Belastungen. (Adaptiert, nach DGPP 2015)

lediglich um eine herausfordernde oder stressreiche Situation, zum Beispiel eine Präsentation vor einem Publikum oder einen Konflikt mit einem Teamkollegen, sind die entsprechenden Reaktionen wie Gefühlsausbrüche, Schockstarre/Blackout wenig hilfreich. Zudem ist es für eine Person, die sich im Überlebensmodus befindet, schwierig bis unmöglich, anderen gegenüber offen zu bleiben (Siegel 2012, S. 46). Daher ist es wichtig, unnötige automatische Reaktionen zu verringern und einen Weg aus dem ständigen Alarm- und Ausnahmezustand zu finden. Dies ermöglicht, die negative Spirale von Ohnmacht und Überforderung zu unterbrechen (vgl. ▶ Abschn. 4.3.3).

4.2.6 Psychologisches Kapital

Ein weiteres für die Resilienz wesentliches Konzept, das die psychologischen Ressourcen Hoffnung, Selbstwirksamkeit und Optimismus mit Resilienz verbindet, ist das Psychologische Kapital (▶ Kap. 2). Dieser Indikator für persönliche Leistungsfähigkeit und Zufriedenheit am Arbeitsplatz fokussiert vor allem individuelle Stärken und Potenziale der Mitarbeiter (Luthans 2002).

Menschen mit hohem psychologischem Kapital glauben, dass sie Herausforderungen meistern können, und unternehmen die nötigen Schritte (Selbstvertrauen/Selbstwirksamkeit); sie sind optimistisch, dass sie heute und in Zukunft erfolgreich sein werden, ohne sich dabei zu überschätzen (realistischer Optimismus); sie verfolgen ihre Ziele entschlossen und passen den Weg dorthin wenn nötig an (Hoffnung); sie erholen sich von Problemen und Belastungen und wachsen daran (Resilienz) (Luthans 2002; Youssef und Luthans 2007). Darüber hinaus zeichnen sie sich durch hohe Motivation und Interesse an Weiterentwicklung aus.

Eine von Avey et al. (2011) durchgeführte Metaanalyse basierend auf 51 unabhängigen Studien untersucht die generalisierbare Wirkung des psychologischen Kapitals. Sie zeigt, dass dieses dazu beiträgt,
- die Arbeitszufriedenheit, das Commitment zur Organisation und das allgemeine Wohlbefinden in einem hohen Maße positiv zu beeinflussen,
- das Erleben von Stress und Angst sowie Kündigungsabsichten zu reduzieren,
- das Leistungsniveau der Mitarbeiter zu fördern,
- die Bereitschaft der Mitarbeiter, Leistungen über das Erwartete hinaus zu erbringen (*Organizational Citizenship Behavior*), zu erhöhen und umgekehrt Leistungsdefizite zu verhindern.

> **Fallstrick**
> In meiner Beratertätigkeit treffe ich manchmal Führungskräfte, die Resilienz in Veränderungsprozessen mit Resistenz, also dem Widerstand gegen den erwünschten Wandel, verwechseln und daher ablehnen. Hier hilft einerseits Sensibilisierung für das Konzept der Resilienz und für das Verständnis, dass gesunde Menschen die Voraussetzung für ein gesundes und dynamisches Unternehmen sind. Andererseits mag auch der Hinweis auf die positiven Seiten eines gewissen Maßes an Widerstand nützlich sein: Kritiker und Gegner können die Organisation auf Risikofaktoren aufmerksam machen, die man vielleicht übersehen oder unterschätzt hat, und helfen somit später im Veränderungsprozess, z. B. bei der Umsetzung, Zeit zu sparen (vgl. ▶ Kap. 6).
> Außerdem hilft es, auf die Terminologie zu achten: Statt von „innerer Widerstandskraft" spreche ich lieber von „innerer Stärke", „innerer Kraft" oder von „Bewältigungskompetenzen".

4.3 Wie sich individuelle Resilienz fördern lässt

Es gibt eine Vielfalt an Möglichkeiten, die Resilienz von Menschen zu fördern. Im Folgenden wird eine kleine Auswahl vorgestellt – die meisten dieser Ansätze haben einen Bezug zur Positiven Psychologie. Das Literaturverzeichnis soll dabei helfen, eigenständig weitere Methoden auszuprobieren.

4.3.1 Ganzheitlicher Resilienzansatz: Körper, Emotionen, Verstand, Seele

Aktuelle Resilienzansätze basieren auf einer ganzheitlichen Herangehensweise (Tugade et al. 2004; Ryff und Singer 2003). Tugade et al. (2004) weisen darauf hin, dass Resilienz kein rein psychologisches Phänomen sei. Die persönliche Resilienz eines Menschen spiegele sich in seiner körperlichen Reaktion auf Stressstimuli wider.

In seinem Buch *Der Selbstheilungscode* stellt Esch (2017) das Konzept der Mind-Body-Medizin vor, das den Menschen in seiner Ganzheit begreift. Im Mittelpunkt der praktischen Umsetzung steht das BERN-Modell der Stressbewältigung, das sich auf folgende vier Säulen stützt:

- stressreduziertes Verhalten (**B**ehavior),
- ausreichend Bewegung (**E**xercise),

- regelmäßige innere Einkehr und Entspannung (**R**elaxation) sowie
- achtsamer Genuss und gesunde Ernährung (**N**utrition).

Wie bei jeder Verhaltensänderung ist bei der resilienten Selbststeuerung Nachhaltigkeit zentral: „Damit Verhaltensweisen Teil unseres Lebensstils werden, müssen wir sie tun" (Esch 2017, S. 214). Die Kunst liege darin, die Sinnhaftigkeit des neuen Verhaltens dauerhaft in den Alltag zu integrieren, damit sie die anfängliche Euphorie überdauert. Nur wenn wir den Sinn einer Verhaltensänderung erkennen und das neue Verhalten uns mindestens so viel Freude macht wie das alte, behalten wir es bei.

Unterstützt wird eine Verhaltensänderung durch die Plastizität des Gehirns (vgl. ▶ Abschn. 4.2.3). Darüber hinaus muss ein Mensch die Veränderung auch wollen und sicher sein, dass es die richtige Strategie ist. Die Erfolgserwartung wiederum hängt von seinen bisherigen Erfolgserlebnissen ab. Durch Übung wird man immer besser und schneller in dem, was man neu gelernt hat. Es reicht also nicht, über resilienzförderliche Einstellungen und Fähigkeiten zu verfügen, sie müssen auch mobilisiert werden (Kalisch 2017; Hanson 2016). Dabei hängt der Erfolg auch von der Unterstützung ab, die man aus dem Umfeld erfährt. Eine erfolgreiche Mobilisierung hat wiederum eine positive Wirkung auf zukünftige Widrigkeiten: Hat eine Strategie geholfen, setzt man sie auch eher wieder ein.

4.3.2 Der persönliche Resilienzkompass

Stellvertretend für integrative Modelle wird hier der Resilienzkompass nach dem Human Balance Training Modell (H.B.T.) herangezogen. Er berücksichtigt die vier Energiequellen Körper, Gefühle, Verstand und Seele eines Menschen. Durch Achtsamkeit und Aufmerksamkeit kann das Bewusstsein dafür, wie es aktuell um den eigenen Energiehaushalt in diesen vier Bereichen bestellt ist und wo die individuellen Hebel zur Stärkung der persönlichen Resilienz liegen, erhöht werden. Daraus lassen sich individuell geeignete und wirksame Maßnahmen ableiten (Wellensiek 2011; ◘ Abb. 4.9).

Beim nachhaltigen Aufbau oder der Stärkung persönlicher Resilienz, zum Beispiel mithilfe eines Resilienztrainings, eines Coachings oder in der Selbstreflexion, lassen sich nach Wellensiek (2015) vier Phasen unterscheiden: Klärung, Entlastung, Ausrichtung und Umsetzung (◘ Abb. 4.10).

4.3 · Wie sich individuelle Resilienz fördern lässt

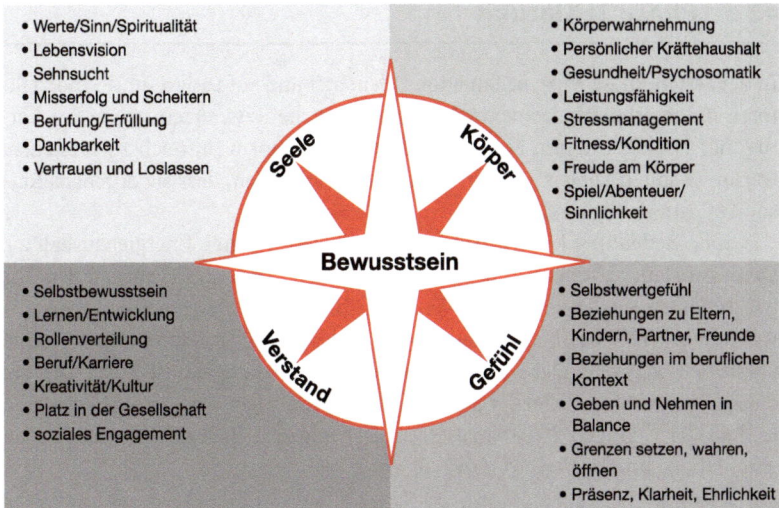

Abb. 4.9 Der persönliche Resilienzkompass basierend auf Ganzheitlichkeit. (Adaptiert, nach Wellensiek 2011, S. 90)

In allen vier Phasen werden jeweils die vier Dimensionen Körper, Geist, Verstand und Seele aus dem Resilienzkompass berücksichtigt. So bietet der Kompass einerseits Orientierung und ermöglicht es andererseits, persönliche Schwerpunkte und Handlungsfelder auszuwählen. Das ist für die Nachhaltigkeit wichtig, da das Resilienzkonzept sehr umfassend ist. Sich auf einige wenige Maßnahmen zu konzentrieren, bietet die beste Chance auf Erfolg.

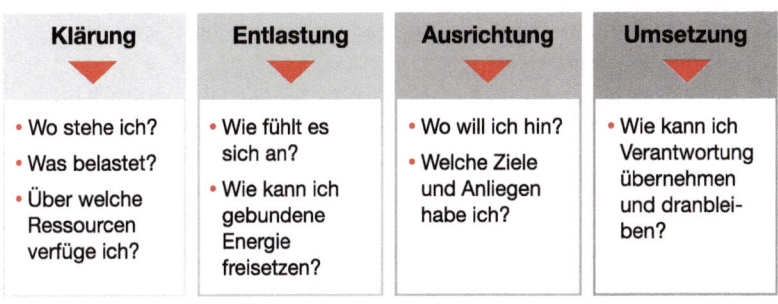

Abb. 4.10 Der vierstufige Resilienzprozess nach dem H.B.T.-Modell. (Adaptiert, nach Wellensiek 2015)

4.3.3 Phase 1: Klärung

In der ersten Phase wird die Situation beleuchtet und auf Risiko- und Schutzfaktoren untersucht: Was genau ist belastend? Welche Ressourcen stehen zur Verfügung? Für die meisten Menschen ist es schon enorm hilfreich zu verstehen, warum es ihnen zurzeit schlecht geht, und zu erkennen, dass sie durchaus Ressourcen zur Verfügung haben.

Große Bedeutung kommt bei der Klärung dem eigenen Energiehaushalt zu. Denn auf Dauer können wir unserem Energiesystem nur so viel entnehmen, wie wir ihm auch wieder zuführen (Wellensiek 2012). Von dieser Analyse hängt ab, welche Vorgehensweise und Maßnahmen in den folgenden Phasen möglich und empfehlenswert sind. Der erste Schritt ist also die Erhebung des Ist-Zustandes, um danach die größten Hebel zur Stärkung der persönlichen Resilienz zu definieren und an der richtigen Stelle anzusetzen. Der folgende Energiecheck basiert auf einer Übung von Wellensiek (2012, S. 47 f.).

> **Praxistipp**
>
> **Energiecheck**
> **Ziel:**
> Sie haben Klarheit darüber, wie es um Ihren aktuellen Energiehaushalt steht, und definieren Maßnahmen, um ihn bewusst und nachhaltig zu stärken.
> **Material:**
> Flipchart oder DIN-A3-Blatt, Schreibbrett, Stifte, Klebebänder oder Seile.
> **Übungsablauf:**
> *Schritt 1:* Malen Sie intuitiv ein Energiefass als Sinnbild Ihres persönlichen Energiehaushaltes. Die Form und Größe des Fasses bestimmen Sie: Groß und prall oder klein und schmal – das Bild sollte ein authentischer Spiegel Ihrer gefühlten Wirklichkeit sein.
> *Schritt 2:* Stellen Sie sich nun die Frage, zu wie viel Prozent Ihr Fass gefüllt ist. Je nach Tagesform kann dies stark schwanken. Gehen Sie daher von einem Mittelwert aus. Legen Sie eine Prozentzahl fest, ohne lange darüber nachzudenken. Zeichnen Sie den Füllstand ein und schreiben Sie die Prozentzahl dazu. Zum Beispiel: „Im Moment geht es mir sehr gut, mein Energiefass fühlt sich zu 90 % gefüllt an." Oder: „Ich fühle mich schon seit längerer Zeit am Ende meiner Kräfte. Der Füllstand meines Energiefasses schwankt zwischen 20 und 30 %."

Schritt 3: Legen Sie mithilfe der Seile oder des Klebebandes am Boden acht Felder aus und bezeichnen Sie sie folgendermaßen: Körper +, Körper –, Verstand +, Verstand –, Seele +, Seele –.
Schritt 4: Nun bearbeiten Sie die folgenden Fragen: Durch welche Aktivitäten, Situationen, Begebenheiten etc. füllt sich mein Fass – auf körperlicher Ebene? – Dabei stellen Sie sich auf das Feld „Körper +" und spüren in Ihre Empfindungen und Gedanken hinein. Sie können sich diese Wahrnehmungen selbst notieren, oder einen Freund/eine Freundin bitten, Sie durch die Übung zu begleiten und Ihre Erkenntnisse zu notieren.

- Auf emotionaler Ebene? – Sie stellen sich in das Feld „Gefühl +" und gehen wie oben beschrieben vor.
- Auf mentaler Ebene? – Gleicher Ablauf wie oben.
- Auf seelischer Ebene? – Gleicher Ablauf wie oben.

Auf gleiche Weise erforschen Sie nun den Minuspol: Durch welche Aktivitäten, Situationen, Begebenheiten etc. leert sich mein Fass? Dabei stellen Sie sich jeweils auf die Minusfelder. Die Reihenfolge der Felder können Sie frei wählen.
Schritt 5: Fassen Sie Ihre Erkenntnisse zusammen und, falls schon vorhanden, notieren Sie sich erste Ideen zu dem, was Sie persönlich zur Stärkung Ihres Energiehaushaltes tun können. Der Fokus dieser Übung liegt auf dem Erspüren des Ist-Zustandes – es ist daher in Ordnung, wenn Sie noch keine Maßnahmenideen haben.

4.3.4 Phase 2: Entlastung

Durch Entlastung werden wieder Energien frei, die für die weitere Stärkung der Resilienz genutzt werden können. Es geht jetzt um Soforthilfe. Dabei kann das 3-Stufen-Modell von Lewitan (Handelsblatt 2017) unterstützen:

- **Stufe 1:** Menge an Arbeit reduzieren: priorisieren, delegieren, Abläufe verändern. Wenn das für eine klare Entlastung noch nicht reicht:
- **Stufe 2:** An sich selbst arbeiten: Ran an eigene Ziele, Ansprüche und Vorstellungen, um eine sinnvolle Anpassung zu erreichen. Ein Tick weniger bedeutet nicht gleich Mittelmaß.
- **Stufe 3:** Feingefühl für sich entwickeln und Dinge praktizieren, die einen Eigenwert besitzen: Entspannungsübungen, Achtsamkeitsmeditation, Spa-

zierengehen, Ausdauertraining, ein Instrument spielen, mit Freunden schön essen gehen. Entspannungsprogramme sind sehr individuell. Was für den einen wunderbar passt, ist dem anderen zu langweilig oder anstrengend.

4.3.4.1 Achtsamkeit

Achtsamkeit ist ein wesentlicher Bestandteil von persönlicher und organisationaler Resilienz. Auf zwei Bedeutungen von Achtsamkeit wurde bereits eingegangen (vgl. ▶ Kap. 3): erstens Achtsamkeit im Sinne von Kenntnis der wichtigsten Stakeholder und deren Bedürfnisse (McManus et al. 2008); zweitens Achtsamkeit im Sinne von Aufmerksamkeit und Offenheit für Neues (Informationen genauso wie andere Standpunkte), deren Gegenstück die Gedankenlosigkeit ist (Langer 2015). Eine dritte Bedeutung von Achtsamkeit ist im Sinne einer bewussten Aufmerksamkeitslenkung zu verstehen.

> **Definition**
>
> Achtsamkeit (*mindfulness*) ist eine besondere Form der Aufmerksamkeitslenkung, bei der die Aufmerksamkeit bewusst, absichtsvoll und ohne zu werten auf die Erlebnisinhalte des gegenwärtigen Augenblicks gelenkt wird (Heidenreich et al. 2006). Achtsamkeit lässt uns erkennen, dass negative Gedanken und Emotionen einfach da sind, aber mit der Wirklichkeit nichts zu tun haben müssen (Neff 2011, 2013).

Im Hier und Jetzt zu sein bedeutet also, weder in die Vergangenheit zu schauen (und Dinge zu bereuen), noch in die Zukunft zu blicken (und sich Sorgen zu machen). Zwar sind Gewohnheiten und Routinen für das menschliche Gehirn entlastend. Doch ohne Achtsamkeit kann es passieren, dass man im Autopilotmodus gar nicht merkt, wie man sich chronischem Stress aussetzt oder negative Gedanken „wiederkäut" (Neff 2013).

Sekuläre Methoden zur Kultivierung von Achtsamkeit gibt es seit den 1970er- und 1980er-Jahren, als das Programm „Achtsamkeitsbasierte Stressreduktion" (*Mindfulness-Based-Stress-Reduction*, MBSR) zur Stressbewältigung durch den Molekularbiologen Jon Kabat-Zinn eingeführt wurde.

Eine der wirksamsten Achtsamkeitspraktiken ist das Meditieren. Auch wenn es sich zu Beginn etwas fremd anfühlt und man denkt, nicht der Typ dafür zu sein: Meditieren hat mittlerweile den esoterischen Beigeschmack verloren und ist im

Geschäftsleben salonfähig geworden. Denn die damit verbundenen Vorteile sind vielfältig, wie Studien belegen.

Das von Tania Singer, Neurowissenschaftlerin und Direktorin am Max-Planck-Institut, initiierte ReSource Projekt beispielsweise führte über einen Zeitraum von elf Monaten interessierte Laien in Berlin und Leipzig an verschiedene mentale Trainingsmethoden, z. B. Meditation, heran. In der gleichzeitig durchgeführten Längsschnittstudie konnte nachgewiesen werden, dass mentales Training wie Meditation die psychische und gesundheitliche Widerstandsfähigkeit der Teilnehmer erhöht. Auch Aufmerksamkeit, Wahrnehmung, emotionales Erleben und Sozialverhalten der Probanden veränderten sich entscheidend. Nachweise dafür gab es sowohl in Form subjektiver Angaben durch die Probanden und beobachtbarer Verhaltensveränderungen als auch auf der Ebene der Hirnfunktionalität und -struktur sowie körperlicher Marker (z. B. Stresshormone, Immunparameter). Dabei war durch regelmäßige Meditation (10 Minuten pro Tag plus ein Gruppentreffen pro Woche) bereits nach wenigen Wochen eine Veränderung im Gehirn feststellbar – das heißt in Hirnscannern sichtbar (ReSource Projekt 2018).

Es gibt zahlreiche Meditationsarten wie Bodyscan, Meditation der liebenden Güte, Atemmeditation, Beobachtung von Gedanken. Bei einer regelmäßigen Praxis (möglichst 30 Minuten pro Tag) haben sie alle eine positive, jedoch unterschiedliche Wirkung auf den Menschen, da unterschiedliche Hirnregionen beteiligt sind (Singer und Bolz 2013). Eine Meditation zum Umgang mit (schwierigen) Gefühlen und Beruhigung des Geistes (Creswell et al. 2007) soll hier als Beispiel vorgestellt werden. Sie wurde dem Buch *Der achtsame Weg zum Selbstmitgefühl* des Psychologen Christopher Germer entnommen (Germer 2015), das viele weitere Übungen und Meditationen enthält.

> **Praxistipp**
>
> **Meditation: Gefühle benennen**
> Diese Meditation dauert ungefähr 20 Minuten. Ziehen Sie sich an einen stillen, angenehmen Ort zurück und setzen Sie sich entspannt, aber aufrecht hin. Schließen Sie die Augen ganz oder halb. Atmen Sie ein paar Mal tief ein und aus, um den Körper zu entspannen.
> - Richten Sie Ihre Aufmerksamkeit auf den Körper, nehmen Sie Ihre Körperhaltung und Ihre Körperempfindungen wahr.

- Legen Sie eine Hand auf den Herzbereich und beginnen Sie mit dem achtsamen Atmen. Atmen Sie durch Ihr Herz. Tun Sie das 5 Minuten lang. Sie können Ihre Hand jederzeit langsam auf den Schoß gleiten lassen.
- Konzentrieren Sie sich nun nicht mehr auf den Atem, bleiben Sie mit Ihrer Aufmerksamkeit im Herzbereich und fragen Sie sich: „Was fühle ich?" Lassen Sie zu, dass Ihre Aufmerksamkeit zur stärksten Empfindung in Ihrem Körper hingezogen wird, auch wenn es nur ein Hauch von einem Gefühl ist. Benutzen Sie Ihren Körper wie eine Antenne.
- Geben Sie dieser stärksten Empfindung einen Namen. Vielleicht waren keine starken Gefühle da, als Sie sich zu dieser Übung hinsetzten, und Sie fühlen sich „zufrieden". Vielleicht sind Sie auch einfach „neugierig". Irgendwann stoßen Sie wahrscheinlich noch auf ein anderes Gefühl, wie zum Beispiel „Sehnsucht", „Traurigkeit", „Besorgtheit", „Dringlichkeit", „Einsamkeit", „Stolz", „Freude", „Lust" oder „Neid".
- Wiederholen Sie die Bezeichnung zwei oder drei Mal in freundlichem, sanftem Ton und kehren Sie mit der Aufmerksamkeit dann zum Atem zurück.
- Lassen Sie die Aufmerksamkeit entspannt zwischen dem Atem und der Empfindung hin- und herwandern. Nehmen Sie wahr, wie Ihre Aufmerksamkeit zu einem Gefühl hingezogen wird, benennen Sie es und kehren Sie dann zum Atem zurück. Es ist nicht notwendig, ein Gefühl „aufzuspüren", wenn keins da ist. Bleiben Sie beim Atmen einfach offen für die Möglichkeit, dass Gefühle auftauchen. Wenn Sie von einem Gefühl überwältigt werden, bleiben Sie beim Atem, bis es Ihnen wieder besser geht.
- Öffnen Sie nach etwa 20 Minuten langsam die Augen.

4.3.4.2 Achtsamkeit in der digitalen Welt

Wie bereits dargelegt, kann der fortschreitende Einzug der Digitalisierung in die Arbeitswelt und ins Privatleben uns unter Stress setzen. „Dank" der neuen Kommunikationstechnologien sind wir fast permanent erreichbar, wir lassen uns leichter ablenken – und das wiederum erschwert das Flow-Erleben, also das Aufgehen in einer Tätigkeit, das mit Glückserleben und Leistung verbunden ist (Csikszentmihályi 2002).

Doch die neuen Technologien können auch zur Stärkung der Resilienz im Alltag beitragen. Während sich Forscher einig sind, dass Smartphone, Tablet und

Co. aufgrund permanenter Erreichbarkeit und Ablenkung Burnout begünstigen können, eignen sie sich durchaus als Helfer für das „strategische Stoppen". Damit sind bewusst geschaffene innere und äußere Erholungsphasen gemeint. In ihrem Buch *The Future of Happiness* beschreibt die Psychologin Amy Blankson, Expertin für Positive Psychologie und Technologie, wie moderne Technologie uns helfen kann, Überarbeitung und Ablenkung zu vermeiden und bewusster zu leben (Blankson 2017). Um sich des Ausmaßes der Ablenkung bewusst zu werden, schlägt sie vor, eine App herunterzuladen, um zu sehen, wie oft am Tag man das Handy anschaltet. Studien zeigen, dass das im Durchschnitt 150 Mal am Tag der Fall ist. Wenn jede Ablenkung nur eine Minute Zeit in Anspruch nimmt, sind das insgesamt 2,5 Stunden – jeden Tag (Blankson 2017, S. 147).

In der Tat gibt es mittlerweile eine Fülle von Apps, die Achtsamkeit im Alltag und bei der Arbeit unterstützen können: Während einige technikfreie Zeiten schaffen (sie zeigen an, dass man „offline" ist), helfen andere, regelmäßig Pausen einzulegen. Es gibt auch Apps und Onlineprogramme für Meditation und Yoga. Sie sind ideal für Menschen, die viel unterwegs sind oder aus anderen Gründen (z. B. wegen Kinderbetreuung) nicht regelmäßig an Meditations- und Yogakursen vor Ort teilnehmen können.

Immer mehr Unternehmen halten für ihre Mitarbeiter Rückzugsräume bereit – geschützte Bereiche, wo diese zum Beispiel schlafen oder meditieren können. Oder sie schaffen quer durch die Organisation Orte und Gelegenheiten für mehr Miteinander und Austausch. Kollegen tun sich zusammen, um in der Mittagspause zu joggen oder spazieren zu gehen, sie besuchen gemeinsam einen vom Unternehmen angebotenen bzw. finanziell unterstützten Sportkurs. Manche Unternehmen haben sogar einen Chor. Dabei hilft der Blick auf das, was realistisch machbar ist, guttut und Spaß macht – nur so bleibt man langfristig beim neuen Verhalten. Wichtig ist allerdings, dass solche wünschenswerten Initiativen keine Einzelmaßnahmen sind, sondern im Unternehmen in einen holistischen Ansatz münden, der sich in der Unternehmenskultur widerspiegelt (vgl. ▶ Abschn. 3.3).

4.3.4.3 Selbstmitgefühl

Wir sind oft unsere strengsten Kritiker. Vielen Menschen fällt es extrem schwer, liebevoll mit sich selbst umzugehen. Doch ständige Unzufriedenheit mit sich selbst und den eigenen Leistungen, Grübeln und „Wiederkäuen" negativer Gedanken schwächt die persönliche Resilienz und kann zu Depressionen und Ängsten führen (Neff 2011, 2013).

Die amerikanische Psychologin Kristin Neff hat das noch wenig bekannte, aber sehr wirksame Konzept des Selbstmitgefühls wissenschaftlich erforscht. Sie unterscheidet bei Selbstmitgefühl drei Hauptkomponenten: Güte, einen Sinn für gemeinsames Menschsein (*common humanity*) und Achtsamkeit (Singer und Bolz 2013). Kommen diese drei sich gegenseitig beeinflussenden Komponenten zusammen, entsteht eine selbstmitfühlende Geisteshaltung. Sich eigenen Unzulänglichkeiten, Fehlern und Misserfolgen zu stellen oder sich mit schmerzvollen Situationen im Leben zu beschäftigen, setzt Selbstmitgefühl voraus. Neff (2013) empfiehlt, sich nicht dafür zu verurteilen, wenn man zu Grübeln neigt und unter Ängsten leidet, da beides aus dem Wunsch entsteht, das Grundbedürfnis nach Kontrolle (Sicherheit) zu befriedigen. Selbstmitgefühl ist eine mutige Geisteshaltung, denn es ist nicht leicht, das eigene unrealistische Perfektionsstreben zu hinterfragen. Jeder kann diese Haltung lernen – auch Menschen, die in der Kindheit nicht genügend Zuneigung erfahren haben oder es peinlich oder egoistisch finden, nett zu sich selbst zu sein (Neff 2011; Singer und Bolz 2013). Eine Möglichkeit dazu bietet das achtwöchige Programm Mindful Self-Compassion (MSC). Zahlreiche Übungen finden sich auch bei Neff (2013), Singer und Bolz (2013) und Germer (2015).

> **Fallstrick**
> Eine 52-jährige Lehrerin, die zu mir in die Konfliktberatung kam, kämpfte – ohne es zu wissen – mit missverstandener Resilienz. Seit Jahren akzeptierte sie Verhaltensweisen von Kollegen und Vorgesetzten, die sie verletzten.
> Es gelang ihr nicht, Grenzen zu setzen und klar zu kommunizieren. Leider folgte nach dem „Schlucken, Schlucken" schließlich auch das „Spucken", und sie eckte mit ihrer harschen Kritik und ihrem harten Tonfall bei Schülern, Eltern und Vorgesetzten an, was ihr mehrere Abmahnungen einbrachte. Sie musste erst lernen, ihre Bedürfnisse wahr- und ernst zu nehmen und diese rechtzeitig und offen mitzuteilen, also für sich zu sorgen.
> Achor und Gielan (2016) weisen auf dieses Missverständnis hin, das verheerende Auswirkungen haben kann. Mit Resilienz als innere Kraft ist nicht gemeint, seine eigenen Bedürfnisse und Gefühle im Sinne von „Augen zu und durch" oder „auf die Zähne beißen" zu unterdrücken. Während solche Durchhalteparolen kurzfristig helfen können, akute Herausforderungen zu meistern und sich zu motivieren, bergen sie mittel- und langfristig erhebliche Gefahren, da sie Verhaltensmuster, die wir ggf. aus der Kindheit mitbekommen haben, verstärken und das Burnoutrisiko erhöhen können – gerade bei bereits belasteten Personen.

Resilienz meint genau das Gegenteil von Überarbeitung und Erschöpfung. Es geht darum, auf sich und seine Energie zu achten, sich regelmäßig Ruhe zu gönnen und rechtzeitig gegenzusteuern, wenn die eigenen Energiereserven abnehmen. Achtsamkeit hilft zu erkennen, ob es gerade nötig ist, durchzuhalten oder nein zu sagen und Grenzen zu setzen.

4.3.4.4 Erholung für Körper, Geist und Seele

Die meisten Menschen gehen davon aus, dass sich ihr Gehirn automatisch erholt, wenn sie mit Aktivitäten wie etwa dem Schreiben von E-Mails aufhören. Doch dem ist nicht so. Neben der Regelmäßigkeit kommt es auch auf die Qualität der Erholung an. Wenn sich Mitarbeiter in der Pause über politische Ereignisse unterhalten und sich dabei aufregen oder sich nach der Arbeit mit dem Partner über Reparaturarbeiten am Haus streiten, behält ihr Gehirn einen hohen Aktivierungsgrad bei, ist also in einer Art Alarmbereitschaft. So erholt es sich nicht, und die körpereigenen Energieressourcen werden nicht wieder aufgeladen. Das menschliche Gehirn braucht jedoch eine Pause – genauso wie der restliche Körper und auch die Seele (Zijlstra et al. 2014).

Zijlstra et al. (2014) unterscheiden zwischen zwei Erholungsphasen, die beide für Menschen wichtig sind:
- kürzere Entspannungszeiten innerhalb des Arbeitstages in Form von kurzen geplanten oder ungeplanten Pausen. Wenn die für die ursprüngliche Arbeit nötigen mentalen oder physischen Ressourcen vorübergehend ausgeschöpft sind, wendet man sich einer anderen Arbeit oder Aktivität zu;
- Aktivitäten in der Freizeit, an Wochenenden, Feiertagen und im Urlaub.

Das heißt: Entspannung sollte nicht erst nach Feierabend, am Wochenende oder im Urlaub stattfinden, sondern sie sollte auch in die Arbeit integriert werden (ebd.). Dabei kann das Vorgehen ganz unterschiedlich und kreativ sein: Da gibt es den Projektleiter, der vor einem entscheidenden Meeting alles niederschreibt, was ihn belastet, um es so loszulassen, oder den Vertriebsvorstand, der auf einer Geschäftsreise bewusst den späteren Flieger zurück nimmt, um sich vor Ort noch ein klassisches Konzert anzuhören. Ein drittes Beispiel ist die selbständige Unternehmerin, die einen Workshop auf einer Bank am See sitzend konzipiert. Der Schlüssel dazu ist Selbstreflexion: Sich selbst gut kennen, seine Stärken, Bedürfnisse und Grenzen wahrnehmen und bewusst in den Alltag integrieren.

Um Resilienz im Alltag zu stärken, empfiehlt es sich, sich voll und ganz auf eine Aufgabe zu konzentrieren, dann aufzuhören und sich zu erholen, um danach wiederum die volle Aufmerksamkeit der Aufgabe zu widmen (Achor und Gielan 2016). Die Herangehensweise basiert auf dem biologischen Konzept der Homöostase. Dieses besagt, dass der Organismus zur Erhaltung eines dynamischen Gleichgewichts zwischen seinem Leistungsvermögen und den Anforderungen der Umwelt tendiert. In Bezug auf das menschliche Gehirn ist damit dessen Fähigkeit gemeint, sich stetig zu erholen und so Wohlbefinden zu fördern. Gerät der Körper durch Überarbeitung aus dem Gleichgewicht, muss der Mensch eine große Menge mentaler und physischer Ressourcen aufwenden, um wieder in die Balance zu kommen, bevor er weitermachen kann. Daher haben Aktivitäten, die uns helfen, im Gleichgewicht zu bleiben, einen so hohen Wert.

4.3.4.5 Loslassen entlastet

Das Loslassen markiert den Übergang von der Entlastungs- zur Ausrichtungsphase. Loslassen ist auch das Bindeglied zwischen Achtsamkeit und Resilienz. Für die individuelle Resilienz und einen wirkungsvollen Umgang mit seinen begrenzten Ressourcen ist es von größter Bedeutung, zwischen dem, was man beeinflussen kann, und dem, worauf man keinen Einfluss hat, zu unterscheiden (Mourlane 2015; Esch 2017). Das heißt, dort aktiv zu werden, wo man etwas bewirken kann, und das loszulassen, was man nicht beeinflussen kann. Ansonsten droht Energieverlust in Form negativer Emotionen.

4.3.5 Phase 3: Ausrichtung

Die Phase der Ausrichtung kann für die Entwicklung eines persönlichen Resilienzplans genutzt werden, welcher die nachfolgende Umsetzungsphase strukturiert und vereinfacht. Basierend auf den Ergebnissen des Energiechecks in der Klärungsphase (vgl. ▶ Abschn. 4.3.3), lassen sich individuelle kurz-, mittel- und langfristige Ziele ableiten. Diese werden mit Lernfeldern und Maßnahmen hinterlegt, die einer Person am wichtigsten und wirkungsvollsten erscheinen. Dazu kann beispielsweise die Klärung der Sinnfrage bei der Arbeit, der Umgang mit Emotionen, die Stärkung von Beziehungen, regelmäßige Bewegung oder mehr Ruhe gehören.

Einen übergeordneten Sinn (*purpose*) hinter dem eigenen Tun zu erkennen, ist für die persönliche Resilienz sehr wichtig. Umgekehrt sind Tätigkeiten, für die eine Person keine Erklärung hat oder die für sie mit keinem Mehrwert verbunden sind, psychisch belastend. Sich Zeit für Reflexion zu nehmen, um den Sinn für sich zu finden und ggf. zusammen mit der Führungskraft den Zweck des Arbeitsauftrags zu definieren, stärkt daher die Resilienz einer Person. Dies hilft auch dabei, Entscheidungen zu treffen, denn sie sind oft vom Zweck des Auftrages ableitbar (Oetting 2008, S. 56).

Ein weiterer Ansatz, der eine resiliente Ausrichtung fördert, ist die konsequente Orientierung an den eigenen Stärken und Talenten.

4.3.5.1 Der Stärkenansatz bei der Förderung individueller Resilienz

Eine der bedeutendsten Beiträge der Positiven Psychologie liegt darin, Einzelpersonen und Teams dazu zu befähigen, ihre wichtigsten Stärken herauszufinden und sie möglichst oft einzusetzen.

Stärken zu identifizieren und sie vermehrt – idealerweise täglich – anzuwenden, wird mit folgenden Auswirkungen in Verbindung gebracht (Clifton und Anderson 2001; Petersen und Seligman 2004; Biswas-Diener 2010; CAPP 2017):

- Resilienz,
- Wohlbefinden, geringerem Risiko für Depressionen,
- Energie, Vitalität, Motivation und Engagement,
- Orientierung,
- Leistung und Zielerreichung,
- Selbstvertrauen,
- Produktivität.

Je nach Forschungszentrum gibt es leicht abweichende Definitionen dafür, was Stärken sind. Besonders relevant ist die Definition des Center for Applied Positive Psychology (CAPP) und die des Beratungsunternehmens Gallup. Beiden Definitionen gemeinsam ist die Überzeugung, dass die Nutzung von Stärken zu hervorragenden Leistungen führt:

> **Definition**
>
> Eine Stärke ist eine Aktivität, die regelmäßig durchgeführt wird, zu guter Leistung führt und die Person, die sie ausführt, energetisiert (CAPP). Eine Stärke ist ein durch Investition in Wissenserwerb, Kenntnisse, Fähigkeiten und Zeit weiterentwickeltes Talent, das es Menschen ermöglicht, mit wenig Zeit- und Energieaufwand konstant exzellente Leistungen zu erbringen (Gallup).

Abb. 4.11 Stärkenprofilmodell. (Eigene Darstellung, in Anlehnung an die Strenghts Profile 2017)

Linley et al. (2010) differenziert zwischen:
- genutzten Stärken (*realized strenghts*),
- erlerntem Verhalten (*learned behavior*),
- Schwächen (*weaknesses*) und
- ungenutzten Stärken (*unrealized strenghts*).

Das Stärkenprofilmodell zeigt, wie sich diese vier Aspekte bezüglich der drei Faktoren Leistung, Energie und Nutzung unterscheiden und welche Entwicklungsrichtung nötig ist, um stärkenorientiert zu leben und zu arbeiten (Abb. 4.11). Dabei liegt das größte Potenzial in den ungenutzten Stärken.

Mit Blick auf die Resilienzförderung ist der Ansatz der Stärkenregulierung relevant, also das Anpassen der Stärken an Situationen. Denn eine Stärke kann optimal, zu wenig oder auch zu stark eingesetzt werden (Biswas-Diener 2010; Linley 2008; Abb. 4.12).

Dass Stärken überstrapaziert werden können, mag überraschen. Ist mehr Stärke nicht automatisch besser? – Die folgenden Beispiele veranschaulichen, was mit der Passung zwischen Stärke und Situation gemeint ist. Dabei inkludiert „Situation" natürlich auch die beteiligten Personen.

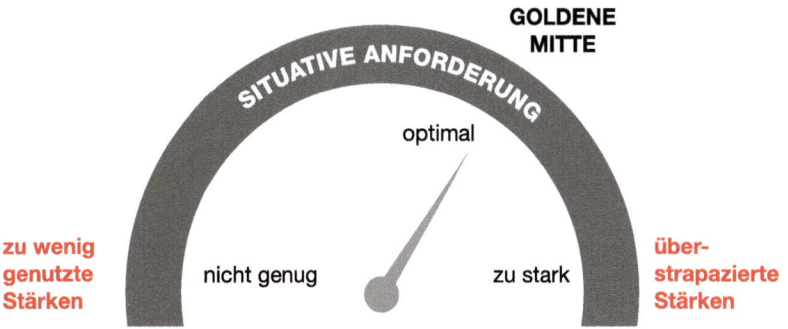

Abb. 4.12 Stärkenregulierung. (Adaptiert, nach Biswas-Diener 2010, S. 36)

Fallbeispiel

In meinen Stärkencoachings erlebe ich die unterschiedlichsten Persönlichkeiten und Anliegen. Was eine Person unbedingt erreichen möchte, hat die andere schon und möchte sich lieber vom Gegenteil ein Stück abschneiden. Wofür die eine Person von ihrem Vorgesetzten oder ihrem Team gelobt wird, führt beim Chef der anderen Person zu Stirnrunzeln und Kritik. Im Folgenden werden beispielhaft drei Stärken mit ihren Sonnen- und Schattenseiten vorgestellt:

Autorität:
- Optimale Passung zur Situation: Bei einer Veranstaltung mit 200 Teilnehmern hält eine Projektleiterin aus dem Marketing eine hervorragende Präsentation vor Kunden, tritt überzeugend auf und formuliert klar.
- Zu viel des Guten: Dieselbe Person wird von ihrem Team in der Zusammenarbeit als rechthaberisch wahrgenommen, die Teammitglieder sind eingeschüchtert und trauen sich nicht, ihre Meinung zu äußern.

Behutsamkeit:
- Optimale Passung zur Situation: Ein Mitarbeiter ist bei einem Maschinenbauunternehmen im Bereich der Arbeitssicherheit tätig. Er wird von seinem Vorgesetzten besonders geschätzt, da er ein wachsamer Beobachter ist und das Team stets auf potenzielle Gefahrenquellen aufmerksam macht.
- Zu viel des Guten: Derselbe Mitarbeiter wird bei Change- und Innovationsvorhaben möglichst außen vorgelassen, da er als Bedenkenträger die Dynamik und Kreativität der anderen lähmt und Dinge unnötig verkompliziert.

Bindungsfähigkeit:
- Optimale Passung zur Situation: Eine bei einem Automobilhersteller tätige Führungskraft wird von ihren Mitarbeitern in der Produktion geschätzt, da sie aufrichtig an ihnen interessiert ist und sich Zeit für Einzelgespräche nimmt.
- Zu viel des Guten: Dem Vorgesetzten ist dieselbe Führungskraft suspekt, da er findet, sie neige zu Cliquenbildung und Vetternwirtschaft.

Wie kann man erkennen, ob eine Stärke optimal oder zu viel eingesetzt wird? – Gradmesser sind dabei Leistung (Wie gut ist meine Leistung?) und Energie (Fühle ich mich nach einer Tätigkeit vital oder energielos?). Es bedarf der Selbstreflexion und Offenheit für Feedback, um einen ggf. vorhandenen blinden Fleck zu erkennen. Durch Kombination vorhandener Talente und Stärken können für die Arbeit relevante Schwächen ausgeglichen werden.

Eine optimale Wirksamkeit kann durch eine fein aufeinander abgestimmte Nutzung des Stärkenansatzes auf der Ebene der Organisation (vgl. ▶ Kap. 3), der Mitarbeiter, der Führungskräfte (vgl. ▶ Kap. 5) und des Teams (vgl. ▶ Kap. 6) erreicht werden.

4.3.5.2 *Growth mindset*: Eine lernende Einstellung entwickeln

Lernen ist ein weiterer wichtiger Resilienzaspekt (Dweck 2016; Sutcliffe und Vogus 2003; Ross 2016). Er ist eng mit der Einstellung eines Menschen verknüpft. Carol Dweck, eine der weltweit führenden Expertinnen für Motivations- und Entwicklungspsychologie und Professorin an der Stanford University, hat einen Großteil ihrer Forschungstätigkeit dem Thema Mindset gewidmet. Der Begriff wird im Deutschen mit „Grundeinstellung", „Selbstbild" oder „Denkstil" übersetzt. Sie unterscheidet zwischen *growth mindset* (dynamisches Selbstbild) und *fixed mindset* (statisches Selbstbild). Während Menschen mit dynamischem Selbstbild Herausforderungen als Lernchance sehen, befürchten jene mit statischem Selbstbild zu scheitern und malen sich Katastrophenszenarien aus (Dweck 2016).

In diesem Zusammenhang spricht Dweck (2014) von der „Macht von noch" (*the power of yet*): Wenn Schüler einer Schule in Chicago eine Prüfung nicht bestehen, erhalten sie die Note „noch nicht". Das fördert ihr dynamisches Selbstbild und ihre Lust am Lernen, denn statt sich als Versager zu fühlen, wissen sie durch die Note „noch nicht", dass sie auf einer Lernkurve sind, und dies öffnet ihnen einen Weg in die Zukunft.

Wie die Lehrer in der Schule können Führungskräfte in Unternehmen viel dazu beitragen, dass Mitarbeiter ein dynamisches Selbstbild entwickeln (vgl. ▶ Kap. 5). Denn – und das ist die gute Nachricht – es ist möglich, sein Mindset zu ändern (Dweck 2016). Doch dabei ist auch Selbstverantwortung gefragt: Um eine lernorientierte Einstellung zu entwickeln, hilft es, sich bewusst Situationen zu stellen, die herausfordernd sind, zum Beispiel eine neue Sportart auszuprobieren, eine Fremdsprache oder ein Instrument zu erlernen. Dabei ist wichtig, es als Erfolg zu werten, wenn man lernt und sich verbessert, und nicht die perfekte Leistung als Gradmesser für Erfolg zu nehmen (Dweck 2016, S. 128). So gelingt es, Schritt für Schritt seine Stretchzone (Lernzone) zu erweitern und dabei entweder seine Komfortzone oder die Panikzone zu verkleinern (vgl. ◘ Abb. 4.13).

Zur Untersuchung der Wirkung von Offenheit und Neugier auf leistungsbezogene Angst bat Harvard Forscherin Ellen Langer ihre Studienteilnehmer, einen Vortrag zu halten. Eine Gruppe wurde Höchstleistungsbedingungen unterworfen: Ihnen wurde mitgeteilt, dass Fehler schlecht seien. Die zweite Gruppe arbeitete unter „Vergebungsbedingungen": Ihnen wurde gesagt, dass es unweigerlich zu Fehlern kommen würde. Die dritte Gruppe hielt den Vortrag unter „Neugierbedingungen": Sie sollten absichtlich Fehler in ihre Rede einbauen. Die Teilnehmer der dritten Gruppe fühlten sich bei ihren Vorträgen am wohlsten, und das Publikum bewertete sie am besten (Biswas-Diener 2010). Resiliente Menschen wissen, dass Fehlermachen zum Lernen und Wachsen dazugehört.

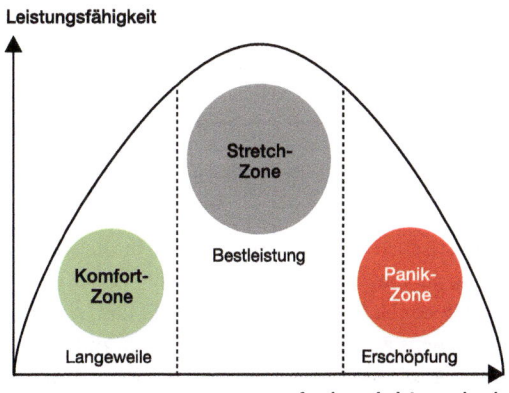

◘ **Abb. 4.13** Leistungsfähigkeit in Abhängigkeit vom empfundenen Leistungsdruck. (Adaptiert, nach Rolfe und Heim 2016, in Anlehnung an Lydia Moussa 2015, If you're in your comfort zone – get out now; Linkedin.com, Oktober 2015)

4.3.6 Phase 4: Umsetzung

In dieser Phase gilt es, den in der Ausrichtungsphase erstellten Resilienzplan umzusetzen und für die Weiterentwicklung der eigenen Resilienz Verantwortung zu übernehmen. Im Folgenden wird beispielhaft auf den Umgang mit Emotionen eingegangen, da Emotionssteuerung einer der wichtigsten Resilienzfaktoren ist (Reivich und Shatté 2002). Der Resilienzfaktor „Netzwerkorientierung" bzw. „Beziehungen" wird in ▶ Kap. 6 näher beleuchtet.

4.3.6.1 Resilienter Umgang mit Emotionen

Wie ein Mensch über eine Situation – sei sie nun positiv oder negativ – denkt, hängt auch von seinem Attributionsstil (Denkstil) ab (*explanatory style*; Kamen und Seligman 1987). Dabei wirken Attributionsstile wie eine getönte Brille, durch die man die Welt sieht. Jeder Mensch hat so eine Brille auf, und sie gibt dem, was man sieht, eine bestimmte Färbung (Reivich und Shatté 2002).

> **Definition**
>
> Unter Attributionsstil versteht man die gewohnte Art eines Menschen, sich das Gute und Schlechte, was ihm im Leben passiert, zu erklären (Reivich und Shatté 2002, S. 41).

Seligman (1998) unterscheidet bezüglich Attributionsstil die folgenden drei Dimensionen:
- Personalisierung (ich/nicht ich),
- Dauerhaftigkeit (immer/nicht immer),
- Geltungsbereich (alles/nicht alles).

Eine Person mit einem pessimistischen Attributionsstil („Ich-immer-alles") denkt automatisch und reflexartig, dass sie ein Problem verursacht hat (ich), dass es unveränderlich ist und ein Problem bleiben wird (immer) und dass sich das Problem auf alle Bereiche ihres Lebens auswirkt (alles). Eine Person mit einem optimistischen Attributionsstil zeigt das gegenteilige Muster („Nicht ich-nicht immer-nicht alles") im Umgang mit negativen Ereignissen. Umgekehrt verhält es sich, wenn es um Erfolge geht. Im Folgenden werden die Denkstile anhand eines Misserfolgs und eines Erfolgs veranschaulicht:

4.3 · Wie sich individuelle Resilienz fördern lässt

▪ Misserfolg
Beispiel: Eine Präsentation ist nicht gut gelaufen.

Personalisierung: internal	**Personalisierung: external**
Ich bin für das Ereignis verantwortlich	Andere/die Situation sind dafür verantwortlich
„Es lief nicht gut, weil ich schlecht vorbereitet war."	*„Es lief nicht gut, weil das Publikum in schlechter Stimmung war, da der Raum so dunkel und kalt war."*
Dauerhaftigkeit: stabil	**Dauerhaftigkeit: variabel**
Immer …	Mal so, mal so …
„Ich kann einfach nicht gut präsentieren, immer läuft es schief."	*„Ich habe auch schon richtig gute Präsentationen gehalten. Das nächste Mal wird es wieder besser laufen."*
Geltungsbereich: global	**Geltungsbereich: spezifisch**
Trifft auf alles zu	Trifft nur auf einen Lebensbereich, eine Fähigkeit zu
„Ich bin gar keine gute Führungskraft, ich versage auf der vollen Linie."	*„Es mag bei Präsentationen noch nicht so gut klappen, doch ich kann mein Team gut führen."*

▪ Erfolg
Beispiel: Ein Workshop war sehr erfolgreich.

Personalisierung: internal	**Personalisierung: external**
Ich bin für das Ereignis verantwortlich	Andere/die Situation sind dafür verantwortlich
„Es lief gut, weil es mir gelungen ist, flexibel auf die Bedürfnisse der Teilnehmer einzugehen."	*„Es lief gut, weil die Teilnehmer enorm motiviert waren."*
Dauerhaftigkeit: stabil	**Dauerhaftigkeit: variabel**
Immer …	Mal so, mal so …
„Meine Workshops laufen immer sehr gut."	*„Ich hatte auch schon schlechte Tage. Es ist gut, wenn ich mir vor dem Workshop viel Ruhe gönne."*
Geltungsbereich: global	**Geltungsbereich: spezifisch**
Trifft auf alles zu	Trifft nur auf einen Lebensbereich, eine Fähigkeit zu
„Ich bin eine richtig gute Moderatorin."	*„Ich bin eine gute Moderatorin, aber mit Zahlen kann ich nicht umgehen."*

Die Theorie der erlernten Hilflosigkeit (Abrahamson et al. 1978; Seligman 1998, 2006) besagt, dass pessimistische und optimistische Attributionsstile zu unterschiedlichen Zukunftserwartungen führen:

Pessimistische Denkstile können dazu führen, dass

- Menschen an inkorrekten Überzeugungen/Vorstellungen der Welt festhalten (z. B. „Die Zukunft ist unkontrollierbar und daher gefährlich") und Verhaltensmuster entwickeln, die ihnen und ihrer Resilienz schaden;

- Menschen unangemessene Problemlösungsstrategien anwenden, welche emotionale Energie verbrennen und wertvolle Resilienzressourcen aufbrauchen (z. B. Opfermentalität, Vermeidung, Sucht).

Pessimistische Denkstile werden daher auch als nichtresiliente Denkstile bezeichnet (Reivich und Shatté 2002). Um die erlernte Hilflosigkeit wieder zu verlernen, muss eine Person ihre Denkmuster erst erkennen, sie hinterfragen und anpassen.

Personen mit einem optimistischen Denkstil hingegen glauben, auf zukünftige Ereignisse einen Einfluss zu haben und sind daher resilienter (Abrahamson et al. 1978).

Die resilientesten Menschen sind jene, die über kognitive Flexibilität verfügen. Sie sind realistisch und können alle wichtigen Gründe für ein Problem identifizieren, ohne dabei in einem bestimmten Attributionsstil gefangen zu sein. Sie fokussieren ihre Problemlösungskompetenzen auf jene Faktoren, die sie kontrollieren können und überwinden die Schwierigkeit durch kleine Veränderungen (Reivich und Shatté 2002, S. 43).

4.3.6.2 Vom Reagieren zum bewussten Agieren

Der bewussten Steuerung unserer Emotionen kommt bei der Resilienz wohl die zentralste Bedeutung zu (Mourlane 2015). Fast jeder kennt die Situation: Man reagiert auf ein Ereignis, eine Äußerung oder Handlung einer anderen Person schneller als man will und bereut es hinterher. Die Wahrscheinlichkeit, dass das passiert, ist in Stress- und Drucksituationen natürlich erhöht. Es bedarf zwar etwas Übung, doch es ist möglich, diese Reflexe zu unterbrechen und bewusst zu agieren – also den Resilienzmuskel im Bereich der Emotionssteuerung zu trainieren. Dabei lassen sich drei Schritte unterscheiden:

Schritt 1: Analyse der Situation

Durch das Bewusstmachen und Erkennen, was genau passiert, öffnet sich ein Raum für neue Verhaltensweisen.

Esch (2017) empfiehlt, sich folgende Fragen zu stellen:
1. Realitätscheck: Stimmt das wirklich so? Habe ich Beweise?
2. Alternativen ausloten: Kann ich das auch anders sehen? Wie würde mein bester Freund die Situation beurteilen?
3. Sinncheck: Hilft mir das? Tut mir das gerade gut? Ist es angemessen, gestresst zu sein?

Schritt 2: Reframing – Umdeuten der als negativ empfundenen Situation

Das Umdeuten kann dazu beitragen, die Krise oder Stresssituation besser zu überwinden, selbstschädigende Gedanken zu vermeiden und später, in vergleichbaren Situationen, resilienter darauf zu reagieren. Diese Technik wird auch Reframing oder kognitive Umstrukturierung genannt (Garland et al. 2010; Hanson 2018; Kalisch 2017). Neben Optimismus, Akzeptanz und konstruktiven Copingmechanismen zählt Achor (2011) das positive Interpretieren der Situation oder des Vorfalls zu den bedeutenden strategischen Faktoren, die zu Wachstum nach einer Krise führen. Wichtig ist dabei, dass die betroffene Person eine konkrete Erfolgserfahrung macht, zum Beispiel, dass durch die positive Umdeutung ihre Ängste, Sorgen, Wut oder Trauer kleiner und ihre Gefühle von Sicherheit, Kompetenz und Kontrolle größer werden (Kalisch 2017, S. 184).

Ziel des positiven Umdeutens ist, aus der Spirale aus vermeintlicher Ohnmacht und Überforderung herauszufinden. Dann werden Krisen zu überwindbaren Herausforderungen und Chancen.

Schritt 3: Bewusste Entscheidung für ein Verhalten

Auf der Grundlage der Analyse und der Umdeutung kann nun eine für die entsprechende Situation passende, gesunde und konstruktive Handlung ausgewählt werden.

ABCDE-Modell

Die beschriebenen Schritte lassen sich mit dem ABCDE-Modell wissenschaftlich erklären:

Der amerikanische Psychologe Albert Ellis, Begründer der Rational-Emotiven Verhaltenstherapie (REVT), entwickelte in den 1950er-Jahren ein einfaches Modell für die Entstehung von Emotionen und Verhaltensweisen, das nach wie vor Gültigkeit hat: das ABC-Modell, das er nachträglich zum ABCDE-Modell weiterentwickelte (◘ Abb. 4.14). Ellis (2001) erkannte, dass nicht allein ein äußerer oder innerer Reiz (*Activating Event*, A) zu Gefühlen oder Handlungen führt (*Consequences*, C), sondern dass es einen, meist unbewussten, Zwischenschritt gibt, nämlich die eigene Beurteilung der Situation (*Beliefs*, B). Diese Bewertung ist die Ursache für die daraus abgeleiteten Verhaltenskonsequenzen. Dabei kann es sich um eine rationale, situationsangemessene Bewertung handeln oder um eine irrationale, der Situation nicht angemessene. Irrationale Bewertungen führen zu ungesunden Emotionen und

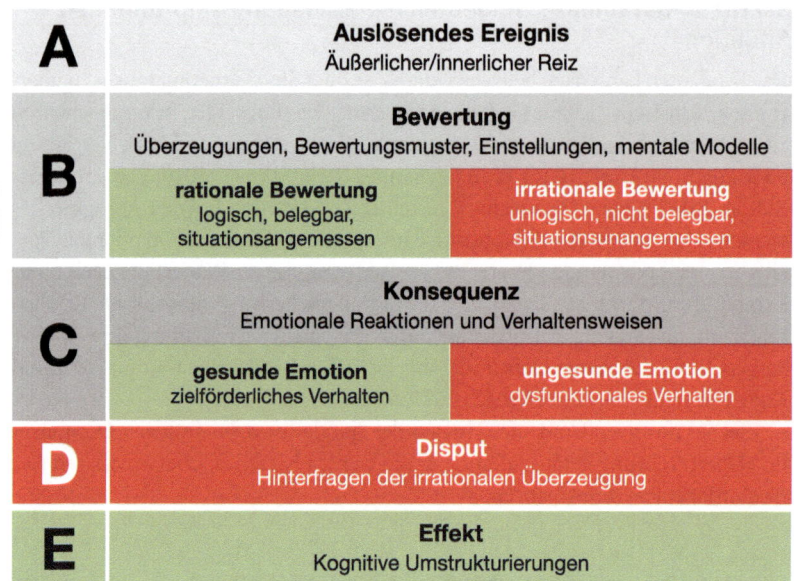

◘ Abb. 4.14 ABCDE-Modell. (Adaptiert, nach Wikipedia 2016)

dysfunktionalem Verhalten, z. B. Ängsten und Depressionen. Durch Infragestellen dieser irrationalen Bewertungen, Stress- und Gedankenmuster (*Dispute*, D) kann ein Umdeuten (kognitive Umstrukturierung) gelingen (*Effect*, E).

Das bedeutet: Für die eigenen Gefühle ist jeder selbst zuständig und jeder hat es selbst in der Hand, wie er auf eine bestimmte Situation oder Handlungen anderer Personen reagiert. Ziel ist, die oben beschriebenen Wirkmechanismen zu erkennen, Verantwortung zu übernehmen und die Opferrolle zu verlassen bzw. auf Schuldzuweisungen zu verzichten.

4.3.6.3 Kultivieren positiver Emotionen

Hanson (2016, S. 198) empfiehlt, „den Widrigkeiten des Alltags mit positiven Schlüsselerfahrungen zu begegnen". Dies gelingt, indem bewusst und regelmäßig positive Emotionen geweckt werden (Bryant et al. 2005). Allerdings gilt es dabei darauf zu achten, dass die Suche nach positiven Emotionen nicht selbst zum Stressor wird (hedonistische Tretmühle; Frederick 2007).

4.3 · Wie sich individuelle Resilienz fördern lässt

In der Tat sind es nicht nur die großen Erlebnisse, die Menschen positive Gefühle bescheren. Oft genügt es, achtsam zu sein und den Blick für die kleinen Dinge und das Schöne im Alltag zu schärfen. Das bedeutet, sich auf das zu konzentrieren, was bereits gut ist, und vermehrt bewusst darauf zu verzichten, sich zu beklagen. Die neue Verhaltensweise kann durch einfache Maßnahmen unterstützt werden: Beispielsweise kann man bei jedem schönen Erlebnis einen Stein oder eine Kaffeebohne von der einen in die andere Hosentasche legen. Manche Menschen tragen ein spezielles Armband und wechseln es an das andere Handgelenk, wenn sie bemerken, dass sie sich gerade – über das Wetter, den Kollegen, die Partnerin – beklagt haben.

Weitere Ideen, um den größtmöglichen Nutzen aus positiven Erfahrungen und Emotionen zu ziehen (*capitalizing on positive events*; Langston 1994) und diese zu genießen (*savoring*; Bryant et al. 2011), sind:

- sich an frühere positive Erlebnisse zurückerinnern,
- sich auf ein bevorstehendes Ereignis freuen,
- anderen davon erzählen,
- positive Erlebnisse niederschreiben und das Festgehaltene ab und zu wieder lesen,
- passende Bilder, Texte, Musik und Düfte zu dem Erlebnis oder Gefühl sammeln (*positive portfolio*),
- Erlebnisse bewusst und mit allen Sinnen genießen und dadurch ihre Intensität erhöhen oder ihre Dauer verlängern,
- mentale Fotos schießen (z. B. von einem Sonnenuntergang),
- sich selbst zu einem Erfolg gratulieren,
- Erfolge bewusst feiern,
- anderen seine Dankbarkeit zeigen (Emmons und McCullough 2003; John Templeton Foundation 2012),
- Gutes, das einem wiederfahren ist, weitergeben (*pay it forward*).

Die Positive Psychologie kennt viele weitere Möglichkeiten, um positive Emotionen bei sich und anderen zu fördern. Einige wurden bereits erwähnt (Meditation, Reframing, Achtsamkeit). Andere, wie etwa Stärkeninterventionen, das Fördern positiver Beziehungen und aktiv-konstruktive Kommunikation, werden in ▶ Kap. 5 und 6 vorgestellt.

Das Lied von Nik P., das dieses Kapitel eröffnet hat, soll es auch wieder schließen. Der zweite Teil des Refrains lautet: „Jeder Schlag macht mich nur härter – harte

Zeiten, hartes Brot." – In der Tat beruht diese Haltung bis zu einem gewissen Grad auf wissenschaftlichen Erkenntnissen: Der „Stahlbadeffekt" (*steeling effect*) besagt, dass der Mensch aus Krisen stärker wird (Rutter 2012): Probanden, die drei oder vier schwerwiegende negative Ereignisse in ihrem Leben durchgemacht haben, waren gesünder als jene, denen nur ein oder gar kein solches Ereignis widerfahren war (Seery 2011). Wie wir in diesem Kapitel gesehen haben, gehört zur Resilienz sehr wohl ein gewisses Durchhaltevermögen. Doch Resilienz impliziert auch, sich und seine Risikofaktoren, Ressourcen und Grenzen gut zu kennen, Verantwortung zu übernehmen und dafür zu sorgen, dass man langfristig leistungsfähig bleibt. Manchmal braucht ein Mensch nach einer schweren Erfahrung auch einfach eine Phase des Rückzugs und der Ruhe in einem geschützten Umfeld. Freunde können einen solchen Schutzraum bieten. Genauso kann eine berufliche Auszeit mit einem Kur- oder Klinikaufenthalt, eine Pilgerreise, ein Fernwanderweg oder ein Meditationsaufenthalt in einem Kloster innere Einkehr und Heilung ermöglichen.

Fazit

Dieses Kapitel befasste sich im ersten Teil mit der Frage, was individuelle Resilienz ist. Die Grundlagen persönlicher Resilienz wie Schutz- und Risikofaktoren sowie resilienzstärkende Bewältigungsstrategien wurden besprochen. Weiterhin wurden die Zusammenhänge zwischen Resilienz, positiven Emotionen und psychologischen Grundbedürfnissen des Menschen aufgezeigt und neuronale Prozesse in Stresssituationen beleuchtet. Im zweiten Teil des Kapitels ging es darum, wie sich Resilienz auf der Grundlage eines ganzheitlichen Ansatzes durch die vier Phasen Klärung, Entlastung, Ausrichtung und Umsetzung stärken lässt. Ausgewählte Interventionen wie Meditation, Stärkenorientierung, Arbeit an der eigenen Einstellung und Umgang mit Emotionen wurden vorgestellt.

Literatur

Achor, S. (2011): The happiness advantage. The seven principles that fuel success and performance at work. Random House, London.

Achor, S. & Gielan, M. (2016): Resilience is about how you recharge, not how you endure. Harvard Business Review, 24. Juni 2016. Online: https://hbr.org/2016/06/resilience-is-about-how-you-recharge-not-how-you-endure. Zugegriffen am 26.01.2017.

Abrahamson, L.; Seligman, M. & Teasdale, J. (1978): Learned helplessness in humans: critique and reformulation. *Journal of Abnormal Psychology, 87*(1), 49–74.

Anthony, E. (1987): Risk, vulnerability, and resilience: An overview. In: Anthony, E. & Cohler, B. (Hrsg.): *The invulnerable child.* The Guilford Psychiatry Series, 3–48. Guilford Press, New York.

Literatur

Antonovsky, A. (1997): Salutogenese. Zur Entmystifizierung der Gesundheit. dgvt, Tübingen.

Arnold, M. (1969): Human emotion and action. Academic Press.

Avey, J.; Reichhard, R.; Luthans, F. & Mhatre, K. (2011): Meta-analysis of the impact of psychological capital on employee attitudes, behaviors, and performance. *Human resource development quarterly, 22*(2), 127–152.

Badura, B.; Ducki, A; Schröder, H.; Klose, J. & Meyer, M. (Hrsg.): Fehlzeiten-Report 2013. Schwerpunkt: Verdammt zum Erfolg – die süchtige Arbeitsgesellschaft? Springer, Berlin, 2013.

Badura, B.; Ducki, A; Schröder, H.; Klose, J. & Meyer, M. (Hrsg.): Fehlzeiten-Report 2017. Schwerpunkt: Krise und Gesundheit – Ursachen, Prävention, Bewältigung. Springer, Berlin 2017.

Bakker, A. & Oerlemans, W. (2010): Subjective well-being in organizations. In: Cameron, K. & Spreitzer, G. (Hrsg.), *Handbook of Positive Organizational Scholarship*. Oxford University Press. Online: https://www.researchgate.net/publication/265760317_Subjective_well-being_in_organizations. Zugegriffen am 30.01.2017.

Bandura, A. (1997): Self-efficacy: The exercise of control. Freeman, New York.

Baumeister, R.; Bratlavsky, E.; Finkenauer, C. & Vohs, K. (2001): Bad is stronger than good. *Review of General Psychology, 5,* 323–370.

Biswas-Diener, R. (2010): Practicing positive psychology coaching. Assessment, activities and strategies for success. Wiley, Hoboken.

Blankson, A. (2017): The future of happiness. Five modern strategies for balancing productivity and well-being in the digital era. BenBella Books, Dallas.

Bonanno, G. (2004): Loss, trauma, and human resilience. Have we underestimated the human capacity to thrive after extremely aversive events? *American Psychologist, 59*(1), 20–28.

Bryant, F., Smart, C. & King, S. (2005). Using the past to enhance the present: Boosting happiness through positive reminiscence. *Journal of Happiness Studies, 6,* 227–260.

Bryant, F; Chadwick, E. & Kluwe, K. (2011): Understanding the process that regulate positive emotional experience: Unsolved problems and future directions for theory and research on savoring. *International Journal of Wellbeing, 1*(1), 107–126. Online: https://ecommons.luc.edu/cgi/viewcontent.cgi?referer=https://www.google.de/&httpsredir=1&article=1013&context=psychology_facpubs. Zugegriffen am 23.03.2018.

CAPP (2017): Webseite des Center for Applied Positive Psychology http://www.capp.co/sp-strengths. Zugegriffen am 14.02.2018.

Carver, Ch. (1998): Resilience and thriving: Issues, models, and linkages. *Journal of Social Issues, 54,* 245–266.

Clifton, D. & Anderson, E. (2001): StrenghtsQuest. The Gallup Organization, Washington.

Cohler, B. (1987): Adversity, resilience, and the study of lives. In: Anthony, E. & Cohler, B. (Hrsg.), *The invulnerable child,* 363–424. Guilford Press, New York.

Cohn, M.; Fredrickson, B.; Brown, St., Mikels, J. & Conway, A. (2009): Happiness unpacked: Positive emotions increase life satisfaction by building resilience. *Emotion, 9,* 361–368. Online: https://www.ncbi.nlm.nih.gov/pmc/articles/PMC3126102. Zugegriffen am 27.01.2017.

Coutu, D. (2002). How resilience works. *Harvard Business Review, 80,* 46–55.

Creswell, D.; Way, B.; Eisenberger, N. & Lieberman, M. (2007): Neural correlates of dispositional mindfulness during affect labeling. *Psychosomatic Medicine, 69*(6), 560–565.

Csikszentmihályi, M. (2002): Flow: The classic work on how to achieve happiness. Rider, London.

Deci, E. & Ryan, R. (2000): Self-determination theory and the facilitation of intrinsic motivation, social development, and well-being. Online: https://selfdeterminationtheory.org/SDT/documents/2000_RyanDeci_SDT.pdf. Zugegriffen am 15.01.2018.

Denovan, A.; Crust, L. & Clough, P. (2017): Resilience at work. The Wiley Blackwell Handbook of psychology of positivity and strengths-based approaches at work. Wiley, Hoboken.

DGPP – Deutsche Gesellschaft für Positive Psychologie (2015): Ausbildungsunterlagen. Berlin.

Dewald, J. & Bowen, F. (2010): Storm clouds and silver linings: Responding to disruptive innovations through cognitive resilience. *Entrepreneurship, theory and practice, 34*(1), 197–218.

Di Bella, J. (2014): Unternehmerische Resilienz. Protektive Faktoren für unternehmerischen Erfolg in risikoreichen Kontexten. Inaugural-Dissertation. Mannheim.

Diener, E.; Pavot, W. & Sandvik, E. (1991): Happiness is the frequency, not intensity, of positive versus negative affect. In: Strack, F. et al. (Hrsg.): *Subjective Well-Being*, 119–140, Pergamon, Oxford.

Diener, E.; Wirtz, D.; Biswas-Diener, R.; Tov, W.; Kim-Prieto, C.; Choi, D. & Oishi, S. (2010): New measures of well-being. Online: http://www.mysmu.edu/faculty/williamtov/pubs/2009_DienerEtAl.pdf. Zugegriffen am 16.01.2017.

Dweck, C. (2014): The power of believing that you can improve. TEDxNorrkopping. YouTube-Video von November 2014. https://www.ted.com/talks/carol_dweck_the_power_of_believing_that_you_can_improve. Zugegriffen am 25.01.2017.

Dweck, C. (2016): Selbstbild. Wie unser Denken Erfolge oder Niederlagen bewirkt. Piper, München.

Ellis, A. (2001): Overcoming destructive beliefs, feelings, and behaviors: New directions for rational emotive behavior therapy. Prometheus Books, Amherst, New York.

Emmons, R. & McCullough, M. (2003): Counting blessings versus burdens: An experimental investigation of gratitude and subjective well-being in daily life. *Journal of Personality and Social Psychology, 84*(2), 377–389.

Epstein, S. (1990): Cognitive-experiential self-theory of personality. In: Pervin, L. (Hrsg.): *Handbook of Personality. Theory and Research*, 165–192. Guilford, New York.

Esch, T. (2017): Der Selbstheilungscode: Die Neurobiologie von Gesundheit und Zufriedenheit. Beltz, Weinheim.

Feldman, D. (2009): Synaptic mechanisms for plasticity in neocortex. *Annual Review of Neuroscience, 32*, 33–55. Online: https://www.ncbi.nlm.nih.gov/pmc/articles/PMC3071739. Zugegriffen am 23.03.2018.

Frederick, S. (2007): Hedonic treadmill. In: Baumeister, R. & Vohs, K., *Encyclopedia of Social Psychology*, 419–420.

Fredrickson, B. (1998): What good are positive emotions? *Review of General Psychology: Special Issue: New Directions in Research on Emotion 2*, 300–319.

Fredrickson, B. (2001): The role of positive emotions in positive psychology: The broaden-and-build theory of positive emotions. *American Psychologist: Special Issue 56*, 218–226.

Fredrickson, B. (2004): The broaden-and build theory of positive emotions. *Philosophical Transactions of the Royal Society Biological Sciences, 359*, 1367–1377.

Fredrickson, B. (2013a): Positive emotions broaden and build. In: Devine, P. & Plant, A. (Hrsg.): *Advances in Experimental Social Psychology, 47*, 1–53. Adademic Press, Burlington.

Fredrickson, B. (2013b): Updated thinking on positivity ratios. *American Psychologist, 68 (9)*, 814–822.

Fredrickson, B. & Joiner, T. (2002): Positive emotions trigger upward spirals toward emotional well-being. *Psychological Science, 13(2)*, 172–175.

Literatur

Garland, E.; Fredrickson, B.; Kring, A.; Johnson, D.; Meyer, P. & Penn, D. (2010): Upward spirals of positive emotions counter downward spirals of negativity: Insights from the broaden-and-build theory and affective neuroscience on the treatment of emotion dysfunction and deficits in psychopathology. *Clinical Psychology Review 30*(7), 849–864.

Germer, Ch. (2015): Der achtsame Weg zum Selbstmitgefühl. Arbor Verlag, Freiburg, www.arbor.de.

Gloria, C.; Faulk, K. & Steinhardt, M. (2013): Positive affectivity predicts successful and unsuccessful adaptation to stress. *Motivation and Emotion, 37*, 185–193. Online: https://doi.org/10.1007/s11031-012-9291-8. Zugegriffen am 27.01.2017.

Gottman, J. & Silver, N. (2014): Die Vermessung der Liebe: Vertrauen und Betrug in Paarbeziehungen. Klett-Cotta, Stuttgart.

Grawe, K. (2004): Neuropsychotherapie. Hogrefe, Göttingen.

Handelsblatt (2017): „Ran an die Ziele". *Handelsblatt* vom 18./19./20.8.2017. Online: http://www.handelsblatt.com/my/unternehmen/beruf-und-buero/buero-special/stressmanagement-experte-louis-lewitan-ran-an-die-ziele/20202752.html?ticket=ST-1328919-ImqaE1BJvtd61WEamuDNap4). Zugegriffen: 21.02.2018.

Hanson, R. (2016): Denken wie ein Buddha. Gelassenheit und innere Stärke durch Achtsamkeit. Irisiana, München.

Hanson, R. (2018): Resilient: How to grow an unshakable core of calm, strength and happiness. Harmony Books, New York.

Harland, L.; Harrison, W.; Jones, J. & Reiter-Palmon, R. (2005): Leadership behaviors and subordinate resilience. *Psychology Faculty Publications*. Paper 62. Online: https://digitalcommons.unomaha.edu/cgi/viewcontent.cgi?referer=https://www.google.de/&httpsredir=1&article=1062&context=psychfacpub. Zugegriffen am 29.12.2017.

Heidenreich, T.; Ströhle, G. & Michalak, J. (2006): Achtsamkeit: Konzeptuelle Aspekte und Ergebnisse zum Freiburger Achtsamkeitsfragebogen. *Verhaltenstherapie, 16*(33), 33–40.

Hobfoll, S. (1998): Stress, culture, and community. Plenum Press, New York.

Huber, M. (2005): Der innere Garten: Ein achtsamer Weg zur persönlichen Veränderung. Junfermann, Paderborn.

Hüther, G. (2015): Etwas mehr Hirn, bitte. Vandenhoeck & Ruprecht, Göttingen.

John Templeton Foundation (2012): The gratitude survey. Online: https://greatergood.berkeley.edu/article/item/how_grateful_are_americans. Zugegriffen am 23.03.2018.

Kalisch, R.; Müller, M. & Tüscher, O. (2015): A conceptual framework for the neurobiological study of resilience. *Behavioral and brain sciences, 92*, 1–79.

Kalisch, R. (2017): Der resiliente Mensch. Wie wir Krisen erleben und bewältigen. Neueste Erkenntnisse aus Hirnforschung und Psychologie. Berlin Verlag, München.

Kamen, L. & Seligman, M. (1987): Explanatory style and health. *Current Psychology 6*(3), 207–218.

Keyes, C. (2007): Promoting and protecting mental health as flourishing. A complementary strategy for improving national mental health. *American Psychological Association 62*(2), 95–108.

Langer, E. (2015): Mindfulness – das Prinzip Achtsamkeit. Franz Vahlen, München.

Langston, Ch. (1994): Capitalizing on and coping with daily-life events: Expressive responses to positive events. *Journal of Personality and Social Psychology, 67*, 1112–1125. Online: http://psycnet.apa.org/record/1995-09445-001. Zugegriffen am 23.03.2018.

Lazarus, R. & Folkman, S. (1984): Stress, appraisal and coping. Penguin, New York.

Linley, A. (2008): Average to A+: Realising strenghts in yourself and others. CAPP Press, Coventry.

Linley, A.; Willars, J. & Biswas-Diener, R. (2010): The strengths book: Be confident, be successful, and enjoy better relationships by realising the best of you. CAPP Press, Coventry.

Lommen, M; Engelhard, I.; Sijbrandij, M.; van den Hout, M. & Hermans, D. (2013): Pre-trauma individual differences in extinction learning predict posttraumatic stress. *Behaviour Research and Therapy, 51*, 63–67.

Luthans, F. (2002): The need for and meaning of positive organizational behavior. *Journal of Organizational Behavior, 23*, 695–706.

Luyten, L.; Boddez, Y. & Hermans, D. (2015): Positive appraisal style: The mental immune system? *Behavioral and Brain Sciences 38*, edition 112.

MacLean, P. (1990): The tribune brain in evolution: Role and paleocerebral functions. Plenum Press, New York.

Masten, A. (2001): Ordinary magic: resilience processes in development. *American Psychologist, 56*, 227–239.

Masten, A. & Reed, M.G. (2002): Resilience in development. In: Snyder, C. & Lopez, S. (Hrsg.): *Handbook of Positive Psychology*, 74–88, Oxford University Press, Oxford.

McManus, S.; Seville, E.; Vargo, J. & Brunsdon, D. (2008): Facilitated process for improving organizational resilience. *Natural Hazards Review, 9*, 81–90.

Moos, R. & Schaefer, J. (1993): Coping resources and processes: Current concepts and measures. In: Goldberger, L. & Breznitz, S. (Hrsg.), *Handbook of stress: Theoretical and clinical aspects*, 234–257. Free Press, New York.

Mourlane, D. (2015): Resilienz. Die unentdeckte Fähigkeit der wirklich Erfolgreichen. BusinessVillage, Göttingen.

Moussa, L. (2015): If you're in your comfort zone – get out now. Linkedin.com, Oktober 2015. Zugegriffen am 20.03.2016.

Neff, K. (2011): Self-compassion, self-esteem, and well-being. *Social and personality psychology compass, 5*(1), 1–12.

Neff, K. (2013): Selbstmitgefühl. Wie wir uns mit unseren Schwächen versöhnen und uns selbst der beste Freund werden. Kailash/Random House, München.

Newman, R. (2005): APA's resilience initiative. *Professional psychology research and practice (36)*, 227–229.

Oetting, M. (2008): Stress und Stressbewältigung am Arbeitsplatz. In: Berufsverband deutscher Psychologinnen und Psychologen (BDP) (Hrsg.): *Psychische Gesundheit am Arbeitsplatz in Deutschland*, 55–59. Online: https://psydok.psycharchives.de/jspui/bitstream/20.500.11780/3617/1/BDP_Bericht_2008_Gesundheit_am_Arbeitsplatz.pdf. Zugegriffen am 28.12.2017.

Petermann, F.; Niebank, K. & Scheithauser, H. (2004): Entwicklungswissenschaft: Entwicklungspsychologie – Genetik – Neuropsychologie. Springer, Berlin/Heidelberg.

Petersen, Ch. & Seligman, M. (Hrsg.) (2004): Character strengths and virtues: A handbook and classification. Oxford University Press, Oxford.

Reivich, K. & Shatté, A. (2002): The resilience factor. Random House, New York.

Reschly, A.; Huebner, S.; Appleton, J. & Antaramian, S. (2008): Engagement as flourishing: The contribution of positive emotions and coping to adolescents' engagement at school and with learning. *Psychology in the Schools, 45*, 419–431.

ReSource Projekt (2018): https://www.resource-project.org. Zugegriffen am 14.03.2018.

Rigotti, T. & Mohr, G. (2008): Konzepte und Maßnahmen zur Gesundheitsförderung. In: Berufsverband deutscher Psychologinnen und Psychologen (BDP) (Hrsg.): *Psychische Gesundheit am Arbeitsplatz in Deutschland*, 45–50. Online: https://psydok.psycharchives.de/jspui/bitstream/20.500.11780/3617/1/BDP_Bericht_2008_Gesundheit_am_Arbeitsplatz.pdf. Zugegriffen am 28.12.2016.

Riolli, L. & Savicki, V. (2010): Information system organizational resilience. *Omega, 31*, 227–233.

Rolfe, M. & Heim, M. (2016): Agilität und Resilienz. Wie Lebendigkeit, Leichtigkeit und Flexibilität in Organisationen gelingt. Unveröffentlichtes Konzeptpapier.

Ross, A. (2016): Perceptions of resilience among coastal emergency managers. Online: https://www.deepdyve.com/lp/wiley/perceptions-of-resilience-among-coastal-emergency-managers-le40DamGiY?key=dd_plugin&utm_campaign=pluginGoogleScholar&utm_source=plugin-GoogleScholar&utm_medium=plugin. Zugegriffen am 15.01.2017.

Rotter, J. (1966): Generalized expectancies for internal versus external control of reinforcement. *Psychological Monographs, 80*, (1, Whole No. 609).

Rozin, P. & Royzman, E. (2001): Negativity bias, negativity dominance, and contagion. *Personality & Social Psychology Review, 5*, 296–320.

Russell, J.A. (1980): A circumplex model of affect. *Journal of Personality and Social Psychology Review, 110*, 145–172.

Rutter, M. (2012): Resilience as a dynamic concept. *Development and Psychopathology 24*(2), 335–344.

Ryff, C. (1989): Happiness is everything, or is it? Exploration on the meaning of psychological wellbeing. *Journal of Personality and Social Psychology, 57*, 1069–1081.

Ryff, C. & Singer, B. (2003): Flourishing under fire: Resilience as a prototype of challenged thriving. In: Keyes, C. & Haidt, J. (Hrsg.), *Flourishing. Positive psychology and the life well-lived*, 13–36. American Psychological Association, Washington.

Seery, M.D. (2011): Resilience: A silver lining to experiencing adverse life events? *Current Directions in Psychological Science, 20*, 390–394.

Seligman, M. (1998): Learned optimism. Pocket Books, New York.

Seligman, M. (2006): Learned optimism: How to change your mind and your life. Vintage, New York.

Siegel, D. (2012): Mindsight. Die neue Wissenschaft der persönlichen Transformation. Wilhelm Goldmann, München.

Singer, T. & Bolz, M. (Hrsg.) (2013): Mitgefühl in Alltag und Forschung (E-Book), Max Planck Institut, München. Online: http://www.compassion-training.org/de/online/index.html?iframe=true&width=100%&height=100%#8. Zugegriffen am 14.03.2018.

Soucek, R.; Pauls, N.; Ziegler, M. & Schlett, Ch. (2015): Entwicklung eines Fragebogens zur Erfassung resilienten Verhaltens bei der Arbeit. *Wirtschaftspsychologie, 17*, 13–22.

Strenghts Profile (2017): https://www.strengthsprofile.com. Zugegriffen am 16.03.2017.

Sutcliffe, K. & Vogus, T. (2003): Organizing for resilience. In: Cameron, K.; Dutton, J. & Quinn, R. (Hrsg.), *Positive Organizational Scholarship: Foundations of a New Discipline*, 94–110. Berrett-Koehler, San Francisco.

Tugade, M.; Fredrickson, B. & Feldmann Barrett, L. (2004): Psychological resilience and positive emotional granularity: Examining the benefits of positive emotions on coping and health. *Journal of Personality, 72*(6), 1161–1190.

Van Cappellen, P.; Rice, E.; Catalino, L. & Fredrickson, B. (2017): Positive affect processes underlie positive health behaviour change. *Psychology & Health 12*, 1–21. Online: http://www.unc.edu/peplab/publications/VanCappellen%20et%20al%20Fredrickson%202017%20Upward%20Spiral.pdf. Zugegriffen am 18.03.2018.

Vogel, G. (2012): Can we make our brains more plastic? *Science 338*, 36–39. Online: http://www.neuronlearning.info/files/plasticbrains36.full.pdf. Zugegriffen am 23.03.2018.

Wellensiek, S.K. (2011): Handbuch Resilienz-Training. Widerstandskraft und Flexibilität für Unternehmen und Mitarbeiter. Beltz, Weinheim.

Wellensiek, S.K. (2012): Fels in der Brandung statt Hamster im Rad. Beltz, Weinheim.

Wellensiek S.K. (2015): Ausbildungsunterlagen H.B.T. Resilienz- & Business Coach und Trainer.

Wikipedia (2016): https://de.wikipedia.org/wiki/Datei:ABCDE-Modell_-_Ellis.svg vom 17.10.2016. Zugegriffen am 16.03.2018.

Wilson. J.; Friedman, M. & Lindy, J. (2001). An over-view of clinical consideration and principles in the treatment of PTSD. In: Wilson, J.; Friedman, M. & Lindy, J. (Hrsg.): *Treating psychological trauma and PTSD*, 59–94. Guilford, New York.

Youssef, C. & Luthans, F. (2007): Positive organizational behaviour in the workplace: The impact of hope, optimism, and resilience. *Journal of Management 33(5)*, 774–800.

Zijlstra, F.; Cropley, M. & Rydstedt, L. (2014): From recovery to regulation: An attempt to reconceptualize „Recovery from work". *Stress and Health, 30*, 244–252.

Resilienzfördernde Führung: Orientieren und vertrauen, energetisieren und kommunizieren

Mirjam Rolfe

5.1 Ein neues Umfeld verlangt nach neuer Führung – 160

5.2 Selbstmanagement als Voraussetzung für resilientes Führungsverhalten – 162

5.3 **Resilienzfördernde Führung** – 164
5.3.1 Führungsstile, die resilienzfördernde Führung beeinflussen – 164
5.3.2 Resilienz und das Mindset von Führungskräften – 168
5.3.3 Führung, Resilienz und Leistung – 168

5.4 **Die Aufgaben einer bewussten, resilienzorientierten Führungskraft** – 170
5.4.1 Vermittlung von Sinn und Orientierung – 171
5.4.2 Fördern vertrauensvoller Beziehungen – 173
5.4.3 Fördern von Autonomie – 174
5.4.4 Stärkenorientierung – 175
5.4.5 Energie- und Emotionsmanagement – 177
5.4.6 Resilienzstärkende Kommunikation – 187

Literatur – 194

© Springer-Verlag GmbH Deutschland, ein Teil von Springer Nature 2019
M. Rolfe, *Positive Psychologie und organisationale Resilienz*,
Positive Psychologie kompakt, https://doi.org/10.1007/978-3-662-55758-7_5

> **Überblick**
> - Was die neue Arbeitswelt für Führungskräfte bedeutet
> - Weshalb Resilienz für Führungskräfte wichtig ist
> - Wie Führung individuelle und organisationale Resilienz beeinflusst
> - Wie Führungskräfte auf die psychologischen Grundbedürfnisse ihrer Mitarbeiter eingehen können
> - Wie Führungskräfte zu resilienten Energiemanagern werden, die mit Veränderungen und Krisen erfolgreich umgehen
> - Wie Kommunikation resilientes Verhalten unterstützen kann

5.1 Ein neues Umfeld verlangt nach neuer Führung

Führung wandelt sich. Heute wird von Führungskräften höhere Geschwindigkeit und Agilität, mehr Risikobereitschaft, ein souveräner Umgang mit Komplexität und höhere Ambiguitätstoleranz verlangt (Gebhardt et al. 2015; Roche et al. 2014). Neben diesen Herausforderungen sind sie für die eigene Leistung und Gesundheit verantwortlich und tragen Mitverantwortung für jene ihrer Mitarbeiter. Das geht an der Gesundheit der Führungskräfte nicht spurlos vorbei (Nielsen und Daniels 2012). Forschungsergebnisse zeigen, dass gestresste Führungskräfte weniger gut in der Lage sind, ihre Mitarbeiter zu unterstützen, was sich wiederum auf das Stressniveau der Mitarbeiter auswirkt (Roche et al. 2014). Umso wichtiger ist es für Führungskräfte, sich mit dem Thema Resilienz auseinanderzusetzen, um die eigenen Ressourcen im Blick zu behalten und in der Lage zu sein, nach unweigerlich auftretenden Rückschlägen wieder aufzustehen und den Druck nicht ungefiltert an die Mitarbeiter weiterzugeben.

Andererseits geht es aufgrund der Schnelllebigkeit und der Notwendigkeit, in Unternehmen Innovationsfähigkeit und Kreativität zu fördern, heute auch vermehrt darum, dass Führungskräfte Macht und Entscheidungskompetenzen abgeben, Kontrolle loslassen, Mitarbeitern Raum zum Wachsen gewähren sowie Eigeninitiative und Mut fördern können und wollen.

> **Definition**
>
> Führung ist eine durch Interaktion vermittelte Ausrichtung des Handelns von Individuen und Gruppen auf die Verwirklichung vorgegebener Ziele (Gabler Wirtschaftslexikon 2013, S. 1142). Es handelt sich dabei um einen sozialen Prozess, der einerseits durch individuelles Verhalten, andererseits durch situative, teambezogene und organisationale Faktoren beeinflusst wird (Rigotti et al. 2014, S. 7).

Der oben skizzierte Wandel zeigt sich auch in der Definition von „Führungskraft". Während sich Vorgesetzte früher über Hierarchie, Macht und Wissen definierten (Initiative neue Qualität der Arbeit 2014), setzen sich heute vermehrt neue Auffassungen durch: Gerade der Umgang mit Krisen, häufigen Veränderungen und Unvorhersehbarkeit verlangt nach Führungskräften, die sich für Veränderungen und die Gestaltung der Zukunft einsetzen (Scharmer 2008). Dabei gelingt es resilienten Führungskräften, Prozesse des Wandels und der Stabilität simultan zu steuern (Sutcliffe und Vogus 2003). Die Fähigkeit von Führungskräften, Krisen etwas Positives abzugewinnen und sie mit Chancen zu verbinden, ist zentral für die Anpassungsfähigkeit von Unternehmen (McManus et al. 2008, S. 84). Eine kreative Anpassung an sich schnell verändernde Umfeldbedingungen ist dabei ein Kernelement. Orientierung in der Instabilität, Agilität und die Bereitschaft sowie die Fähigkeit, ergebnisoffene Prozesse zu gestalten, werden zu wichtigen Schlüsselkompetenzen (Initiative neue Qualität der Arbeit 2014). Bruch und Vogel (2009) sehen heutige Führungskräfte als Energiemanager. Da Vertrauen und Beziehung bei alledem eine zentrale Rolle spielen, werden stark beziehungs- und kommunikationsorientierte Führungsfähigkeiten in Zukunft erfolgskritischer (Gebhardt et al. 2015).

Gesundheitsfördernd wirkt Führungsverhalten insbesondere dann, wenn es die psychologischen Grundbedürfnisse der Mitarbeiter – Orientierung und Kontrolle, Bindung, Selbstwerterhöhung und Selbstwertschutz, Lustgewinn und Unlustvermeidung sowie Kohärenz/Stimmigkeit – berücksichtigt (Mourlane et al. 2013). Studien belegen, dass Mitarbeiter, die ihren Vorgesetzten als positiven Faktor in einer schwierigen Situation erleben, resilienter sind als andere Kollegen (Harland et al. 2005). Gutes Führungsverhalten führt auch eher dazu, dass die Mitarbeiter mit Annäherungscoping (statt Vermeidungscoping) reagieren (vgl. ▶ Kap. 4). Die Entwicklung von Resilienz ist daher eine grundlegende Komponente authentischer Führung (Luthans und Avolio 2003, S. 256). Umgekehrt gilt: Führung ist eine wichtige Dimension organisationaler Resilienz (van der Beek und Schraagen 2015).

5.2 Selbstmanagement als Voraussetzung für resilientes Führungsverhalten

Man kann andere nur gut führen, wenn man sich selbst gut kennt. Was sich als Binsenweisheit anhört, ist in Wahrheit eine permanente Aufgabe für Führungskräfte. Sich regelmäßig Zeit für Reflexion zu nehmen, um über das Tagesgeschäft hinaus das Gesamtbild im Auge zu behalten, kann dabei helfen. Und damit sind nicht nur die Unternehmensprioritäten gemeint, sondern auch das große Ganze der eigenen Gesundheit und Kraft. Da Führungskräfte natürlich auch mit Blick auf die Resilienz Vorbilder für ihre Teams sind, soll hier zusätzlich kurz auf das Selbstmanagement von Führungskräften eingegangen werden. Für weitere Details sei auf ▶ Kap. 4 verwiesen.

In ihrer Studie zeigen Mourlane et al. (2013), dass Führungskräfte resilienter sind als ihre Mitarbeiter, d. h., sie verfügen über einen höheren Resilienzquotienten (vgl. ▶ Kap. 7). Vor allem die Resilienzfaktoren Emotionssteuerung, Impulskontrolle, Selbstwirksamkeitsüberzeugung, Zielorientierung und Empathie sind bei Führungskräften im Vergleich zu Mitarbeitern stärker ausgeprägt. Das heißt also, dass Führungskräfte tendenziell

- ihre Gefühle besser wahrnehmen und steuern können,
- sich ihrer Grundüberzeugungen (mentalen Modelle) stärker bewusst sind und diese regelmäßig hinterfragen,
- über viel Disziplin verfügen,
- in Drucksituationen ruhiger bleiben,
- davon überzeugt sind, dass sie Dinge beeinflussen können,
- sich gut in andere Menschen hineinversetzen können,
- sich nicht mit dem Status quo zufriedengeben, sondern sich nach dem Erreichen eines Ziels neuen Herausforderungen zuwenden und diese angehen – und zwar konsequent und relativ unabhängig von der Meinung anderer Personen.

Dabei geht eine resiliente Führungskraft mit Führung und sich selbst ganzheitlich, achtsam und bewusst um (vgl. ◘ Abb. 5.1). Achtsamkeit kann als eine Art „Bewusstseinsradar" im Hintergrund verstanden werden, der ein stetiges Monitoring des Inneren (Körper, Emotionen, Verstand, Seele) und des Äußeren (Umfeldfaktoren) sicherstellt (Brown und Ryan 2003). Aufmerksamkeit wiederum ist der Prozess fokussierten Bewusstseins auf wenige ausgewählte Stimuli (ebd.).

Mit Blick auf gesunde und resiliente Organisationsführung ist es für Führungskräfte zentral, mit der eigenen Energie umsichtig umzugehen. Nach Bruch und

5.2 · Selbstmanagement als Voraussetzung

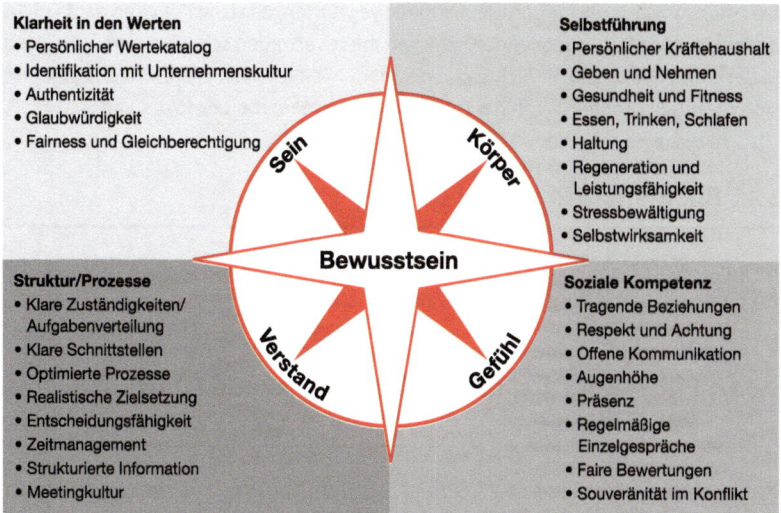

Abb. 5.1 Resilienzkompass für Führungskräfte. (Adaptiert, nach Wellensiek 2011, S. 241)

Vogel (2009) können insbesondere überenergetisierte Manager durch einen konstanten Fluss an Ideen und Initiativen ihre Teams auch überfordern. Auf Widerstand von den Mitarbeitern reagieren sie mit erhöhtem Druck, worauf die Mitarbeiter zumachen. Ein solches Verhalten trägt zu individuellem und organisationalem Burnout bei (vgl. ▶ Abschn. 3.2.1).

Fallbeispiel

Der Vorstandsvorsitzende eines Unternehmens, das ich als Beraterin durch einen mehrjährigen Veränderungsprozess begleiten durfte, schilderte mir in der Auftragsklärung seine Situation wie folgt: Der Vorstand und seine Direct Reports seien insgesamt mit einem Vogelschwarm zu vergleichen. Ganz vorne an der Spitze würde er, der Vorstandsvorsitzende, fliegen. Und dann käme ganz lange nichts mehr. Dann folgten zwei weitere Vorstandskollegen, wieder lange nichts mehr und weit hinten die Direct Reports. Mein Kunde hatte sich in diesem Unternehmen ganz an die Spitze gekämpft, fühlte sich nun aber entmutigt, erschöpft und verzweifelt. Gleichzeitig sah er keine andere Lösung, als alleine vorneweg zu fliegen. Die Kollegen wären einfach nicht visionär und kreativ genug, erklärte er mir. Nach einigen Gesprächen schließlich erkannte er: Nicht die Kollegen waren zu langsam, er war zu schnell und hatte sie zu wenig in seine Überlegungen einbezogen. All die Energie, die er täglich aufbrachte, und auch die meisten seiner Ideen verpufften, da seine Kollegen daran nicht andocken konnten. Indem er den Kollegen mehr Vertrauen schenkte und auch ihren Ideen eine Chance gab, brauchte er nicht mehr alleine zu kämpfen, und das gesamte Unternehmen profitierte von der besseren Zusammenarbeit des Vorstandes.

5.3 Resilienzfördernde Führung

Resilienzfördernde Führung wird von mehreren Führungsstilen beeinflusst, die im Folgenden kurz vorgestellt werden.

5.3.1 Führungsstile, die resilienzfördernde Führung beeinflussen

Neben Transformational Leadership, einem Führungsstil, der zurzeit in vielen Unternehmen praktiziert wird, sind die systemische Führung, die partizipative Führung und – mit Blick auf die Positive Psychologie – die positive Führung wichtige Einflussfaktoren resilienter Führung. Dazu kommt Servant Leadership, ein Führungsstil, der vermehrt auch mit moderner Unternehmensführung in Verbindung gebracht wird (Laloux 2015, S. 33; ◘ Abb. 5.2). Dabei gibt es viele Überschneidungen zwischen den verschiedenen Führungsmodellen und -stilen.

> **Definition**
>
> **Partizipative Führung**
> Die Grundidee dieses Führungskonzeptes besteht darin, die Mitarbeiter in die Definition von Zielen, in Meinungsbildung und Entscheidungen einzubeziehen, um ihre Motivation, Identifikation und Selbständigkeit zu fördern und Empowerment zu stärken (Grasmick et al. 2012). Neben der Delegation von Aufgaben wird auch eine Kultur gefördert, die Fehler als Lernchance sieht und auf die Suche nach und Bestrafung von Schuldigen verzichtet (Rossberger und Krause 2014; Khan et al. 2015; Iqbal et al. 2015). Studien unter hochqualifizierten virtuellen Mitarbeitern zeigen, dass partizipativer Führungsstil zu höher Zufriedenheit bei der Arbeit führt (Sinani 2016).

5.3 · Resilienzfördernde Führung

Abb. 5.2 Resiliente Führung beeinflussende Führungsstile

Definition

Systemische Führung

Systemische Führung stützt sich auf die Wahrnehmung der Wechselwirkungen unterschiedlicher Faktoren im Unternehmen und in seinem Umfeld sowie die Akzeptanz, dass diese auf Führungskraft und Mitarbeiter einwirken. Zu diesen Faktoren gehören neben Vorgesetzten, Kollegen und Mitarbeitern auch die Unternehmenskultur und -geschichte sowie Kunden, Lieferanten, die Gesellschaft, Technologien usw. Systemisch führen heißt individuell führen und den eigenen, individuellen Stil an die Gegebenheiten, das Unternehmen und die Menschen anzupassen. Wer systemisch führt weiß, dass es keine einheitliche organisatorische Wirklichkeit gibt, sondern dass jede Person ihre eigene Wahrnehmung der Wirklichkeit hat, auf der ihr Verhalten beruht (Pinnow 2012).

> **Definition**
>
> **Transformational Leadership**
> Eine transformational agierende Führungskraft motiviert und verändert ihre Mitarbeiter, indem sie ihnen eine überzeugende Vision vermittelt, Vertrauen und Zuversicht fördert, selbst Begeisterung ausstrahlt und so dafür sorgt, dass Ziele erreicht werden. Die Führungskraft spielt bei diesem Führungsmodell eine zentrale Rolle als glaubwürdiges Vorbild. Gleichzeitig regt sie in ihrem Team unabhängiges Denken an, unterstützt Veränderungen, leistet einen Beitrag zum Ganzen und motiviert ihre Mitarbeiter, Dinge zu hinterfragen. Schließlich fördert sie die Entwicklung der Potenziale und Fähigkeiten ihrer Mitarbeiter, behandelt jeden als Individuum, nimmt sich Zeit für Führung und leitet Mitarbeiter als Coach an (Furtner 2016; Felfe 2015; Lang und Rybnikova 2014).

> **Definition**
>
> **Positive Leadership**
> Positive Leadership beruht auf der Positiven Organisationslehre (POS) und bekommt zurzeit mehr und mehr Zuspruch, da dieser Führungsstil vor allem auch die Selbstverantwortung der Mitarbeiter stärkt. Die Grundlage dafür ist die eigene Haltung: ein positives Menschenbild, das anderen das Beste zutraut, Freude daran, andere zu befähigen, statt die Dinge selbst zu erledigen, und eine positive Haltung sich selbst gegenüber (Sutcliffe und Vogus 2003, S. 109). Bei diesem Führungsstil geht es um die Frage, wie Führung ausgestaltet sein muss, damit sie die Lebendigkeit der Organisation und der Menschen stärkt, sie also energetisiert (Brohm 2016a). Positive Führung fördert Aufblühen bei der Arbeit (*thriving*), unterstützende Beziehungen (*interpersonal flourishing*), tugendhaftes Verhalten (*virtuous behaviors*), positive Emotionen (*positive emotions*) sowie Energienetzwerke (*energizing networks*) (Cameron 2008, S. 3 f.).

5.3 · Resilienzfördernde Führung

> **Definition**
>
> **Servant Leadership**
> Der Servant-Leadership-Ansatz zeichnet sich durch eine kompromisslose Ausrichtung auf die Bedürfnisse der Geführten, ihr Wohlbefinden und ihr Wachstum aus. Eine Voraussetzung des dienenden Führens ist Demut und die Fähigkeit, auf Macht zu verzichten (Center for Servant Leadership 2018).

Zum Thema Resilienz bzw. Umgang mit Stress und Transformational Leadership gibt es bereits recht umfangreiches Material (z. B. Furtner 2016; Bruch und Vogel 2009; Harland et al. 2005 sowie Bass 1990). Positive Leadership und Resilienz wird z. B. von Cameron und McNaughtan (2014); Cameron (2008); Luthans et al. (2010) sowie Avey et al. (2011) behandelt. Um dem Thema dieses Buches – Positive Psychologie und organisationale Resilienz – gerecht zu werden, liegt der Fokus im Folgenden auf Resilienz und positiver Führung. Aufgrund der oben erwähnten Überlappung wird auch immer wieder der Beitrag der anderen Führungsstile berücksichtigt.

Der Führungsstil einer Person ist nicht festgelegt, sondern kann sich entwickeln. Die Voraussetzung für diese Entwicklung und gleichzeitig die Basis eines resilienzfördernden Führungsverhaltens ist eine dynamische Denkweise und ein entsprechendes Selbstbild.

Martin Pöhland, Personalleiter eines Bosch-Werks, sieht in der Änderung des Mindsets von Führungskräften die größte Chance einer Organisation mit noch klassischer Hierarchiestruktur, mit den neuen Herausforderungen der VUCA-Welt klarzukommen – ohne die komplette Organisationsstruktur ändern zu müssen:

> Der größte Wandel passiert im Kopf der Führungskräfte, die jahrelang in hierarchischen Strukturen gearbeitet haben und die a) befürchten, ihr Gesicht zu verlieren, wenn sie Führung abgeben oder auch einmal die Mitarbeiter fragen, was der richtige Weg sein könnte und b) Angst um ihre Rolle als solche haben (Lezner 2018).

Auch Laloux (2015, S. 140) betont, dass bewusste Führung notwendig sei, wenn die Organisation noch nicht über das Pyramidenmodell hinaus denken kann. Denn durch bewusste Führung lässt sich Macht positiver einsetzen.

5.3.2 Resilienz und das Mindset von Führungskräften

Die von Dweck (2016, S. 129 ff.) genannten Unterschiede zwischen Führen mit statischem Selbstbild (*fixed mindset*) und Führen mit dynamischem Selbstbild (*growth mindset*) seien im Folgenden zusammengefasst (zu den beiden Selbstbildern vgl. auch ▶ Abschn. 4.3.5; ◘ Tab. 5.1).

Das Verhalten der Führungskraft wirkt sich dabei auf das Selbstbild ihrer Mitarbeiter aus: Herrische und beleidigende Chefs zwingen ihren Mitarbeitern ein statisches Selbstbild auf (Dweck 2016, S. 148). Statt zu lernen, zu wachsen und das Unternehmen voranzubringen, haben auf diese Weise behandelte Mitarbeiter Angst, dass sie schlecht beurteilt werden könnten, was ihre Kreativität und Innovationsfähigkeit einschränkt. Umgekehrt stärkt eine Führungskraft mit dynamischem Selbstbild die Resilienz ihrer Mitarbeiter genauso wie das organisationale Lernen und fördert dadurch die Zukunftsfähigkeit des Unternehmens. Die Welt dieser Führungskräfte ist „heller, weiter, voller Energie und Möglichkeiten" (Dweck 2016, S. 149). Führen mit dynamischem Selbstbild ist somit auch die Grundlage für den positiven Führungsstil, auf den im Folgenden weiter eingegangen wird.

5.3.3 Führung, Resilienz und Leistung

Positiv deviante Leistung ist ein Fokusthema von Positive Leadership. Das heißt, für die Führungskraft stehen Ergebnisse im Mittelpunkt, welche – selbst in schwierigen Zeiten – übliche oder erwartete Leistungen deutlich übertreffen (Cameron 2008). Positive Führung zielt darauf ab, Individuen und Organisationen darin zu unterstützen, diese exzellenten Leistungen zu erbringen (Brohm 2016a; Cameron und McNaughtan 2014). Gemeinsame positive Erfahrungen und Erlebnisse wiederum unterstützen die Resilienz von Organisationen, Teams und Einzelpersonen (Sharma und Sharma 2016).

Das Konzept des psychologischen Kapitals (vgl. ▶ Abschn. 4.2.6) verbindet positive Führung, Resilienz und Leistung: Studien zu diesem aus den vier Ressourcen Hoffnung, Selbstwirksamkeit, Resilienz und Optimismus bestehenden Konstrukt zeigen einen positiven Zusammenhang zur Leistung der Führungskraft selbst und ihrer Mitarbeiter (Avey et al. 2011; Walumbwa et al. 2010; Cameron und McNaughtan 2014; Luthans et al. 2010; Youssef und Luthans 2007; Luthans und Youssef-Morgan 2017). Das macht das psychologische Kapital zu einem wichtigen Wettbewerbsfaktor für Unternehmen. Weitere Studien belegen, dass

5.3 · Resilienzfördernde Führung

Tab. 5.1 Wie eine statische und dynamische Denkweise Führung beeinflussen

Führungskräfte mit statischem Selbstbild	Führungskräfte mit dynamischem Selbstbild
… glauben, dass manche Menschen von Natur aus besser sind als andere	… glauben an Entwicklungsfähigkeit – sowohl an ihre eigene als auch die ihrer Mitarbeiter
… müssen ihre eigene Überlegenheit immer wieder unter Beweis stellen	… versuchen, sich kontinuierlich weiter zu verbessern
… nutzen das Unternehmen als Bühne für die Selbstdarstellung	… bewahren die Zuversicht, dass sie Erfolg haben werden
… machen andere klein, um sich groß zu fühlen	… stellen unaufhörlich Fragen und halten auch die brutalsten Antworten aus
… verfügen über ein unersättliches Ego, das oft auch den Niedergang der Organisation beschleunigt	… sehen das Unternehmen als Wachstumschance für sich selbst und ihre Mitarbeiter – und fördern dadurch das Wachstum des Unternehmens selbst
… weigern sich, Schwächen und Fehler einzugestehen und verstehen Kritik als Angriff	… analysieren ihre eigenen Fehler und Schwächen und fragen offen, welche Kompetenzen sie selbst und die Organisation in Zukunft benötigen
… steigern ihr Gefühl der Macht, Kompetenz und ihres Selbstwertes auf Kosten ihrer Mitarbeiter	… helfen ihren Mitarbeitern durch Zuhören, Belohnen und Fördern, sich weiterzuentwickeln
… bestrafen Fehler und abweichende Meinungen oder machen sich darüber lustig	… sehen Fehler als Lernchance und interessieren sich ehrlich für unterschiedliche Auffassungen
… fürchten Konkurrenz und arbeiten stets daran, unersetzbar zu sein	… arbeiten und führen nach dem Motto „Ich mache mich ersetzbar"
… ersticken dadurch die Freude an der Arbeit und Kreativität – ihre eigene genauso wie die ihrer Mitarbeiter	… schaffen somit ein Umfeld, das Lernen, Kreativität, Innovation und Austausch fördert
… werden zum arroganten Nichtlerner und meiden Veränderung	… ergreifen jede sich bietende Lernchance und sind offen für Neues

Psychologisches Kapital, verbunden mit Achtsamkeit (vgl. ▶ Abschn. 4.3.4), das Wohlbefinden der Führungskräfte selbst stärken kann (Roche et al. 2014). Wie können Führungskräfte das psychologische Kapital ihrer Mitarbeiter und Teams fördern? – Hinweise darauf geben die Mechanismen, durch die sich Positivität verbreitet, nämlich durch Aufwärtsspiralen, Abwärtsspiralen, Welleneffekt (*ripple effect*) und Ansteckungsprozesse (Cameron 2003; Fredrickson 2001; Luthans et al. 2010; Youssef und Luthans 2007). Avey et al. (2011) fanden heraus, dass sich die Positivität der Führungskräfte auf ihre Mitarbeiter überträgt, indem sie quasi „heruntertröpfelt" (*trickle-down effect*), was das psychologische Kapital der Beschäftigten und ihre Leistung steigert. Gleiches gilt für das gesamte Team (Haar et al. 2014).

Das richtige Umfeld ist eine grundlegende Voraussetzung für den Erfolg von Interventionen zum psychologischen Kapital. Die Entwicklung positiver Denkmuster führt dazu, dass im Unternehmen tief verankerte Annahmen und Glaubenssätze herausgefordert und ersetzt werden. Dieser Wandel bedingt ein positives Unternehmensklima (vgl. ▶ Kap. 3), das die neue Selbstwirksamkeit und Achtsamkeit der Mitarbeiter unterstützt (Petersen 2015).

5.4 Die Aufgaben einer bewussten, resilienzorientierten Führungskraft

In der heutigen Arbeitswelt ist der Wissensarbeiter oft der einzige in der Organisation, der wirklich beurteilen kann, ob er seine Sache gut gemacht hat. Das heißt: Nicht die fachliche Beurteilung durch die Führungskraft sollte im Vordergrund stehen. Vielmehr sind Orientierung, offene Gesprächsführung und Vernetzung der Mitarbeiter untereinander heute die wesentlichsten Führungsaufgaben (Mourlane et al. 2013; Initiative neue Qualität der Arbeit 2014; Cameron 2008).

Auf die Beschäftigten bezogen bedeutet das, dass eine resilienzfördernde Führungskraft

- ihren Mitarbeitern Sinn und Orientierung vermittelt,
- ihre Autonomie und damit ihre Selbstwirksamkeit stärkt,
- bereichernde Beziehungen im Team, Teamzusammenhalt und Wissensaustausch fördert,
- Mitarbeiter dabei unterstützt, ihre Stärken, Fähigkeiten und Kompetenzen optimal einzusetzen,
- ihnen hilft, bei Herausforderungen und Veränderungen auch die Chancen zu erkennen,

- bezüglich Umgang mit eigenen Ressourcen und Emotionen als Vorbild agiert,
- Emotionen und Energien in ihrem Team managt,
- und dadurch den Mitarbeitern hilft, hervorragende Leistungen zu erbringen.

Auf die Organisation bezogen heißt das, dass eine Führungskraft
- kreative Anpassung an sich schnell verändernde Umfeldbedingungen fördert,
- ergebnisoffene Prozesse zu gestalten weiß,
- den Wandel hin zu einer flexiblen, vernetzten und gesunden Unternehmenskultur unterstützt und mithilft, die Organisation zukunftsfähig zu machen.

In diesen Aufgaben einer resilienzorientierten Führungskraft spiegeln sich die sieben Resilienzfaktoren nach dem 7C-Modell wider: Community, Competence, Connections, Commitment, Communication, Coordination und Consideration (vgl. ▶ Abschn. 3.1).

5.4.1 Vermittlung von Sinn und Orientierung

Die Studie *Führung, Gesundheit und Resilienz* ergab den größten Zusammenhang zwischen dem Führungsverhalten einer Führungskraft und der Resilienz ihrer Mitarbeiter bei einem Führungsverhalten, welches auf das Bedürfnis nach Orientierung und Kontrolle der Mitarbeiter abzielt (Mourlane et al. 2013). Daraus lässt sich schließen, dass Führungskräfte die Resilienz ihrer Mitarbeiter am ehesten stärken können, wenn sie diesen einerseits Orientierung geben, ihnen andererseits aber auch ein gewisses Maß an Kontrolle über ihren Arbeitsbereich und ihre Aufgaben zugestehen und dadurch ihre Selbstwirksamkeitsüberzeugung stärken.

Die Vermittlung von Informationen stiftet Orientierung. Dazu gehört auch Klarheit: Führung bedeutet, strategische Unternehmensziele verständlich zu übersetzen und ihre sinnvolle Verbindung mit den individuellen Zielen der Mitarbeiter aufzuzeigen (Gebhardt et al. 2015; Cameron 2008).

Wie bereits ausgeführt, hat Sinn auf Menschen und Organisationen eine äußerst vitalisierende Wirkung, er stärkt die Handlungs- und Leistungsfähigkeit von Mitarbeitern (Initiative neue Qualität der Arbeit 2014; Brohm 2017; vgl. ▶ Abschn. 3.2.1). Orientierung über Sinnvermittlung fördert das Vertrauen der Mitarbeiter in ihre Führungskraft (Mishra und Mishra 2013), und das Stärken positiver Gefühle kann sinnstiftend wirken (Tugade et al. 2004, S. 241). In der

Tat gehören Sinn, Rollenklarheit und Autonomie zu den wichtigsten Ressourcen bei der Arbeit (Rigotti et al. 2014, S. 29; Avey et al. 2011). In einer Längsstudie konnte sogar nachgewiesen werden, dass Führungsverhalten, das Rollenklarheit vermittelt und positive Rückmeldung enthält, zu einem reduzierten Risiko für Herz-Kreislauf-Erkrankungen führt (Nyberg et al. 2009).

Grant (2008) fand heraus, dass die wahrgenommene Sinnhaftigkeit der Arbeit durch persönliche Interaktionen mit den Endzielgruppen erhöht werden kann. Mitarbeiter, die im direkten Kontakt mit den Nutznießern ihrer Arbeit standen, zeigten dreimal mehr Aufgabenpersistenz. Diese Mitarbeiter erreichten auch bei Routineaufgaben eine signifikant höhere Produktivität: Gegenüber den Kollegen, die keinen Kontakt zu den Endzielgruppen hatten, produzierten sie doppelt so viel Output.

Praxistipp

Orientierung geben in der VUCA-Welt

„Wie soll das gehen", fragte mich eine Führungskraft, die ich bei der Teamentwicklung begleitete. „Ich erhalte von der Organisation bzw. meinem Vorgesetzten immer weniger Klarheit über die Zukunftsausrichtung des Unternehmens, weil man die Zukunft heute einfach nicht mehr gut voraussagen kann. Gleichzeitig fordern meine Mitarbeiter mehr Orientierung, und mir ist bewusst, das dies für sie wichtig ist." – Solche und ähnliche Sorgen höre ich häufig. Die Führungskraft hat recht: Orientierung und Kontrolle gehören nach Grawe (2004) zu den psychischen Grundbedürfnissen der Menschen, die man nicht einfach wegdiskutieren kann. Geholfen haben dieser Führungskraft folgende Ansätze:

- Das gestalten, was gestaltbar ist, z. B. Verbesserungen innerhalb des eigenen Teams, Stärkenorientierung, Job Crafting, Ziele und Visionen für das Team, die regelmäßig überprüft und angepasst werden, Annahmen treffen, iterativ arbeiten (zu agilen Methoden vgl. ▶ Abschn. 6.9.4);
- Feedback und Verbesserungsvorschläge einbringen und dabei Gestaltungsgrenzen erkennen und akzeptieren, d. h. das loslassen, worauf man keinen Einfluss hat. Sich festbeißen birgt eine hohe Frustrationsgefahr;
- Werte und Sinn (*purpose*) aktiv als Orientierung nutzen, sie als Führungskraft vorleben und in den Arbeitsalltag integrieren;
- sich selbst fokussieren und seine Mitarbeiter auf wenige gemeinsame Ziele ausrichten;
- Selbstreflexion der Führungskraft: Was hat das mit mir zu tun? Bin ich eine Person, die selbst viel Kontrolle und Orientierung braucht und der Flexibilität und Anpassung eher schwerfällt?

Später wird erneut auf die Orientierungsaufgabe eingegangen und aufgezeigt, wie Führungskräfte dabei konkret vorgehen können (vgl. ▶ Abschn. 5.4.6).

5.4.2 Fördern vertrauensvoller Beziehungen

Der Edelman Trust Barometer (2017) spricht von einer „Implosion des Vertrauens". Dafür stehen der Vormarsch populistischer Parteien in Deutschland und Frankreich, der Brexit in Großbritannien, Terrorangriffe in Europa sowie Unternehmensskandale wie Dieselgate. Neben dem erodierenden Vertrauen in das politische System ist auch das Vertrauen in die Führungskräfte stark zurückgegangen, was das Ansehen ihrer Organisationen beschädigt: Im Jahr 2017 fiel die Glaubwürdigkeit von CEOs weltweit um 12 Prozentpunkte auf 37 %. Freunde und Familie werden nunmehr als weit glaubwürdiger wahrgenommen als Fachpersonen oder CEOs. Als glaubwürdigste Vertreter von Unternehmen gelten die Mitarbeiter.

Eine angemessene Vertrauensbasis zwischen der Führungskraft und ihren Mitarbeitern ist die Voraussetzung für einen wirksamen Umgang mit Unsicherheit, Komplexität und Turbulenzen (Mishra und Mishra 2013). Vertrauen wiederum setzt Zuwendung und Beziehung voraus (Esch 2017). Für Mishra und Mishra (2013, S. 6) bedeutet interpersonales Vertrauen die Bereitschaft einer Person, sich vor der anderen Person als verletzlich zu zeigen, und zwar auf der Basis der Überzeugung, dass diese Person zuverlässig, offen, kompetent und mitfühlend ist:

- **Zuverlässigkeit**: Wir empfinden andere Menschen als zuverlässig, wenn wir uns darauf verlassen können, dass sie tun, was sie ankündigen und ihre Versprechen halten.
- **Offenheit**: Wir erwarten von anderen mindestens, dass sie uns nicht anlügen. Die Maximalausprägung von Offenheit ist volles Offenlegen. Offenheit benötigt Zeit, sich zu entwickeln, denn sie bedingt, dass wir uns anderen gegenüber als verletzlich zeigen mögen.
- **Kompetenz**: Minimal bedeutet Kompetenz, dass wir in der Lage sind, die uns anvertrauten Aufgaben zu erfüllen. Maximal bedeutet Kompetenz, dass wir die an uns gestellten Erwartungen immer wieder übertreffen.
- **Mitgefühl**: Andere Menschen nicht auszunutzen, ist die Minimalausprägung von Mitgefühl. Wir zeigen maximales Mitgefühl, wenn wir uns ehrlich für andere Menschen und ihre Bedürfnisse interessieren und uns selbstlos dafür einsetzen, dass diese erfüllt werden.

Resiliente Führungskräfte haben den Mut, anderen zu vertrauen und als gutes Beispiel voranzugehen – selbst auf das Risiko hin, dass sie ausgenutzt und enttäuscht werden oder ihr Gesicht verlieren könnten. Das braucht Mut und innere Stärke (Reivich und Shatté 2002). Eine offene Gesprächsführung und wertschätzendes Feedback zum Beispiel stärken die Bindung zwischen der Führungskraft und ihren Mitarbeitern und wirken vertrauensfördernd. Dabei gilt das Prinzip „Vertrauen steckt an" (*trust breeds trust*). Es handelt sich also um eine Wechselbeziehung zwischen Vertrauensgeber und Vertrauensnehmer sowie zwischen Vertrauen und Vertrauenswürdigkeit (Osterloh und Weibel 2006). Für die Arbeit in (selbstorganisierten) Netzwerken, auf die Unternehmen heute immer öfter zurückgreifen um mit Komplexität umzugehen, wird von den Führungskräften Einfühlungsvermögen und Einsichtsfähigkeit verlangt (Initiative neue Qualität der Arbeit 2014).

5.4.3 Fördern von Autonomie

In Organisationen mit klassischer Pyramidenstruktur ist die Entscheidungsfindung ungleich verteilt: Entscheidung findet oben statt, während das Wissen unten an der Basis ist. Die Herausforderungen der VUCA-Welt und der Digitalisierung verlangen jedoch nach Nutzung des verteilten Wissens, nach dezentralisierter Kommunikation und Entscheidung. Denn eine einzelne Führungskraft kann dieses Wissen nicht mehr so transferieren, dass es für das Unternehmen zukunftsfähig und nachhaltig ist. Die Kommunikations- und Entscheidungswege in der Pyramidenstruktur – nach dem Wasserfallmodell – dauern viel zu lang, Wissen geht auf dem Weg verloren oder wird abgeändert. Das bedeutet, dass eine Führungskraft einen Teil ihrer Kontrolle und Macht abgeben muss bzw. die Mitarbeiter partizipativ in die Entscheidungsfindung einbeziehen sollte (Lezner 2018).

Für Mitarbeiter bedeutet dies die Befähigung, selbstbestimmt über ihre Grenzen hinauszuwachsen und so von der Komfort- in die Lernzone zu gelangen (Dweck 2016). Denn die Wahrnehmung von Autonomie fördert die Motivation und ermöglicht es Teams, vermehrt zu reflektieren, was und wie aus kritischen Situationen gelernt werden kann (Ritz 2015a). Eine verstärkte Eigenständigkeit der Mitarbeiter ermöglicht außerdem, große Potenziale für schwierige Leistungsprozesse zu heben. Gleichzeitig ist die Befähigung auch eines der wichtigsten Kriterien, um Bindung und Loyalität zu erzeugen (Gebhardt et al. 2015).

Umgekehrt braucht eine Führungskraft eine gute Beziehung zu und Vertrauen in ihre Mitarbeiter, um Kontrolle loszulassen und Aufgaben delegieren zu können. Beide für Resilienz grundlegende Faktoren – Autonomie und Beziehung – sind also eng miteinander verbunden und haben als gemeinsame Grundlage das Vertrauen.

> **Praxistipp**
>
> **Mitarbeiterautonomie fördern**
> Eine Führungskraft kann die Resilienz ihrer Mitarbeiter stärken, wenn sie zu deren Autonomie- und Sinnerleben beiträgt und damit deren Kontrollüberzeugung stärkt. Das kann sie tun, indem sie
> - auf die Sichtweisen, Bedenken und Lösungsvorschläge ihrer Mitarbeiter eingeht, gut zuhört und sie ernst nimmt. Dadurch stärkt sie zugleich die soziale Zugehörigkeit der Beteiligten (Osterloh und Weibel 2006, S. 102; Edelman Trust Barometer 2017). Dabei ist es weniger relevant, ob diese Ideen auch umgesetzt werden. Zu vermeiden sind allerdings Abstimmungen über eigentlich bereits getroffene Entscheidungen „als Feigenblatt". Dasselbe gilt natürlich auch im Teamkontext;
> - einen Delegationsstil pflegt, der die zunehmende Eigenständigkeit der Mitarbeiter respektiert, ohne diejenigen zu vernachlässigen, die stärker angeleitet werden müssen (Gebhardt et al. 2015);
> - die Geschehnisse im Unternehmen in den Kontext einordnet und so erklärt, dass sie für die Mitarbeiter Sinn ergeben und nachvollziehbar sind (Sensemaking-Prozesse; Weick et al. 2005);
> - ihre Positionen begründet, ihre Meinung klar und verständlich äußert und der Mitarbeiter sowohl zustimmend als auch ablehnend reagieren darf;
> - sich wertschätzend und bestärkend äußert.

5.4.4 Stärkenorientierung

> » Menschen arbeiten nicht wie am Fließband. Wir sind unterschiedlich. Und wenn man dies einmal begreift, ändert sich die ganze Weltanschauung, denn man muss darüber nachdenken, wie man Dinge den Talenten einer Person entsprechend arrangiert (Don Clifton in Gallup 2012, S. 189).

Auf der Grundlage seiner jahrzehntelangen Forschung zu Stärken, Talenten und Erfolg bezeichnet das Beratungsunternehmen Gallup den stärkenorientierten

Führungsansatz als beste Methode zur Verbesserung der Beziehung zwischen Mitarbeitern und Führungskräften, da dieser Führungsstil tiefgreifende Auswirkungen auf die emotionale Bindung habe (Gallup 2012, S. 197). Die effektivsten Führungskräfte, die Gallup untersucht hat, haben mehrere Gemeinsamkeiten (Gallup 2013):

- **Sie sind sich ihrer eigenen Stärken bewusst:** Ihre eigenen Stärken und Schwächen zu kennen und dazu zu stehen, versetzt die Führungskräfte in die Lage, authentisch zu sein und sich auf die Bereiche zu konzentrieren, die ihren Talenten entsprechen. Sie übernehmen Verantwortung für die Weiterentwicklung ihrer Stärken.
- **Sie investieren stets in Stärken:** Die Führungskräfte halten bei ihren Mitarbeitern nach Stärken Ausschau und sprechen mit ihnen darüber. Sie können die Talente all ihrer Mitarbeiter detailliert beschreiben und wissen, was jede Person motiviert, wie sie denkt, fühlt, sich verhält und Beziehungen aufbaut. Stärken haben bei ihnen Vorrang vor Hierarchie.
- **Sie achten auf die Teamzusammensetzung und maximieren die Leistung ihrer Teams:** Die besten Führungskräfte sind nicht rundum perfekt, die besten Teams durchaus. Hochleistende Führungskräfte achten darauf, dass ihr Team eine große Bandbreite an Stärken abdeckt, also divers aufgestellt ist. Schafft die Führungskraft darüber hinaus eine Umgebung, die Mitarbeiter ermutigt und sie dazu motiviert, in die Stärken der anderen zu investieren, ist das Team in der Lage, effektiver zusammenzuarbeiten, höhere Leistung zu erbringen und eine stärkere Bindung einzugehen.
- **Sie sind bindungsorientiert:** Hochleistungsfähige Führungskräfte fördern in ihren Teams eine Kultur der Zusammenarbeit und Partnerschaft. Sie richten ihre Aufmerksamkeit auf die emotionale Bindung ihrer Mitarbeiter und Teams und sorgen dafür, dass die Bedürfnisse ihrer Mitarbeiter am Arbeitsplatz erfüllt sind.
- **Sie verstehen, was ihre Mitarbeiter brauchen, um erfolgreich und produktiv zu sein:** Effektive Führungskräfte nutzen die Informationen über die Stärken ihrer Mitarbeiter, um ihnen zu helfen, erfolgreich zu sein. Sie räumen Hürden für Mitarbeiter aus dem Weg. Sie unterstützen ihre Mitarbeiter, die Talente der Teammitglieder zu verstehen und wertzuschätzen.
- **Sie sind ergebnisbezogen:** Die Führungskräfte geben Leistungsziele klar vor und kommunizieren ihre Erwartungen. Sie ermöglichen es ihren Mitarbeitern durch Feedback und Führung, die richtigen Entscheidungen zu treffen und Verantwortung zu übernehmen.

In Organisationen, in denen die Mitarbeiter jeden Tag das tun dürfen, was sie am besten können, sind Kundenzufriedenheit, Mitarbeiterloyalität und -engagement sowie Produktivität auf Mitarbeiter- und Organisationsebene bedeutend höher als wenn dies nicht der Fall ist (Asplund und Blacksmith 2012; Clifton und Harter 2003).

5.4.5 Energie- und Emotionsmanagement

Die Energie in Unternehmen wird von den einzelnen Personen und ihren Beziehungen untereinander beeinflusst. Energie zu orchestrieren, wird daher eine immer bedeutungsvollere Aufgabe von Führungskräften. Dabei können Führungskräfte durch aktives Energie- und Emotionsmanagement sowie intensive Kommunikation die kollektive Wirksamkeitsüberzeugung ihrer Teams wesentlich beeinflussen. Deshalb sind Führungskräfte neben der Organisationskultur ein weiterer wichtiger Einflussfaktor von Energie in Unternehmen.

> Especially in challenging times, that is, in times of crises, increased competition, accelerated innovation cycles, and intensified changes in organizations, we need strong and energizing leaders on all levels of the hierarchy – leaders with optimism and confidence (Bruch und Vogel 2011, S. 237).

5.4.5.1 Strategien zur Steigerung der kollektiven Wirksamkeitsüberzeugung

Studien zeigen, dass positiv energetisierende Führungskräfte eine signifikant positive Wirkung auf die Leistung, das Engagement, das Wohlbefinden, die Zufriedenheit und sogar das Familienleben von Einzelpersonen haben und dass sie organisationale Leistung, Teamwork, Innovation und Lernbereitschaft stärken (Cameron und McNaughtan 2014). Dabei erzeugen Vorgesetzte, die mehr positive Emotionen äußern, dieselben Gefühle bei ihren Mitarbeitern, es wird also ein Ansteckungsprozess in Gang gesetzt (*trickle-down effect*; Bono und Illies 2006).

Um positive organisationale Energie zu fördern, empfehlen Cross et al. (2003), bei fünf Interaktionsdimensionen den Mittelpunkt (*sweet spot*) zu treffen und Extreme zu vermeiden:

- **Fokus auf Chancen/Visionen:** Sich auf Möglichkeiten in der Zukunft statt auf aktuelle oder vergangene Probleme konzentrieren;

- **sinnvoller Beitrag:** Kollegen und Mitarbeitern ermöglichen, ihre Meinungen zu äußern, auch wenn diese von der eigenen Meinung abweichen; ihnen helfen, ihre Arbeit als Beitrag zum großen Ganzen zu erkennen – wie ein Puzzleteilchen, das für das Gesamtbild unerlässlich ist;
- **Aufmerksamkeit:** Mitarbeitern und Kollegen wirklich zuhören und ihre Bedürfnisse erkennen;
- **Fortschritt:** Ein klares Ziel haben, den Weg dahin aber flexibel halten: so ergeben sich neue, individuell beeinflussbare Möglichkeiten, weiterzukommen; sich fokussieren und vermeiden, Probleme, auf die man keinen Einfluss hat, immer wieder anzusprechen;
- **Hoffnung:** Mitarbeiter davon überzeugen, dass sich das Ziel lohnt und es erreichbar ist. Die Mitarbeiter beginnen, sich über die sich bietenden Chancen zu freuen, und hören auf, nach Stolpersteinen zu suchen.

Die gemeinsame Bewältigung von Aufgaben und eindrückliche Erfolgserlebnisse stärken die kollektive Wirksamkeitsüberzeugung, die für das Selbstvertrauen der Mitarbeiter und für die Energie im Unternehmen entscheidend ist. Führungskräfte können dazu beitragen, indem sie ihre Mitarbeiter bei der Zielsetzung einbeziehen, ihnen Handlungsspielräume gewähren und Interaktionen sowie Kommunikation intensivieren (Bandura 2001).

Dabei geht es einerseits darum, Energien freizusetzen und zu fokussieren, um der Trägheits- und Korrosionsfalle zu entkommen (vgl. ▶ Abschn. 3.2.3). Für nachhaltige Resilienz und Veränderungsfähigkeit reicht das aber noch nicht aus. Um die Beschleunigungsfalle zu vermeiden, müssen Vorgesetzte in der Lage sein, organisationale Energie langfristig zu erhalten und zu fördern. Im Folgenden werden die wichtigsten Erkenntnisse von Bruch und Vogel (2009, S. 92 ff.) zusammengefasst.

5.4.5.2 Strategien für den Umgang mit Krisen- und Veränderungssituationen

Wird ein Unternehmen mit einer externen Störung konfrontiert, können Führungskräfte mit geeigneten Strategien Energie in der Organisation aktivieren. Ziel ist, nicht ausgeschöpfte emotionale, mentale und handlungsbezogene Potenziale im Unternehmen zu mobilisieren. Denn für beides – den erfolgreichen Umgang mit Gefahren genauso wie mit Chancen – müssen Unternehmen resilient sein (Luthans 2002).

5.4 · Aufgaben einer resilienzorientierten Führungskraft

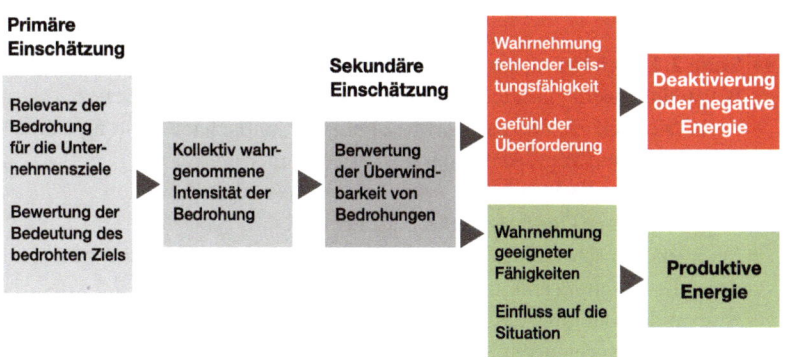

Abb. 5.3 Zwei-Stufen-Modell der kollektiven Bewertung von Bedrohung. (Adaptiert, nach Bruch und Vogel 2009, S. 94)

Dabei besteht der erste Schritt darin zu entscheiden, ob es sich bei der Situation um eine Bedrohung oder eine Chance für das Unternehmen handelt. Diese Unterscheidung ist oft schwierig, denn Situationen werden von Menschen unterschiedlich beurteilt. Für den Erfolg des Vorgehens ist es jedoch zentral, dass das Management für Eindeutigkeit und Übereinstimmung in seinen Aussagen achtet (Bruch und Vogel 2009, S. 91).

Mobilisierung von Energie bei Bedrohungen

Entscheidet das Management, dass die Situation – etwa eine Marktkrise, eine feindliche Übernahme, ein starker neuer Konkurrent oder ein Finanzierungsengpass – eine Gefahr für das Unternehmen ist, ist das eigene Verhalten wichtig. Denn es hängt maßgeblich von den Führungskräften ab, wie die Mitarbeiter auf Bedrohungen reagieren: Durch Bedrohung kann produktive Energie entstehen, oder es können negative Emotionszustände überwiegen.

In einer solchen Krisensituation hilft die Kenntnis über die Mechanismen, die zu einer aktivierenden Wirkung von Bedrohung führen. Hier kann das zweistufige kognitive Bewertungsmodell von Lazarus und Folkman (1984) herangezogen werden, das von Bruch und Vogel weiterentwickelt wurde (Abb. 5.3):

- **Stufe 1: Einschätzung der Relevanz:** Menschen schätzen ein Ereignis als hochrelevant ein, wenn es ein sehr wichtiges Unternehmens- oder Teamziel gefährdet.

– **Stufe 2: Einschätzung der eigenen Bewältigungsfähigkeit:** Bei dieser Beurteilung werden unterschiedliche Ressourcen und Kompetenzen berücksichtigt, wie finanzielle Mittel, Führungskompetenz, Leistungsstärke, Adaptions- und Wandelfähigkeit des Unternehmens.

Das Ergebnis dieser Einschätzung ist entscheidend:
– Erachten Menschen eine Gefahr als nicht relevant, werden sie sich nicht für deren Bekämpfung einsetzen.
– Ist man der Meinung, dass die Bedrohung relevant ist und das Unternehmen über die geeigneten Mittel und Fähigkeiten verfügt, diese auszuräumen, wird die Bedrohung zu einer Herausforderung, die man gemeinsam bewältigen möchte. Dies führt zu einer Mobilisierung des ungenutzten Potenzials in der Organisation.
– Kommt man zum Schluss, dass die Bedrohung relevant, aber nicht zu bewältigen ist, entsteht ein subjektives Gefühl der Überforderung, welches zur Deaktivierung von Energie führt, die sich als Resignation, Zynismus und Negierung oder Nichtbeachtung der Störung oder Gefahr zeigen kann.

Aus diesen Ausführungen dürfte deutlich werden, welche Bedeutung das Konstrukt der kollektiven Wirksamkeit für die Resilienz und Veränderungsfähigkeit eines Unternehmens hat.

In ◘ Tab. 5.2 ist das Vorgehen zur Bewältigung von Bedrohungen, wie es Bruch und Vogel (2009, S. 99 ff.) vorschlagen, zusammengefasst.

Bass (1990, S. 652) macht darauf aufmerksam, dass Führungskräfte Krisen in Entwicklungsherausforderungen verändern können, indem sie das Vertrauen der Mitarbeiter in die Bewältigungsfähigkeit stärken. Durch intellektuelle Stimulierung können Führungskräfte Mitarbeiter bei der Entwicklung wohlüberlegter, kreativer und passender Lösungen für Stresssituationen unterstützen und vermeiden, dass sie überstürzt, ablehnend oder unpassend handeln.

Mobilisierung von Energie bei Chancen

Nicht immer ist eine Störung mit einer Bedrohung gleichzusetzen. Ist das Management der Meinung, dass die Störung für das Unternehmen eine Chance bedeutet, empfehlen Bruch und Vogel (2009, S. 115 ff.) die Strategie „Zukunftschancen ergreifen" (◘ Tab. 5.3).

5.4 · Aufgaben einer resilienzorientierten Führungskraft

Tab. 5.2 Strategie 1: Bedrohung bewältigen

Strategie	Erläuterungen
„Bedrohung bewältigen"	**Geeignet für:** Unternehmen mit niedriger positiver Energie (Selbstzufriedenheit, Erfolgsverwöhntheit), also im Zustand angenehmer Trägheit **Wirkung:** Von angenehmer Trägheit zu produktiver Energie **Vorgehen:** 1. Interpretation und Definition der Bedrohung: Oft sind Gefahren diffus und die schwachen Signale werden von Mitarbeitern nicht erkannt 2. Klare, überzeugende und eindringliche sowie langfristige Kommunikation der Bedrohung und ihrer Auswirkungen für das Unternehmen. Oft wird unterschätzt, wie viel Kommunikation nötig ist, damit Mitarbeiter ein Bewusstsein für die Gefahr entwickeln 3. Erzeugen eines Gefühls von Dringlichkeit: Für „träge" Unternehmen – und bei noch nicht offensichtlichen Gefahren – kann dieser Schritt schwierig sein. Es geht darum, den Mitarbeitern mögliche negative Entwicklungen konkret und nachvollziehbar zu vermitteln. Durch intensive persönliche Kommunikation mit Führungskräften und Mitarbeitern können diese auch emotional erreicht werden. Dadurch wird in einem zweiten Schritt eine gemeinsame emotionale Betroffenheit erzeugt. Entscheidend dabei ist, eine kritische Masse im Unternehmen zu erreichen **Mögliche Risiken:** – Durch das Erzeugen der für die Auflösung von Verkrustungen nötigen Erschütterung darf es nicht zu einer kompletten Lähmung des Unternehmens kommen. Die richtige Dosierung sowie eine gute Mischung zwischen der Verdeutlichung der Handlungsnotwendigkeit und der Stärkung von Vertrauen in die eigenen Fähigkeiten ist zentral – Gelingt es, Energie zu erzeugen, wird diese aber nicht auf gemeinsame Ziele und Aktivitäten fokussiert, besteht die Gefahr, in die Korrosionsfalle zu tappen. Negative Energie und Fokus auf Eigeninteressen sind die Folge – Zeigen sich erste Erfolge, können Dringlichkeitsgefühl und produktive Energie wieder abnehmen, bevor die Veränderung nachhaltig gefestigt ist. Das Unternehmen fällt dann in alte Muster und auf ein reduziertes Energieniveau zurück. Es besteht die Gefahr der langfristigen Abnutzung

Tab. 5.3 Strategie 2: Zukunftschancen ergreifen

Strategie	Erläuterungen
„Zukunftschancen ergreifen"	**Idee:** Aktivierung von Energie durch Wahrnehmung von Chancen, Sinnstiftung und begeisternde Visionen (Verwirklichung von Belohnungspotenzialen); positive Nutzung unterschwelliger Spannung und der Bereitschaft außergewöhnlichen Engagements für die Verwirklichung eines Traumes/einer faszinierenden Idee **Geeignet für:** Unternehmen in einem Zustand resignativer Trägheit (Resignation, innere Distanzierung, Frustration, Enttäuschung aufgrund negativer Erfahrung mit Eigeninitiative) **Ziel:** Begeisterung für mögliche Gewinne, Nutzen, Gelegenheiten wecken **Voraussetzung für Erfolg:** Die Vision oder Chance erscheint den Mitarbeitern sinnvoll, relevant und in Bezug stehend zu ihrer Arbeit. Sie glauben an die Fähigkeit des Unternehmens und das Vorhandensein der nötigen Ressourcen, diese zu erreichen **Wirkung:** Von resignativer Trägheit zu produktiver Energie; positiv ausgelöstes Engagement für das Unternehmen wirkt dabei langfristiger und nachhaltiger als durch Bedrohungen ausgelöste Einsatzbereitschaft **Aufgabe der Führungskräfte:** Relevanz der Chance/Vision vermitteln; Beitrag jedes Mitarbeiters zur Umsetzung der Zukunftschance aufzeigen **Vorgehen:** 1. Bewertung der Relevanz und Umsetzbarkeit der Zukunftschance 2. Schaffen eines gemeinsamen Sinns (*unifying purpose*) 3. Konkretisieren, Verständlichmachen und Emotionalisieren der noch recht abstrakten Vision oder Chance sowie bewusstes Abgrenzen gegenüber anderen Optionen des Unternehmens 4. Vorleben der Vision durch die Führungskräfte 5. Integration der Vision/Zukunftsidee in Struktur und Prozesse des Unternehmens sowie das Verhalten der Mitarbeiter 6. Finden einer guten Balance zwischen der Umsetzung der Vision/Zukunftschance und dem Alltagsgeschäft 7. Feiern von Erfolgen **Mögliche Risiken/Herausforderungen:** – Empfinden und Vermitteln von Relevanz, Identifikation und Machbarkeit ist bei Zukunftschancen wesentlich schwieriger als bei Krisen und Bedrohungen – Vision bleibt abstrakt und spricht somit emotional nicht an – Vision/Zukunftschance wird neuen Mitarbeitern nicht vermittelt und verliert dadurch mehr und mehr an Wirkung

Sind die Interventionen des Managements erfolgreich – unabhängig davon, ob es sich bei der Situation um eine Chance oder eine Gefahr für das Unternehmen handelt –, gelingt das, was viele Autoren als Ziel organisationaler Resilienz sehen: Das Unternehmen überlebt die Störung nicht nur, indem es sich anpasst, sondern es wächst auch daran und lernt daraus (Youssef und Luthans 2007; Pettit et al. 2010; Sitkin 1992; Bass 1990).

Bei der Situationseinschätzung zeichnen sich Manager mit hoher kognitiver Resilienz durch eine beinahe simultane Evaluierung der Gefahr, der gegebenen internen und externen situativen Faktoren und deren positivem Potenzial aus:

> Cognitive resilience enables managers to look past the storm clouds of disruptive change to see the opportunities in silver linings (Dewald und Bowen 2010, S. 211).

Weniger resiliente Personen hingegen gehen tendenziell eher sequenziell vor und können erst nach einer Weile die Störung als Chance wahrnehmen. Die Fähigkeit der Führungskräfte (und Mitarbeiter), Krisen etwas Positives abzugewinnen und sie mit Chancen zu verbinden, ist für die Anpassungsfähigkeit von Organisationen entscheidend (McManus et al. 2008, S. 84). Auch die Qualität der Führung und der Grad an Befähigung (*empowerment*) in den unteren Hierarchieebenen wird mehr und mehr als kritischer Erfolgsfaktor einer adaptiven Organisationskultur verstanden (Sheffi 2006a in McManus et al. 2008).

5.4.5.3 Strategien für den Umgang mit positiver und negativer Energie

Ob in Transformationsprozessen, bei Innovationen, in Krisen oder im Arbeitsalltag: Resiliente Führungskräfte gehen mit positiven und negativen Energien und Emotionen souverän um. Auch hier unterscheiden Bruch und Vogel (2009) zwischen zwei Strategien: korrosive Energie abbauen und produktive Energie fördern.

Energiemanagement-Strategie 1: Korrosive Energie abbauen

Diese Strategie beruht auf drei Pfeilern, die gleichzeitig die zentralen Aufgaben für Führungskräfte darstellen (Bruch und Vogel 2009, S. 181 ff.; ◘ Abb. 5.4):
- Deeskalation durch Abbau negativer Emotionen:
    - Hervorheben von Gemeinsamkeiten im Unternehmen/Team,
    - kontrolliertes, schockartiges emotionales Aufrütteln,

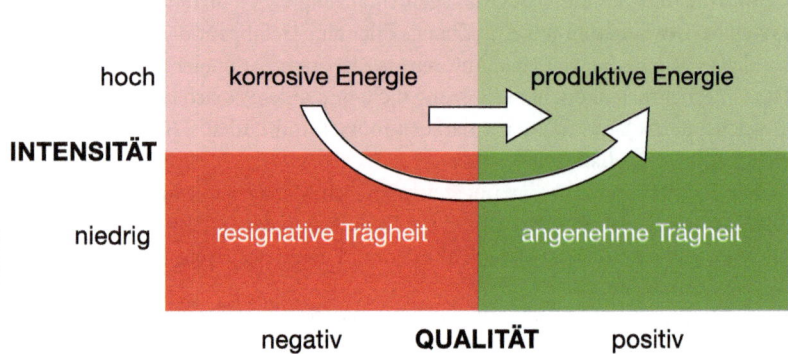

☐ Abb. 5.4 Korrosive Energie abbauen. (Adaptiert, nach Bruch und Vogel 2009, S. 183)

- Identifizierung und Einsetzung von „Emotionsbeeinflussern" im Unternehmen (z. B. Change Agents).
- Beruhigung durch Förderung positiver Emotionen geringer Intensität:
  - Hinweis auf positive Seiten negativer Emotionen,
  - zufriedenheitsorientiertes Vorbildhandeln der Führungskräfte,
  - intensive Kommunikation erster Erfolge und Betonung gemeinsamer Leistung.
- Reaktivierung und Aufrechterhaltung produktiver Kräfte durch den Aufbau intensiver positiver Emotionen:
  - frühzeitige, gezielte Förderung intensiver positiver Emotionen.

Bei dieser Strategie setzen Führungskräfte auf das Phänomen der positiven emotionalen Ansteckungsprozesse, um sowohl positive Emotionen geringerer Intensität wie Zufriedenheit aufzubauen, als auch Emotionen hoher Intensität wie Freude, Begeisterung, Stolz und Leidenschaft für gemeinsame Ziele neu zu entdecken, die mit einer stärkeren Anspannung und Handlungsintensität verbunden sind.

Dabei spielt das Vorbildhandeln der Führungskräfte eine entscheidende Rolle, denn: Führungskräfte sind Sender und Adressaten kollektiver Emotionen (Bruch und Vogel 2009, S. 193). Zeigt eine Führungskraft eigene positive Emotionen, löst sie positive Emotionen in ihrem Team aus (Avey et al. 2011; Bono und Illies 2006) und setzt damit bewusst ein Gegengewicht zu der negativen Stimmung im Team oder Unternehmen. Voraussetzung dafür sind Glaubwürdigkeit und Authentizität, d. h., Gefühle, Reden und Tun müssen im Einklang sein (Brown 2017, S. 212).

Durch das Zeigen von Emotionen steht die Führungskraft zu ihrer Verletzlichkeit als Mensch, was wiederum vertrauensfördernd wirkt. Brown (2017, S. 219) spricht in diesem Kontext von der Notwendigkeit, wieder mehr Menschlichkeit an den Arbeitsplatz zu bringen und so Kreativität, Innovation und Lernen zu fördern.

In ihrer Broaden-and-build-Theorie zeigt Fredrickson (1998, 2001; Tugade et al. 2004), wie eine Durchbrechung negativer Spiralen durch die zielgerichtete Förderung positiver Emotionen möglich ist (vgl. ▶ Abschn. 4.2.3).

Energiemanagement-Strategie 2: Produktive Energie erhalten und fördern

Diese Strategie zielt darauf ab, mit der Energie im Unternehmen zu haushalten, sodass Ausbrennen, Überforderung und Langzeitbelastung vermieden und produktive Energie längerfristig erhalten werden kann (Bruch und Vogel 2009, S. 208 ff.; ◘ Abb. 5.5).

Die Aufgaben für die Führungskräfte beinhalten:
- Steuerung der Energieverläufe im Unternehmen und in den einzelnen Bereichen, damit Energie gebraucht, aber nicht verbraucht wird:
  - gezielte Taktung und Abwechslung zwischen Hochenergiephasen und Phasen der Konsolidierung und Regeneration,
  - realistische strategische Zielsetzungen zur Vermeidung der Beschleunigungsfalle und von organisationalem Burnout.

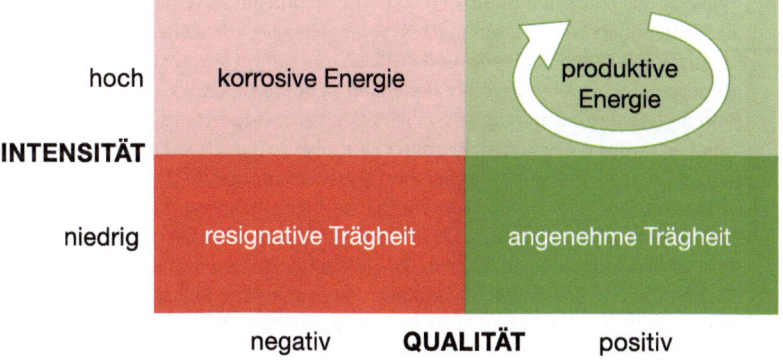

◘ Abb. 5.5 Erhalt und Förderung von Energie. (Adaptiert, nach Bruch und Vogel 2009, S. 206)

- Aufbau von Managementsystemen, welche zur stetigen Revitalisierung der Organisation beitragen; Berücksichtigung der Ebenen Strategie, Struktur und Kultur:
  - Strategie: Einsatz von Frühwarnsystemen, Feedbackprozessen und Einbindung dezentraler Einheiten; Fokussierung und Abstimmung; Reduzierung von Mikropolitik und konkurrierender Prioritäten.
  - Struktur: starke dezentrale Verantwortung und Führung; flexible Strukturformen; Steuerung und Planung von Reorganisations- und Transformationsprozessen; Reduzierung interner Konkurrenz.
  - Unternehmenskultur: Stärkung und Kommunikation von förderlichen Werten und Verhalten; Stärkung von Information und Kommunikation; gezielte Auswahl von Projekten; Förderung von Leistung, Vertrauen und Zusammengehörigkeit; gezielter, langfristiger Kulturaufbau.

Beim Management von Energien und Emotionen gilt es zu berücksichtigen, dass negative Emotionen auch eine gute Seite haben.

Praxistipp

Die Haltung, negative Emotionen seien schlecht und gehörten bekämpft, ist menschlich. Den meisten Personen macht es mehr Freude, mit Kollegen zusammenzuarbeiten, die von einer Sache überzeugt und begeistert sind. Doch negative Emotionen können auch positive Wirkungen haben. Denn sie sind ein Zeichen dafür, dass (noch) Herzblut da ist, dass sich Mitarbeiter intensiv mit wichtigen Unternehmensthemen befassen und auf Missstände oder Fehleinschätzungen aufmerksam machen wollen. Reagiert die Führungskraft mit Interesse, hört sie sich Zweifel und Kritik an und nimmt sie ernst, bemerken skeptische Mitarbeiter, dass ihre Bedenken Gehör finden. Dies kann dazu führen, dass sie zu Unterstützern eines Vorhabens werden oder gar mithelfen, kreative Lösungen zu finden. Werden ihre Hinweise jedoch abgeblockt, können sie „in den Untergrund" gehen und korrosive Energie im Unternehmen verbreiten. Eine wichtige Führungsaufgabe ist es also, konstruktiv-kritische Personen im Unternehmen zu finden und sie einzubinden. Sie gilt es von notorischen Gegnern und Nörglern zu unterscheiden, die oft nicht mit ins Boot geholt werden wollen und können. Ihnen sollte möglichst wenig Aufmerksamkeit geschenkt und keine Bühne geboten werden. Sie lenken oft erst ein, wenn sie sich mit ihrer ablehnenden Haltung allein wiederfinden – oder sie gehen von Bord (◘ Abb. 5.6).

☐ **Abb. 5.6** Einstellung und Kommunikationsverhalten von Menschen in Veränderungsprozessen. (Eigene Darstellung, angelehnt an Wippermann 2015, S. 144)

5.4.6 Resilienzstärkende Kommunikation

Offene, transparente Austausch- und Abstimmungsprozesse in Teams sind eine wichtige Voraussetzung für gute Leistung und positive Energie in einem Unternehmen (Bruch und Vogel 2009, S. 160). Denn intensive und regelmäßige Kommunikation sowie Interaktion ermöglicht es den Mitarbeitern, ihre persönlichen Interessen hinter die Unternehmens- und Teaminteressen zu stellen und sich der gemeinsamen Sache zu verpflichten. Das setzt Klarheit und Ausrichtung voraus. Nur dann können Mitarbeiter die richtigen Entscheidungen treffen, um dem gemeinsamen Ziel näherzukommen. Gemeinsames Commitment ist gerade in der frühen Phase der Entwicklung eines gemeinsamen Verständnisses von Ziel, Vision, Chance oder Bedrohung zentral (Zaccaro et al. 2001).

Eine erfolgreiche Führungskraft ermutigt ihre Mitarbeiter, ihre Einschätzungen, Ideen und Emotionen offen anzusprechen (vgl. ▶ Kap. 6) und geht dabei mit gutem Vorbild voran. Dies führt zu einer Intensivierung der Kommunikation im Team und hilft den Mitarbeitern, Relevanz und Dringlichkeit von Aktivitäten und Themen besser einzuschätzen (Bruch und Vogel 2009).

Dabei legt die Führungskraft in ihrer Kommunikation nicht nur Wert auf die Vermittlung von Zahlen, Daten und Fakten, welche die Kognition der Mitarbeiter ansprechen, sondern es gelingt ihr auch, die Herzen ihrer Teams zu erreichen.

Oder um nochmals den Resilienzkompass heranzuziehen: Die Führungskraft berücksichtigt bei einer ganzheitlichen Kommunikation alle vier Dimensionen: Körper (z. B. Haltung, Körpersprache), Gefühl (z. B. Emotionen, gemeinsame Erlebnisse), Verstand (z. B. Fakten) und Sein (z. B. Authentizität, Werte, Fairness).

> Leadership is about inspiring and directing energy. Therefore, it is essential to capture the hearts and minds (Dominic Taylor, CEO von PayPoint, in Bruch und Vogel 2011).

Zu berücksichtigen gilt es dabei auch die unterschiedliche Emotionsdichte von Kommunikationskanälen und -formaten: Während (gemeinsame) Erlebnisse eine sehr hohe Emotionsdichte aufweisen, vermag schriftliche Kommunikation weniger Emotionen zu vermitteln. Es sei denn, sie nutzt Geschichten, Anekdoten, Bilder und Metaphern. Eine hohe Emotionalität besitzen auch Filme und Videos.

Eine wirkungsvolle Methode zur Vermittlung von Orientierung und zur Inspiration – gerade in unsicheren, schwer vorhersehbaren Zeiten – ist das Geschichtenerzählen.

5.4.6.1 Storytelling

Laloux (2015, S. 160) plädiert dafür, in Unternehmen die Praxis des Geschichtenerzählens wieder neu zu entdecken und dadurch die Kraft der Geschichte zu nutzen, die schon zu Beginn der Menschheit verwendet wurde, um Gemeinschaft zu bilden und zu fördern. Bindet eine Führungskraft Geschichtenerzählen in ihre Kommunikation ein, kann sie dadurch

- **das Vertrauen und die Beziehung zu ihren Mitarbeitern fördern:** Storytelling ermöglicht es, mehr voneinander zu erfahren und die Führungskraft als Mensch zu erleben;
- **führen und Freiräume gewähren:** Margolis (2014, S. 23) fasst diesen Punkt wunderbar zusammen: „Leaders lead by telling stories that give others permission to lead, not follow";
- **orientieren und inspirieren:** Durch „unterhaltende Orientierung" zahlt eine Führungskraft nicht nur auf die Ratio ihrer Mitarbeiter ein, sondern auch auf ihre Emotio. Gelingt es Menschen, emotional an eine Information anzudocken, können sie sich diese Information viel besser merken. Heath und Heath (2007, S. 109) nennen dies die „Klettheorie" (*velcro theory of memory*): Je mehr „Kletthäckchen" eine Idee oder Geschichte hat, desto

besser „klebt" sie. Kletthäckchen können zum Beispiel Emotionen, Drama, Metaphern und Bilder sein. Darüber hinaus können Geschichten helfen, den Mitarbeitern Sinn zu vermitteln, was wiederum Orientierung stiftet und inspiriert;
- **Wissen weitergeben und Lernen fördern:** Hochzuverlässige Unternehmen (HRO) nutzen Geschichten, um Erfahrungen an Kollegen weiterzugeben. Dies können auch unerwartete und kreative Ideen sein, mit denen es gelungen ist, Probleme zu lösen. Ein Beispiel dafür ist die Geschichte über eine Krankenschwester, die erkannte, dass ein Neugeborenes an einem Perikarderguss, also einer Flüssigkeitsansammlung im Herzbeutel, litt und nicht, wie vom Rest des Pflegeteams angenommen, an einer Lungenfunktionsstörung. Durch mutiges Einschreiten konnte sie verhindern, dass die falsche Behandlung gewählt wurde, die für das Baby wahrscheinlich tödlich gewesen wäre (Heath und Heath 2007, S. 204).

Die Rolle einer Geschichte besteht also darin, Wissen und Informationen in ein lebensnahes, mit unserem Alltag leicht zu verbindendes Framework zu bringen. Während Zahlen, Daten und Fakten die Glaubwürdigkeit einer Information erhöhen, werden Menschen durch eine emotionale Idee berührt. Eine gute Geschichte mit einem Sinn und Zweck kann jedoch beides erreichen. Sie ist ein Transportmittel für die Daten und führt dazu, dass Menschen handeln (vgl. ◘ Abb. 5.7).

Dabei basiert die Macht einer Geschichte auf den drei Faktoren Simulation (Wissen, wie gehandelt werden soll), Inspiration (Motivation zu handeln) sowie Kontextgebung (Heath und Heath 2007, S. 206). Simulation hat eine faszinierende Wirkung, die heute zum Beispiel im Leistungssport genutzt wird: Aus der Hirnforschung weiß man, dass ein Mensch, der sich etwas vorstellt, im Gehirn dieselben Prozesse in Gang setzt, wie wenn er die Handlung ausführt (ebd., S. 213).

Führungskräfte können die Methode des Geschichtenerzählens sehr vielfältig einsetzen: bei der Einstellung neuer Kollegen genauso wie bei der Verabschiedung; zur Stärkung ihres Teams bei einem gelegentlichen Offsite-Meeting genauso wie bei regelmäßigen Besprechungen, um sich gegenseitig wertzuschätzen und zu danken; bei Innovationsvorhaben genauso wie bei der Verankerung eines Leitbildes oder der Unterstützung eines Transformationsprozesses.

Neben den zahlreichen Einsatzmöglichkeiten kennt Storytelling auch vielfältige Formen: Man kann sich persönlich, das heißt von Angesicht zu Angesicht, Geschichten erzählen. Etwas weniger emotional und direkt, aber durchaus wirksam

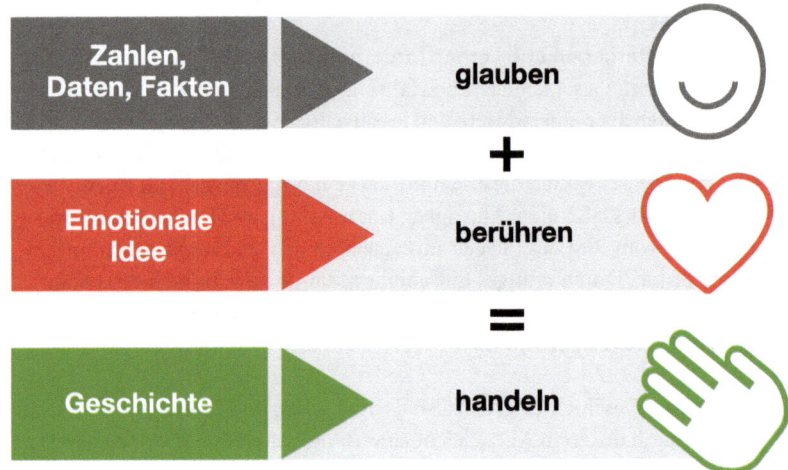

Abb. 5.7 Die Macht von Geschichten. (Eigene Darstellung, angelehnt an Heath und Heath 2007, S. 206)

ist der schriftliche Weg, zum Beispiel mit einem Artikel in der Mitarbeiterzeitschrift oder digital, zum Beispiel in einem Blog. Storytelling gelingt besonders gut mit Bildern – etwa einem Unternehmenscartoon – oder durch einen Team-Kunstsalon. Mittlerweile setzen auch viele Organisationen auf Unternehmenstheater.

In Zukunft wird es bei komplexitätsangemessener Führung mehr und mehr darum gehen, Themen, Strategien und Herausforderungen mit dem Team in Resonanz zu bringen, um das gemeinsame Arbeiten zu fördern (Gebhardt et al. 2015). Storytelling ist ein gutes Mittel dafür.

5.4.6.2 Feedback

Oft ist es schwer, Feedbackprozesse in Unternehmen einzuführen. Damit sind häufige Rückmeldungen gemeint und nicht die jährlich stattfindenden Mitarbeitergespräche. Konstruktives Feedback kann die Resilienz der Mitarbeiter stärken, indem es ihren Lernprozess unterstützt, ihre Selbstwirksamkeit fördert oder ihnen ermöglicht, stolz auf die eigene Leistung zu sein. Wertschätzung und Anerkennung

5.4 · Aufgaben einer resilienzorientierten Führungskraft

haben dabei genauso ihren Platz wie konstruktive Kritik und Verbesserungsvorschläge.

Eine Führungskraft kann Feedback auf drei Arten nutzen:

- **Spiegelung der Wirkung des Verhaltens von Mitarbeitern:** Diese Art von Feedback hilft dem Mitarbeiter, sein Selbstbild mit dem Fremdbild, also der Rückmeldung der Führungskraft, abzugleichen und ggf. vorhandene blinde Flecken zu erkennen und zu beheben. Sie beleuchtet Aspekte, bei denen das Wissen, die Erfahrung, die Talente oder die Haltung des Mitarbeiters nicht den Anforderungen und seiner Rolle entsprechen (Laloux 2015, S. 186).
- **Rückmeldung zu einer durchgeführten Arbeit:** Diese Art von Feedback unterstützt Mitarbeiter dabei, schnell zu lernen, ihre Leistung zu optimieren, oder es gibt Anerkennung für ein hervorragendes Ergebnis.
- **„Beziehungshygiene":** Unternehmen, in denen kaum Feedback gegeben wird, können laut Laloux (2015, S. 127) „verrückt werden":

> Die Leute beurteilen die anderen hinter ihrem Rücken und fragen sich nervös, was die anderen wohl heimlich über sie sagen mögen. In solch einer Atmosphäre wird jedes Wort, jedes Schweigen, jede erhobene Augenbraue nach unausgesprochenen Urteilen untersucht.

Die Forschung zu Resilienz, Führung und Organisationsentwicklung befasst sich vermehrt mit positivem Feedback und seiner Wirkung (Dweck 2016; Laloux 2015; Cameron und McNaughtan 2014; Osterloh und Weibel 2006). Positives Feedback stärkt die wahrgenommene Kompetenz von Mitarbeitern (Dweck 2016). Dabei sollte das Lob möglichst anhand konkreter Beispiele und aus aktuellem Anlass erfolgen und darf nicht als versteckte Form von Kontrolle empfunden werden. Da positives Feedback das Selbstvertrauen und das Selbstbild der Mitarbeiter stärkt und somit zu einer Verfestigung selbstbestimmter Verhaltensweisen führt, sollte eine Rückmeldung immer auch lobende Elemente enthalten (Osterloh und Weibel 2006, S. 105). Laloux (2015, S. 186) macht darauf aufmerksam, dass Achtsamkeit hilft, auch schwierige Gespräche mit einer Haltung der Fürsorge zu führen, sodass der Feedbacknehmer die Rückmeldung auch annehmen und in sein Verhalten integrieren kann. Und auch hier kann Storytelling helfen (ebd., S. 187):

> Wir müssen persönlich werden, Geschichten erzählen und anhören, Erfolge feiern und Lernmöglichkeiten hinter den Fehlern erkunden.

Fallbeispiel
Ein deutsches Industrieunternehmen verbindet Arbeitssicherheit mit positiver Psychologie: Der Behavior-Based-Safety-Ansatz schärft den Blick der Mitarbeiter und der Führungskräfte für das beobachtbare Verhalten. Hierbei wird Wert daraufgelegt, dass gutes Verhalten auch von allen bemerkt und angesprochen wird. Das trägt dazu bei, dass sich Mitarbeiter gesehen fühlen. „Wenn ich als Führungskraft das lobe, was gut läuft, wird allen klar, was gewünscht ist", so der zuständige Bereichsleiter.

Gerade bei der Einführung neuer Verhaltensregeln, die meist eine Änderung von Gewohnheiten bedeutet, ist die gegenseitige Aufmerksamkeit wichtig. Ein Lob in der Gruppe stärkt das positive Verhalten. Spricht der Meister im Team mehrere Mitarbeiter an: „ich beobachte, dass ihr die neue Verhaltensregel gut einhaltet, das finde ich toll", dann freut sich der Großteil des Teams. Die Kollegen werden sich gegenseitig dabei unterstützen, die Verhaltensregel einzuhalten. Dadurch kommt es im gesamten Team, aber auch über die Abteilungsgrenzen hinaus, zu einer Aufwärtsspirale. Wird hingegen oft das Negative erwähnt, demotiviert das vor allem jene Mitarbeiter, die sich bereits richtig verhalten. Das kann zu einer Abwärtsspirale führen. „Für viele Führungskräfte und Mitarbeiter war das am Anfang ungewohnt, doch wir werden immer besser darin", so der Bereichsleiter.

Respektvoll angebrachte und informative Kritik hat ebenfalls eine verstärkende Wirkung auf das selbstbestimmte Handeln des Feedbacknehmers. Jedoch tun sich viele Führungskräfte schwer, ihren Mitarbeitern gegenüber Kritik zu äußern. Sie befürchten, dass sich dadurch das Arbeitsklima oder die Beziehung zu dem Mitarbeiter verschlechtert, haben sie doch selbst negative Erfahrungen mit Kritikgesprächen gemacht. Folgende Hinweise von Osterloh und Weibel (2006, S. 152 f.) dürften Vorgesetzten helfen:
- Kritik möglichst konkret äußern und spezifische Beispiele nennen,
- auf Drohungen verzichten,
- Kritik zeitnah und in einer möglichst entspannten Atmosphäre äußern,
- dem Mitarbeiter genug Zeit für Fragen geben.

Außerdem empfiehlt es sich, die Regeln der Fairness zu beachten:
- dem Mitarbeiter Raum für seine Anliegen lassen,
- Kritik an allgemein verbindlichen Standards ausrichten und willkürliche Kritik vermeiden,
- Kritik vorwurfsfrei äußern; eine Haltung der Verurteilung und Kontrolle vermeiden.

5.4 • Aufgaben einer resilienzorientierten Führungskraft

> **Fallstrick**
> Studien zeigen, dass Lob auch schädlich sein kann (Dweck 2016): Eine Gruppe von Schülern wurde für ihre gute Arbeit gelobt, die andere Gruppe für ihr Talent. Als es darum ging, eine neue Herausforderung anzunehmen, lehnten jene Schüler, die für ihr Talent gelobt wurden, tendenziell eher ab. Sie waren durch das Lob ihres Talentes in ein statisches Selbstbild abgeglitten und befürchteten, dass schwerere Aufgaben zu Fehlern führen könnten, was ihr Talent infrage stellen würde.
> In einem zweiten Teil der Studie bekamen alle Schüler schwierigere Aufgaben vorgelegt. Jene Schüler, die für ihr Talent gelobt worden waren, sahen Fehler als Beweis, dass sie doch nicht so klug sind, wie sie gedacht hatten. Wenn Erfolg bedeutete, dass sie Talent hatten, musste Misserfolg das Gegenteil bedeuten. Die Schüler, die für ihre gute Arbeit gelobt worden waren, erachteten die Fehler hingegen weder als Versagen ihrerseits noch als Auskunft über ihre Intelligenz, sondern als Zeichen, dass sie sich mehr anstrengen müssen (Dweck 2016, S. 87 ff.).

Mittlerweile nutzen viele Unternehmen das 360-Grad-Feedback, um auch Führungskräften zu ermöglichen, ihr Selbstbild mit dem Fremdbild – also der Rückmeldung von Kollegen und Mitarbeitern – abzugleichen und sich weiterzuentwickeln. Durch einen professionell begleiteten 360-Grad-Feedback-Prozess können auch Vertrauen, Offenheit sowie bereichs- und hierarchieübergreifende Kommunikation in einer Organisation gestärkt werden.

5.4.6.3 Digital Leadership mit WOL: Sichtbarkeit der Mitarbeiter erhöhen

Für Peter Meyer, Senior Vice President Corporate Purchasing & Logistics Automotive Business bei Bosch, ist Working Out Loud (WOL; vgl. ▶ Abschn. 3.2.4) eine weitere wichtige Methode der Zusammenarbeit in der VUCA-Welt, die Führung im digitalen Zeitalter unterstützt (Lezner 2017b). Damit sichtbares Arbeiten gelingt, sollten Führungskräfte einerseits ihre Mitarbeiter dabei unterstützen, WOL zu betreiben, was auch bedeutet, ihnen Zeit dafür zu geben. Andererseits sollten Führungskräfte selbst die Methode kennenlernen. Indem sie die Beiträge ihrer Mitarbeiter in den Social Media liken und kommentieren, zollen Führungskräfte ihnen Anerkennung. Wenn sie Beiträge im eigenen Netzwerk teilen, erhöhen sie die Sichtbarkeit ihrer Mitarbeiter. Beides stärkt die Motivation und die Freude an der eigenen Tätigkeit. Durch diese Arbeit in virtuellen Netzwerken nimmt laut Meyer die Effizienz zu – man wird schneller, da man nicht alles selbst erarbeiten muss. Und auch die Effektivität wird gesteigert, weil die Lösungen durch Einbeziehung vielfältiger Perspektiven besser und stabiler werden. Durch WOL wird vorhandenes Wissen in einem Unternehmen sichtbar und bereichsübergreifend nutzbar – in den einzelnen Abteilungen, Regionen und Ländern braucht das Rad nicht immer neu erfunden zu werden. Neben den bereits erwähnten Vorteilen fördert WOL auch eine gute Stimmung im Team und hilft Führungskräften, als attraktive, moderne Vorgesetzte gesehen zu werden, was wiederum Talent anzieht. Meyer betrachtet WOL daher als Basis für Digital Leadership. Ihm ist es wichtig, darauf zu achten, dass bei der digitalen Transformation der Fokus nicht nur auf der technologischen Veränderung der Dinge liegt, sondern auch auf der Entwicklung der Menschen. Dies bedingt, Mitarbeiter und Führungskräfte da abzuholen, wo sie stehen.

Fazit
Resilienzfördernde Führung wird von mehreren Führungsstilen beeinflusst: partizipativer Führung, systemischer Führung, Positive Leadership, Transformational Leadership und Servant Leadership. Führungskräfte, die die Resilienz ihrer Teams fördern wollen, setzen zuerst bei sich selbst an: Sie können mit ihren eigenen Energieressourcen und Emotionen gut umgehen. Als Energiemanager helfen sie zudem ihren Mitarbeitern und Organisationen, Transformationsprozesse und Krisen zu überstehen und gestärkt daraus hervorzugehen. Dabei fördern sie das Vertrauen zu ihren Mitarbeitern und innerhalb des Teams, lassen ihren Mitarbeitern Freiräume und helfen ihnen, ihre Stärken weiter auszubauen. Resiliente Führungskräfte pflegen darüber hinaus einen aktiven und transparenten Kommunikationsstil, sie sorgen in ihren Teams auch in schwierigen und turbulenten Zeiten für Orientierung und Inspiration.

Literatur

Asplund, J. & Blacksmith, N. (2012): Productivity through strengths. In: Cameron, K. & Spreitzer, G. (Hrsg.), *Oxford Handbook of Positive Organizational Scholarship*, 353–365. Oxford University Press, New York.

Avey, J.; Reichhard, R.; Luthans, F. & Mhatre, K. (2011): Meta-analysis of the impact of psychological capital on employee attitudes, behaviors, and performance. *Human resource development quarterly, 22*(2), 127–152.

Bandura, A. (2001): Social cognitive theory: An agentic perspective. In: *Annual Review of Psychology 52*, 1–26.

Literatur

Bass, B. (1990): Bass & Stogdill's Handbook of Leadership Theory Research and Managerial Applications. The Free Press, New York.

Bono, J. & Illies, R. (2006): Charisma, positive emotion and mood contagion. In: *Leadership Quarterly 17*, 317–334.

Brohm, M. (2016a): Positive Psychologie in Bildungseinrichtungen. Konzepte und Strategien für Fach- und Führungskräfte. Springer, Wiesbaden.

Brohm, M. (2017): Werte, Sinn und Tugenden als Steuerungsgrößen in Organisationen. Springer, Wiesbaden.

Brown, B. (2017): Verletzlichkeit macht stark. Goldmann, München.

Brown, K. & Ryan, R. (2003): The benefits of being present: Mindfulness and its role in psychological wellbeing. *Journal of Personality and Social Psychology, 84*, 822–848.

Bruch, H. & Vogel, B. (2009): Organisationale Energie, Gabler, Wiesbaden.

Bruch, H. & Vogel, B. (2011): Fully charged: How great leaders boost their organization's energy and ignite high performance. Harvard Business Review Press, Boston.

Cameron, K. & McNaughtan, J. (2014): Positive organizational change. *The Journal of Applied Behavioral Science, 50*(4), 445–462.

Cameron, K. (2003): Organizational virtuousness and performance. In: Cameron, K.; Dutton, J. & Quinn, R. (Hrsg.), *Positive organizational scholarship: Foundations of a new discipline*, 48–65. Berrett-Koehler, San Francisco.

Cameron, K. (2008): Positive leadership: Strategies for extraordinary performance. Berrett-Koehler, San Francisco.

Center for Servant Leadership (2018): https://www.greenleaf.org/what-is-servant-leadership/. Zugegriffen am 25.02.2018.

Clifton, D. & Harter, J. (2003): Investing in strengths. In: Cameron, K.; Dutton, J. & Quinn, R. (Hrsg.): *Positive organizational scholarship: Foundations of a new discipline*, 111–121, Berrett-Koehler, San Francisco.

Cross, R.; Baker, W. & Parker, A. (2003): What creates energy in organizations? *Sloan Management Review, 44*(4), 51–56.

Dewald, J. & Bowen, F. (2010): Storm clouds and silver linings: Responding to disruptive innovations through cognitive resilience. *Entrepreneurship, theory and practice, 34*(1), 197–218.

Dweck, C. (2016): Selbstbild. Wie unser Denken Erfolge oder Niederlagen bewirkt. Piper, München.

Edelman Trust Barometer (2017): Annual Global Study, Executive Summary. Online: https://www.edelman.com. Zugegriffen am 26.12.2017.

Esch, T. (2017): Der Selbstheilungscode: Die Neurobiologie von Gesundheit und Zufriedenheit. Beltz, Weinheim.

Felfe, J. (2015): Trends der psychologischen Führungsforschung. Neue Konzepte, Methoden und Erkenntnisse. Hogrefe, Göttingen.

Fredrickson, B. (1998): What good are positive emotions? *Review of General Psychology: Special Issue: New Directions in Research on Emotion 2*, 300–319.

Fredrickson, B. (2001): The role of positive emotions in positive psychology: The broaden-and-build theory of positive emotions. *American Psychologist: Special Issue 56*, 218–226.

Furtner, M. (2016): Self-Leadership und Führung: Theorien, Modelle und praktische Umsetzung. Springer Gabler, Wiesbaden.

Gabler Wirtschaftslexikon (2013), Springer, Wiesbaden.

Gallup (2012): Stärkenorientiertes Coaching. Schulungsunterlagen.

Gallup (2013): Stärkenorientiertes Coaching von Führungskräften. Schulungsunterlagen.
Gebhardt, B.; Hofmann, J. & Roehl, H. (2015): Zukunftsfähige Führung. Die Gestaltung von Führungskompetenzen und -systemen. Bertelsmann Stiftung, Gütersloh. Online: http://creating-corporate-cultures.org/fileadmin/files/BSt/Publikationen/GrauePublikationen/ZukunftsfaehigeFuehrung_final.pdf. Zugegriffen am 28.12.2016.
Grant, A. (2008): Relational job design and the motivation to make a prosocial difference. *Academy of Management Journal 32*, 393–417.
Grasmick, L.; Davies, D. & Harbour, C. (2012): Participative leadership: Perspectives of community college presidents. *Community College Journal of Research and Practice, 36*, 67–80. Online: https://doi.org/10.1080/10668920802421496. Zugegriffen am 29.12.2017.
Grawe, K. (2004): Neuropsychotherapie. Hogrefe, Göttingen.
Haar, J.; Roche, M. & Luthans, F. (2014): Testing the power of followership: Do leaders' psychological capital and engagement influence follower teams or vice versa? *74th Annual Meeting of the Academy of Management Conference, Philadelphia*. Online: https://www.researchgate.net/publication/276892970_Do_Leaders%27_Psychological_Capital_and_Engagement_Influence_Follower_Teams_or_Vice_Versa. Zugegriffen am 29.12.2017.
Harland, L.; Harrison, W.; Jones, J. & Reiter-Palmon, R. (2005): Leadership behaviors and subordinate resilience. *Psychology Faculty Publications*. Paper 62. Online: https://digitalcommons.unomaha.edu/cgi/viewcontent.cgi?referer=https://www.google.de/&httpsredir=1&article=1062&context=psychfacpub. Zugegriffen am 29.12.2017.
Heath, Ch. & Heath, D. (2007): Made to stick. Why some ideas survive and others die. Random House, New York.
Initiative neue Qualität der Arbeit (Hrsg.) (2014): Führungskultur im Wandel. Kulturstudie mit 400 Tiefeninterviews. Online: https://www.nextpractice-forum.de/images/pdf/inqa_monitor_gute_fuehrung.pdf. Zugegriffen am 30.12.2017.
Iqbal, N.; Anwar, S. & Haider, N. (2015): Effect of leadership style on employee performance. *Arabian Journal of Business and Management Review, 5*(5). Online: https://www.omicsonline.org/open-access/effect-of-leadership-style-on-employee-performance-2223-5833-1000146.pdf. Zugegriffen am 27.03.2018.
Khan, M.S. et al (2015): The styles of leadership: A critical review. *Public Policy and Administration Research, 5*(3), 87–93. Online: http://www.iiste.org/Journals/index.php/PPAR/article/viewFile/20878/21131. Zugegriffen am 27.03.2018.
Laloux, F. (2015): Reinventing Organizations. Ein Leitfaden zur Gestaltung sinnstiftender Formen der Zusammenarbeit. Franz Vahlen, München.
Lang, R. & Rybnikova, I. (2014): Aktuelle Führungstheorien und -konzepte. Springer Gabler, Wiesbaden.
Lazarus, R. & Folkman, S. (1984): Stress, appraisal and coping. Penguin, New York.
Lezner, L. (2017b): Podcast vom 29. Dezember 2017 „FF010 Revolution der Führung" https://firmenfunk.com/ff010-revolution-der-fuehrung. Zugegriffen am 15.03.2017.
Lezner, L. (2018): Podcast vom 24. Februar 2018 „FF018 Bedeutung von Working Out Loud für Führungskräfte" https://firmenfunk.com/podlove/file/03/s/download/c/select-show/ff018-bedeutung-von-working-out-loud-fuer-fuehrungskraefte.mp3. Zugegriffen am 25.02.2018.
Luthans, F. (2002): The need for and meaning of positive organizational behavior. *Journal of Organizational Behavior, 23*, 695–706.

Luthans, F. & Avolio, B. (2003): Authentic leadership: a positive development approach. In: Cameron, K; Dutton, J. & Quinn, R. (Hrsg.), *Positive Organizational Scholarship: Foundations of a new discipline*, 241–258. Berrett-Koehler, San Francisco.

Luthans, F.; Avey, J.; Avolio, B. & Petersen, S. (2010): The development and resulting performance impact of positive psychological capital. *Human Resource Development Quarterly 21*(1). Online: www.interscience.wiley.com, https://doi.org/10.1002/hrdq.20034. Zugegriffen am 23.03.2017.

Luthans, F. & Youssef-Morgan, C. (2017): Psychological capital: An evidence-based positive approach. *The Annual Review of Organizational Psychology and Organizational Behavior, 4*, 339–366.

Margolis, M. (2014): Believe me: Why your vision, brand and leadership need a bigger story. Get Storied Press, New York.

McManus, S.; Seville, E.; Vargo, J. & Brunsdon, D. (2008): Facilitated process for improving organizational resilience. *Natural Hazards Review, 9*, 81–90.

Mishra, A. & Mishra, K. (2013): Becoming a trustworthy leader: Psychology and practice. Routledge, New York, London.

Mourlane, D.; Hollmann, D. & Trumpold, K. (2013): Studie „Führung, Gesundheit & Resilienz". Bertelsmann Stiftung, Gütersloh & mourlane management consultants, Frankfurt am Main.

Nielsen, K. & Daniels, K. (2012): Enhancing team leader's well-being states and challenge experiences during organizational change: A randomized, controlled study. *Human Relations, 65*, 1207–1231.

Nyberg, A.; Alfredsson, L.; Theorell, T.; Westerlund, H.; Vahtera, J. & Kivimäki, M. (2009): Managerial leadership and ischiaemic heart disease among employees: the Swedish WOLF study. *Occupational and Environmental Medicine, 66*, 51–55.

Osterloh, M. & Weibel, A. (2006): Investition Vertrauen. Prozesse der Vertrauensbildung in Organisationen. Gabler, Wiesbaden.

Petersen, K. (2015): Authentic leadership and unit outcomes: additive and interactive contributions of climate and psychological capital. PhD Thesis, Bellevue University, Bellevue.

Pettit, T.; Fiksel, J. & Croxton, K.L. (2010). Ensuring supply chain resilience: development of a conceptual framework. *Journal of Business Logistics, 31*, 1–21.

Pinnow, D. (2012): Führen. Worauf es wirklich ankommt. Springer, Wiesbaden.

Reivich, K. & Shatté, A. (2002): The resilience factor. Random House, New York.

Rigotti, T.; Holstad, T.; Mohr, G.; Stempel, Ch.; Hansen, E.; Loeb, C.; Isaksson, K.; Otto, K.; Kinnunen, U. & Perko, K. (2014): Rewarding and sustainable healthpromoting leadership. Bundesanstalt für Arbeitsschutz und Arbeitsmedizin, Dortmund. Online: https://www.baua.de/DE/Angebote/Publikationen/Berichte/F2199.pdf;jsessionid=BE69628E3571CA4698E89F692DBDD42F.s1t2?__blob=publicationFile&v=1. Zugegriffen am 30.12.2017.

Ritz, F. (2015a): Organisationale Resilienz – Paradigmenwechsel, Konzeptentwicklung und Anwendung. In: Bargstedt, U.; Horn, G. & van Vegden, A. (Hrsg.): *Resilienz in Organisationen stärken: Vorbeugung und Bewältigung von kritischen Situationen*, 3–24. Verlag für Polizeiwissenschaft, Frankfurt am Main.

Roche, M.; Haar, J. & Luthans, F. (2014): The role of mindfulness and psychological capital on the well-being of leaders. *Journal of Occupational Health Psychology 19*(4), 476–489.

Rossberger, R. & Krause, D. (2014): Participative and team-oriented leadership styles, countries' education level and national innovation. *Cross Cultural Research, 49*(1), 20–56. Online: http://journals.sagepub.com/doi/pdf/10.1177/1069397114534825. Zugegriffen am 30.12.2017.

Scharmer, O. (2008): Uncovering the blind spot of leadership. Executive Forum. Online: http://www.allegrosite.be/artikels/Uncovering_the_blind_spot_of_leadership.pdf. Zugegriffen am 07.02.2018.

Sharma, S. & Sharma, S.K. (2016): Team resilience: Scale development and validation. *Vision 20*(1), 37–53.

Sheffi, Y. (2006a): Manage risk through resilience. In: *Chief Executive, 214*, 28–29.

Sinani, F. (2016): The effects of participative leadership practices on job satisfaction of highly skilled virtual teams. Dissertation. Online: http://scholarworks.waldenu.edu/cgi/viewcontent.cgi?article=3485&context=dissertations. Zugegriffen am 27.03.2018.

Sitkin, S. (1992): Learning through failure: The strategy of small losses. In: Staw, B. & Cummings, L. (Hrsg.), *Research in organizational behaviour, 14*, 231–266. JAI Press, Greenwich.

Sutcliffe, K. & Vogus, T. (2003): Organizing for resilience. In: Cameron, K.; Dutton, J. & Quinn, R. (Hrsg.): *Positive Organizational Scholarship: Foundations of a New Discipline*. Berrett-Koehler, San Francisco.

Tugade, M.; Fredrickson, B. & Feldmann Barrett, L. (2004): Psychological resilience and positive emotional granularity: Examining the benefits of positive emotions on coping and health. *Journal of Personality, 72*(6), 1161–1190.

Walumbwa, F.; Peterson, S.; Avolio, B. & Hartnell, Ch. (2010): An investigation of the relationships among leader and follower psychological capital, service climate, and job performance. *Personnel Psychology, 63*, 937–963.

Weick, K.; Sutcliffe, K. & Obstfeld, D. (2005): *Organizing and the process of sensemaking*. Organization Science 16(4), 409–421.

Wellensiek, S.K. (2011): Handbuch Resilienz-Training. Widerstandskraft und Flexibilität für Unternehmen und Mitarbeiter. Beltz, Weinheim.

Wippermann, F. (2015): Change Management in komplexen Situationen. Erich Schmidt, Berlin.

Van der Beek, D. & Schraagen, J. (2015): ADAPTER: Analysing and developing adaptability and performance in teams to enhance resilience. *Reliability Engineering and System Safety, 141*, 33–44.

Youssef, C. & Luthans, F. (2007): Positive organizational behaviour in the workplace: The impact of hope, optimism, and resilience. *Journal of Management 33(5)*, 774–800.

Zaccaro, S.; Rittman, A. & Marks, M. (2001): Team leadership. *Leadership Quarterly 12*, 451–483.

Resiliente Teams: Flexibel, konfliktfähig und tolerant in der Zusammenarbeit

Mirjam Rolfe

6.1 Für Teamresilienz relevante Faktoren – 201

6.2 Resiliente Teamkultur: Vertrauen und die „Genug-Haltung" – 202

6.3 Der Zusammenhang zwischen Leistung, Beziehung und Resilienz in Teams – 205

6.4 Resilienz und Lernen im Team – 206

6.5 Resilienz und Diversität – 208
6.5.1 Dimensionen von Diversität – 208
6.5.2 Wie Diversität hilft, Teamfallen zu vermeiden – 209
6.5.3 Umgang mit Vielfalt – 210

6.6 Resilienzstärkende Kommunikation in Teams – 212
6.6.1 Achtsamkeit und Präsenz – 214
6.6.2 Konstruktives Feedback – 216
6.6.3 Emotionen und Teamresilienz – 218

6.7 Energie in Teams – 221

6.8 Umgang mit Konflikten in Teams – 225
6.8.1 Konfliktarten – 226
6.8.2 Umgang mit Wertekonflikten in Teams – 227

6.9 Strukturen und Praktiken für resiliente Teams – 231
6.9.1 Selbstorganisierte Teams – 232
6.9.2 Rollen statt Organigramme – 233
6.9.3 Beratungsprozess – 234
6.9.4 Agile Methoden und Formate der Zusammenarbeit – 234

Literatur – 240

© Springer-Verlag GmbH Deutschland, ein Teil von Springer Nature 2019
M. Rolfe, *Positive Psychologie und organisationale Resilienz*,
Positive Psychologie kompakt, https://doi.org/10.1007/978-3-662-55758-7_6

> **Überblick**
> - Welche Faktoren Teamresilienz beeinflussen
> - Wie Leistung, Beziehung und Teamresilienz zusammenhängen
> - Wie resiliente Teams kommunizieren und Konflikte lösen
> - Wie Diversität im Team zur Stärke wird – in Krisen, im Wandel und bei Innovationen
> - Welche Strukturen, Prozesse und Zusammenarbeitsformen Teamresilienz fördern

Aufgrund der hohen Geschwindigkeit von Veränderungen im Markt, bei Technologien, Trends und Kundenbedürfnissen sowie der Komplexität von Arbeitsprozessen und Projekten verlagert sich die Arbeit heute immer mehr in bereichsübergreifende, interdisziplinäre Teams und Netzwerke. Auch die Entscheidungsgewalt wandert mehr und mehr in Teams. Denn die Herausforderungen, die mit den heutigen Megatrends – allen voran der Digitalisierung und der Industrie 4.0 – einhergehen, verlangen nach der Nutzung verteilten Wissens. Umso wichtiger ist es für Teams, sich nachhaltig gut aufzustellen. Resilienz ist demnach eine zentrale Ressource für moderne Teams. Forschungsergebnissen zufolge haben resiliente Teams eine höhere Wahrscheinlichkeit, in stürmischen Zeiten produktiv, agil und innovativ zu sein (Sharma und Sharma 2016, S. 37). Allerdings gibt es zur Teamresilienz noch relativ wenige Studien und Fachartikel, doch das Interesse von Wissenschaftlern und Praktikern an diesem Thema scheint in den letzten Jahren zuzunehmen.

> **Definition**
>
> Teamresilienz kann als dynamischer, psychosozialer Prozess verstanden werden, der eine Gruppe von Individuen vor der potenziell negativen Wirkung von Stressoren schützt (Morgan et al. 2013, S. 20), indem er der Gruppe ermöglicht, sich positiv an Stress und Druck aus ihrem Umfeld anzupassen (Carmeli et al. 2013, S. 149).

Teamresilienz hängt von zahlreichen Komponenten ab, die im Folgenden vorgestellt werden.

6.1 Für Teamresilienz relevante Faktoren

Zu den Faktoren, die Teamresilienz beeinflussen, zählen Beziehung und effektive Teamarbeit, unterstützt durch Zusammenhalt, Vertrauen, Ressourcenzugang und kollektive Wirksamkeitsüberzeugung (Gittell et al. 2006, Lengnick-Hall et al. 2011). Darüber hinaus benötigen Teams unterstützende Strukturen und Prozesse im Unternehmen.

In ihrer Studie an Elitesportteams fanden Morgan et al. (2013) vier Hauptdimensionen resilienter Teams:

- **Gruppenstruktur:** Konventionen, die Gruppennormen und -rollen beeinflussen; inkludiert psychosoziale und physische Aspekte;
- **Fokus auf Entwicklung (*Mastery Approach*):** Vom Team geteilte Einstellungen und Verhaltensweisen, welche eine Ausrichtung auf Verbesserung unterstützen;
- **Soziales Kapital:** Qualitativ hochwertige Interaktionen und fürsorgliche Beziehungen innerhalb der Gruppe;
- **kollektive Wirksamkeit:** Die gemeinsame Überzeugung, als Team die Aufgabe bewältigen zu können.

Basierend auf diesen vier Dimensionen entwickelten Sharma und Sharma (2016) das in ◘ Abb. 6.1 dargestellte Teamresilienzmodell.

Einen anderen Ansatz bietet der Teamresilienzkompass nach Wellensiek (2011), welcher die vier Bereiche persönliches Potenzial, Beziehungen, Zusammenspiel und Spirit unterscheidet (◘ Abb. 6.2).

Alle Ansätze teilen die Auffassung, dass die Resilienz von Teams von der Zusammensetzung und Kombination der Teammitglieder sowie ihren Handlungen und Interaktionen miteinander beeinflusst wird. So fällt es beispielsweise einem Team mit einer hohen Dichte an interner und externer Vernetzung leichter, einen gemeinsamen Kontext zu entwickeln und dadurch wichtige Veränderungen des Umfeldes schnell zu erkennen, zu akzeptieren und frühzeitig Anpassungen einzuleiten (Horne und Orr 1998).

◘ Abb. 6.1 Teamresilienzmodell. (Adaptiert, nach Sharma und Sharma 2016, S. 46)

6.2 Resiliente Teamkultur: Vertrauen und die „Genug-Haltung"

Vertrauen ist die Basis jeglicher Zusammenarbeit (Rigotti und Mohr 2008, S. 46). Mit Vertrauen eng verbunden ist Verletzlichkeit. Brown (2017, S. 50) definiert Verletzlichkeit als „Ungewissheit, Risikobereitschaft und emotionale Exposition". Viele Menschen lehnen Verletzlichkeit ab, weil sie gelernt haben, dass man Stärke zeigen muss. Doch sich verletzlich zu zeigen ist auch die Basis vieler Emotionen, nach denen sich Menschen sehnen, wie etwa Liebe, Zugehörigkeit, Mut und Freude (ebd.).

Vertrauen in einem Team bedeutet demnach, sich gegenüber den Kollegen verletzlich zeigen zu dürfen und sich dies zu trauen. Es geht darum, die Rüstung bzw. Maske abzulegen und sich authentisch und als Mensch zu zeigen. Dabei hilft die folgende Überzeugung (Brown 2017, S. 142):
- „Ich bin gut genug" (Selbstwert versus Scham);
- „Ich habe genug" (Grenzen ziehen versus Vergleichen);

6.2 · Resiliente Teamkultur

Abb. 6.2 Teamresilienzkompass. (Adaptiert, nach Wellensiek 2011, S. 278)

- „Ich gehe Risiken ein und zeige mich so, wie ich bin – und das ist genug" (Engagement versus Rückzug).

Ein auf Verletzlichkeit basierendes Vertrauen setzt allerdings ein sicheres Umfeld voraus, in welchem es zum Beispiel möglich ist, Emotionen zu äußern, Fragen zu stellen und um Hilfe zu bitten, ohne befürchten zu müssen, sein Gesicht zu verlieren. Experten sprechen in diesem Sinn von „psychologischer Sicherheit" oder einem „sicheren Raum" (Laloux 2015; Brown 2017, vgl. ▶ Abschn. 3.2.1). Wird der sichere Raum verletzt, ist es wichtig, dass dies angesprochen wird – entweder durch die Führungskraft oder, noch besser, durch einzelne Teammitglieder – und dass im wiederholten Fall Konsequenzen folgen. In der Tat ist die Sorge einzelner Personen um ihren Status oder ihre Beziehungen zu anderen Teammitgliedern einer der häufigsten Gründe, warum es Teams nicht gelingt, offen zu sein oder aus Fehlern zu lernen (Edmondson et al. 2001).

> **Praxistipp**
>
> In meinen Trainings und Workshops steht der Punkt „Vertrauen und Vertraulichkeit" oder wahlweise „Wir sind offen für andere Meinungen und werten nicht" stets in den „Spielregeln" für das Miteinander. Wird er nicht von den Teilnehmern selbst genannt, ergänze ich ihn. Die Erfahrung zeigt, dass ein schriftliches Festhalten von Regeln für ein gutes Miteinander auch für die tägliche Zusammenarbeit in Teams sinnvoll ist. Denn ist das Vereinbarte einmal visualisiert, wird es viel leichter, Abweichungen davon anzusprechen.

Eine weitere wichtige Voraussetzung für gute Zusammenarbeit ist eine „Genug-Haltung" im Team. Eine solche Haltung geht davon aus, dass genug für alle da ist – Ressourcen, Aufgaben, Verantwortung, Wertschätzung usw. – und dass man selbst gut genug ist. Als Teammitglied braucht man daher weder zu kämpfen noch sich mit anderen zu vergleichen oder um seinen Status zu fürchten. Das Gegenteil der „Genug-Kultur" – eine Kultur der Knappheit – lässt sich an drei Komponenten erkennen (Brown 2017, S. 43):
1. Scham (z. B. die Angst, lächerlich gemacht zu werden),
2. Vergleichen (Baer et al. 2010, S. 828; Hüther 2015, S. 67) und
3. Mangel an Engagement (lieber keine Risiken eingehen, lieber sich mit seiner Meinung zurückhalten, keiner hört mehr richtig zu).

Punkt 2 wirft die interessante und von Wissenschaftlern kontrovers diskutierte Frage auf, ob Wettbewerb in Teams und Gruppen ihre Kreativität und Innovationsfähigkeit fördert. Während einige Autoren dies bejahen (z. B. Kanter et al. 1997), sagen jüngere Untersuchungen das Gegenteil aus. In einer Studie konnte nachgewiesen werden, dass die Antwort auf diese Frage davon abhängt, ob es sich um ein Team mit fester Zusammensetzung oder eine offene Gruppe handelt, d. h. um ein Team, bei dem sich die Zusammensetzung immer einmal wieder ändert, wie dies zum Beispiel bei der Entwicklung neuer Produkte und Dienstleistungen oft der Fall ist (Baer et al. 2010). Laut der Studie können fest zusammengesetzte Teams von moderatem Wettbewerb profitieren. Bei fluiden, projektbasierten Teams, die heute in den meisten Unternehmen zur Realität gehören, ist Wettbewerb – selbst in moderater Form – als primäres Vehikel zur Stärkung von Kreativität nicht zu empfehlen (ebd., S. 841). Denn darunter leidet sowohl die Zusammenarbeit innerhalb des Teams als auch die für den Informationsaustausch zentrale Kooperation mit anderen Gruppen/Schnittstellen, was die Kreativität der Gruppe beeinträchtigen kann. Da das Erreichen organisationaler Ziele von der Zusammenarbeit aller Gruppen bzw. Bereiche abhängt, kann Wettbewerb zwischen Gruppen eine negative Auswirkung auf die Leistung der gesamten Organisation haben (ebd.). Hüther (2015, S. 67 f.) ist der Meinung, dass gesunder Wettbewerb von Vorteil sein kann, konstante Konkurrenzkämpfe und Selektionsdruck jedoch Kreativität und Innovation behindern. Für ihn ist Wettbewerb „nur die Triebfeder für Spezialisierung und verbesserte Nutzung vorhandener Ressourcen", während kreative und innovative Ideen sowie neue Potenziale der spielerischen Weiterentwicklung ohne Druck bedürfen.

Eine „Genug-Haltung" und die entsprechende Kultur lassen sich in Teams fördern, indem das Vertrauen gestärkt wird:
- Vertrauen ermöglicht kooperatives Verhalten,
- fördert adaptive organisationale Formen der Zusammenarbeit (z. B. Netzwerke),
- vereinfacht das schnelle Zusammenstellen von Arbeitsgruppen,
- reduziert Konflikte bzw. ermöglicht den effektiven und konstruktiven Umgang mit Krisen und Störungen (Mishra und Mishra 2013).

Dabei hat das Teamverhalten Auswirkungen auf das Teamvertrauen und auf die Resultate der Zusammenarbeit. Forschungsergebnisse zeigen, dass Vertrauen mit der wahrgenommenen Aufgabenausführung, Teamzufriedenheit sowie Beziehung positiv korreliert – und mit Stress negativ korreliert (ebd., S. 63).

6.3 Der Zusammenhang zwischen Leistung, Beziehung und Resilienz in Teams

Durch die häufige Arbeit in (Projekt-)Teams ist Leistung heute in den meisten Organisationen mehr und mehr von Zusammenarbeit und Beziehung abhängig. Es gibt zahlreiche Studien, die den Bezug zwischen Leistung von Teams, interpersonalen Beziehungen und Resilienz belegen (Cameron und McNaughtan 2014; Gittell et al. 2006; Stephens et al. 2013; Morgan et al. 2013). Bei der Zusammenarbeit kann sich das Engagement einer Person auf die anderen Teammitglieder übertragen, was die Teamleistung indirekt verbessert (Bakker und Oerlemans 2010, S. 13).

Gleichzeitig gilt für Teams, was auf Einzelpersonen zutrifft: Stärkende Beziehungen sind einer der wichtigsten Resilienzfaktoren (Gittell et al. 2006; Stephens et al. 2013). Für Reis und Gable (2003) sind gute Beziehungen zu anderen die wichtigste Quelle von Lebenszufriedenheit und emotionalem Wohlbefinden, und zwar für Menschen aller Kulturen und aller Altersstufen. Da Zusammenarbeit und Co-Kreation wiederum auf beziehungs- und kommunikationsorientierten Fähigkeiten beruhen, werden diese in einer eher unsicheren Welt, im Wandel und in Krisen erfolgskritischer. In der Tat können die Interaktionen mit anderen Teammitgliedern einen positiven (oder auch negativen) Einfluss auf den Austausch von Informationen, auf Lernprozesse, die Entwicklung von Lösungen für Probleme und Anpassungsleistungen haben (Paulus und Nijstad 2003). So sind Managementteams, deren Mitglieder Teambeziehungen als hilfreich für die Entwicklung neuer Ideen und die Suche nach neuen Möglichkeiten erachten, im Schnitt resilienter als andere Teams (Carmeli et al. 2013).

Die kollektive Wirksamkeit (vgl. ▶ Abschn. 3.2.3), also die Überzeugung eines Teams, die Herausforderungen gemeinsam meistern zu können, erhöht die Resilienz des Teams und hat eine äußerst positive Wirkung auf Leistung unter schwierigen Bedingungen (Bandura 1998; Morgan et al. 2013). Dabei ist die kollektive Wirksamkeit mehr als die Summe der individuellen Wirksamkeitsüberzeugungen. Sie ist das Ergebnis der interaktiven und koordinativen Dynamik zwischen den Teammitgliedern (Bandura 1998).

Wie sehr sich jedes Teammitglied anstrengt, um das Teamziel zu erreichen, hängt von seinem Glauben an die kollektive Wirksamkeit des Teams ab. Da die Wirksamkeit einen Einfluss hat auf die Anfälligkeit einer Gruppe gegenüber Entmutigung (Bandura 1998), beeinflusst die kollektive Wirksamkeit auch, wie lang das Team durchhält, wenn die gemeinsamen Bemühungen keine schnellen Ergebnisse erzielen. Daher gehen Teams, die über eine höhere kollektive Wirksamkeitsüberzeugung verfügen, mit mehr Selbstvertrauen an Herausforderungen und Gefahren heran. Dies unterstützt die Problemlösungskompetenz des Teams und ermöglicht es ihm, auch in unvorhergesehenen oder komplexen Situationen durchzuhalten. In der Tat wächst das Selbstvertrauen von Teams nicht nur durch gemeinsame Erfolge, sondern auch durch das gemeinsame Durchstehen schwerer Zeiten (Sutcliffe und Vogus 2003; Morgan et al. 2013). Das Ergebnis ist eine positive Anpassung.

6.4 Resilienz und Lernen im Team

Wie bereits dargelegt, sind Lernen und Resilienz eng miteinander verknüpft (▶ Kap. 3). Studien, die sich mit dem Lernen von Gruppen und Teams beschäfti-

6.4 · Resilienz und Lernen im Team

gen, weisen auf ähnliche Dynamiken hin, wie sie bei individuellem Lernen festgestellt wurden (vgl. ▶ Abschn. 4.3.5): Teams, die über eine dynamische Denkweise (*growth mindset*) verfügen, die also auf das Erwerben neuer Fähigkeiten, das Meistern neuer Situationen und Verbessern von Kompetenzen ausgerichtet sind, können sich eher an herausfordernde Situationen anpassen und erbringen langfristig bessere Leistungen als Teams, in denen eine statische Denkweise vorherrscht (Sutcliffe und Vogus 2003; Edmondson 1999).

Rashkovits (2015) konnte in einer Studie nachweisen, dass Teamautonomie Teamlernen unterstützt und Teamlernen wiederum die Implementierungsfähigkeit von Teams fördert.

Resiliente Teams verstehen Misslingen als natürlichen Bestandteil ihres Lernens. Darüber hinaus gelingt es ihnen, Lernen unter Unsicherheit als Lernen mit Herausforderungen zu verstehen, statt als Lernen unter Bedrohung. Und drittens zeichnen sie sich durch einen stärkeren Außenfokus in Krisenzeiten aus. Diese drei Faktoren sind zentral. Denn dadurch haben Teams Zugang zu einem adaptiven Copingstil und sind in der Lage, flexibel und kreativ zu reagieren und zu einer neuen Situation passende Lösungen zu finden. Dies wiederum reduziert den Threat-Rigidity-Effekt (vgl. ▶ Abschn. 1.1.1). Lernen als Bedrohung hingegen lähmt und demoralisiert (Sauer und Trier 2012, S. 263).

Dass Teams besser geeignet sind mit komplexen, unvorhersehbaren Situationen umzugehen, hat unter anderem mit dem besseren Zugang zu Wissen zu tun. Denn um neues Wissen aufzunehmen und es in neuen Situationen anzuwenden, ist erfahrungsbasiertes, informelles Wissen nötig (Bower und Hilgard 1981; Cohen und Levinthal 1990; Ritz 2015a). Perkams und Sørensen (2015) konnten nachweisen, dass informeller Austausch und Wissensmanagement organisationale Resilienz und Veränderungsfähigkeit eines Unternehmens positiv beeinflussen.

Mit informellem Wissen verbunden ist selbstorganisiertes Lernen (vgl. ▶ Abschn. 3.2). Dabei haben die Umgebungsbedingungen, wie etwa ein turbulentes Umfeld, eine direkte Auswirkung auf das Lernverhalten. Treten ungewöhnliche, nicht vorhersehbare Situationen oder Fragen auf, die das Team mit den bisherigen Routinen nicht bearbeiten kann, kommt es durch das Lernen in Teams und das Zurückgreifen auf die unterschiedlichen Kenntnisse und Erfahrungen zu einer Erweiterung des Erkenntnis- und Handlungshorizontes (Sauer und Trier 2012, S. 274), zu handlungsbasiertem Lernen und dadurch zu einer gesteigerten Teamresilienz. Auch für die Innovationsfähigkeit eines Teams ist informelles selbstorganisiertes Lernen unerlässlich (ebd.).

Das Lernen in Teams, das Teilen von Wissen und Informationen hängt von der Unternehmenskultur und der Vertrauenskultur im Team, der Kommunikationsfähigkeit der Teammitglieder und deren Umgang mit Emotionen ab. In der Tat ist der soziale Kontext entscheidend – er kann lernförderlich sein oder nicht (Sauer und Trier 2012, S. 264). Darüber hinaus spielt die Varietät der Teamzusammensetzung eine wichtige Rolle (Sutcliffe und Vogus 2003).

6.5 Resilienz und Diversität

In der heutigen Arbeitswelt ist Diversität öfter die Regel als die Ausnahme (Baer et al. 2010) (► Abschn. 3.2). Innerhalb eines Systems – zum Beispiel eines Teams – fördert Vielfalt dessen Resilienz (Sutcliffe und Vogus 2003). So verfügt das System (Team) durch Heterogenität in den Systemkomponenten (Teammitglieder) über einen breiten Zugang zu Wissensressourcen, wodurch vielfältige Optionen, Ideen und Handlungsmöglichkeiten entwickelt werden können (Folke et al. 2002; Tilebein und Stolarski 2010). Dadurch ist das Team besser in der Lage, mit Komplexität umzugehen (Weick 1979 in Sutcliffe und Vogus 2003), die Gefahr von Betriebsblindheit und Planungsfehlern sinkt, und Flexibilität sowie Wandlungsfähigkeit nehmen zu (Tilebein und Stolarski 2010). Allerdings muss dabei eine Balance zwischen Unterschieden und Ähnlichkeiten gewährleistet sein.

6.5.1 Dimensionen von Diversität

Neben Vielfalt in der Teamzusammensetzung (z. B. Geschlecht, Alter, Herkunft, Kultur, Religion) ist auch die erfahrungsbezogene Diversität von Bedeutung. So sind Teams, zu denen auch Generalisten gehören, besser in der Lage, Abweichungen in ihrem Umfeld und damit verbundene nötige Veränderungen zu erkennen. Sie scheinen auch bessere Copingstrategien zu haben, vor allem, wenn sie überzeugt sind, agieren zu können (Westrum 1991 in Sutcliffe und Vogus 2003). Divers zusammengesetzte Teams können darüber hinaus bestehendes Wissen und vorhandene Fähigkeiten besser neu kombinieren. Je mehr ein Team tun kann, d.h. je mehr Einfluss und Gestaltungsfreiraum es hat, desto mehr kann es in einer gegebenen Situation erkennen. Das ist der Fall, da Handeln eng mit Kognition verbunden ist (Weick et al. 1999). Dies wiederum unterstützt das Lösen von Problemen unter schwierigen Umständen.

Scott Page, Professor für komplexe Systeme, Politikwissenschaften und Wirtschaft an der Universität von Michigan, USA, spricht von „kognitiver Diversität" eines Teams (Zolli und Healy 2013, S. 191 ff.). Damit ist die Verteilung von unterschiedlichen Denkweisen in einer Gruppe von Menschen gemeint. Empirischen Befunden zufolge erhöht kognitive Diversität in Teams die Qualität der Arbeit. Denn sowohl die Fähigkeiten als auch die Vielfalt der Teammitglieder fördern die kollektive Genauigkeit des Teams, also das Ergebnis der gemeinsamen Arbeit. Laut Page kann ein sehr diverses Team genauso gut sein wie ein sehr talentiertes Team (Zolli und Healy 2013, S. 205).

6.5.2 Wie Diversität hilft, Teamfallen zu vermeiden

Diversität kann dazu beitragen, typische Fallstricke bei der Zusammenarbeit in Gruppen und Teams zu umgehen, die schwerwiegende Konsequenzen haben können. Tatsächlich tendieren Menschen dazu, Informationen zu vernachlässigen, die ihre Annahmen widerlegen, denn sie mögen es nicht, unrecht zu haben. Umgekehrt favorisieren sie Informationen, die ihre Annahmen bestätigen (Zolli und Healy 2013).

6.5.2.1 Falle 1: Bestätigungsneigung

Bestätigungsneigung (*confirmation bias*) ist die Tendenz einer Person, Informationen zu bevorzugen, welche ihre Annahmen, Meinungen, Überzeugungen oder Hypothesen bestätigen – unabhängig davon, ob diese richtig oder falsch sind. Dies führt etwa dazu, dass ein Mensch Daten, die er nicht mag, nicht beachtet, als unwichtig bezeichnet oder nicht verarbeitet.

Diversität in Teams hilft, die Bestätigungsneigung zu entkräften und fördert laterales Denken, also den sprichwörtlichen Blick über den Tellerrand. Die Teammitglieder werden zum Perspektivwechsel aufgefordert, sie nehmen andere Sichtweisen ein und berücksichtigen Optionen, auf die sie allein nicht kommen würden. Das wirkt Selbstüberschätzung entgegen, die zu einer Gefahr für die Resilienz eines Teams und einer Organisation werden kann – von negativen Auswirkungen auf die Innovationsfähigkeit von Teams bis hin zu Sicherheits- und Qualitätsproblemen.

6.5.2.2 Falle 2: Gruppendenken

Ein weiteres Phänomen, das es bei der Teamarbeit zu berücksichtigen gilt, ist das Gruppendenken (*groupthink*). Der Begriff wurde von dem Psychologen Irving Janis geprägt (Janis 1972) und bezeichnet ein übermäßiges Streben nach Einmütigkeit. Damit ist ein defizitärer Gruppenentscheidungsprozess gemeint, bei dem eine Gruppe kompetenter Personen schlechtere oder realitätsfernere Entscheidungen als möglich trifft, weil jede beteiligte Person ihre Meinung an die erwartete Gruppenmeinung anpasst (ebd.). Niemand äußert eine abweichende Meinung oder Kritik, Harmoniestreben überwiegt gegenüber dem Streben nach akkurater Bewertung. Das kann in vielerlei Hinsicht katastrophale Auswirkungen haben (Dweck 2016, S. 161 f.; Ritz 2015a; Zolli und Healy 2013), u. a. weil Handlungen oder Kompromissen zugestimmt wird, die die einzelnen Gruppenmitglieder unter anderen Umständen ablehnen würden. Gruppendenken entsteht unter anderem durch folgende Faktoren, die ihre Ursachen in einer statischen Denkweise haben (Dweck 2016, S. 163):

- Die Angehörigen einer Gruppe oder eines Teams haben grenzenloses Vertrauen zu ihrem vermeintlich genialen Chef;
- die Gruppe oder das Team wird von der eigenen Genialität und Überlegenheit geblendet;
- der Vorgesetzte bestraft abweichende Meinungen – oft, um sein eigenes Ego zu stärken. In diesem Fall bewahren sich die Teammitglieder womöglich ihre eigene Urteilsfähigkeit, sie sprechen ihre Meinung aber nicht offen aus, da sie sich Anerkennung durch ihren Chef wünschen.

Eine dynamische Denkweise der Beteiligten wirkt Gruppendenken entgegen und stärkt Resilienz (ebd.). Weitere unterstützende Faktoren sind, wie bereits erwähnt, Vielfalt sowie Vertrauen in Teams und Gruppen.

6.5.3 Umgang mit Vielfalt

Diversität hat jedoch auch ihren Preis: Sie muss gut gemanagt werden. Erkenntnisse aus der Diversitätsforschung helfen, Rahmenbedingungen und Voraussetzungen so zu gestalten, dass die Verschiedenartigkeit von Teammitgliedern als wertvolle Ressource in der Organisation genutzt werden kann. Um den Rahmen des Buches nicht zu sprengen, sollen hier einige Beispiele genügen:

- Wenn Mitglieder einer Gruppe (z. B. hinsichtlich ihres Geschlechts oder ihrer Nationalität) weniger als 20 % in einem Team ausmachen, sind diese

6.5 · Resilienz und Diversität

Personen einer zu hohen Sichtbarkeit im Team und somit psychologischem Druck ausgesetzt, wodurch sie verständlicherweise weniger leisten können. Wird die Minderheit im Team auf über 20 % angehoben, steigt die Effektivität im Team (Tokenansatz von Kanter 1977, nach: Rohn 2006, S. 108 f.).

- Weiterhin ist es wichtig, auf positive Verstärkung in Form von Lob und Anerkennung sowie auf Fairplay zu achten.
- Ein zu starkes Drängen auf Berücksichtigung aller Sichtweisen kann zu Entscheidungsschwäche im Team führen (Zolli und Healy 2013, S. 204).
- Ein diverses Team braucht darüber hinaus Zeit für Integration. Es ist mehr Kommunikation unter den Teammitgliedern nötig (Zolli und Healy 2013).
- Neben der wirksamen Nutzung der Unterschiede sollten auch Gemeinsamkeiten im Team herausgearbeitet werden.
- Resiliente, in der Diversität verankerte Team- und Unternehmenskulturen tolerieren gelegentliche Skepsis und Dissens und gehen konstruktiv mit Konflikten um.

Teams dürfen aber auch nicht zu unterschiedlich sein. Bei ihrer Zusammensetzung sollte daher eine „warme Zone der Diversität" berücksichtigt werden (Zolli und Healy 2013, S. 206): Ähnliche mentale Modelle (s. Definition), vergleichbare Werte und vor allem ein gemeinsames Verständnis des Ziels helfen, Unterschiede in der Fachrichtung, Methode oder den Inhalten zu überbrücken. Wenn dies gegeben ist, sind die Teammitglieder motiviert, den anderen ihre Auffassungen zu erklären und als Teil des Integrationsprozesses eine gemeinsame Sprache zu entwickeln. Durch Aufrechterhaltung der „warmen Zone" gelingt es einem Team, sich gegenseitig respektvoll herauszufordern sowie unterstützenden Dissens zu üben und somit Gruppendenken und Bestätigungsneigung zu überwinden. Für diese warme Diversitätszone zu sorgen, ist also nicht nur wünschenswert – sie ist essenziell für die Resilienz und Leistungsfähigkeit eines Teams.

> **Definition**
>
> Bei mentalen Modellen handelt es sich um Grundüberzeugungen, also organisierte Wissensstrukturen, die es Individuen ermöglichen, mit ihrem Umfeld zu interagieren. Durch mentale Modelle können Menschen das Verhalten anderer voraussagen und erklären, sie können Verbindungen zwischen Komponenten der Umwelt erkennen und Annahmen ableiten darüber, was als Nächstes geschehen wird (Rouse und Morris 1986, nach: Mathieu et al. 2000; Weick 1993).

Unter Bedingungen, in denen sich Teams nicht absprechen können – etwa aufgrund hoher Arbeitslast, Zeitdruck oder in einer Krise – ist die „warme Zone" besonders wichtig für das Funktionieren und die Leistung des Teams. Gemeinsame (oder geteilte) mentale Modelle ermöglichen es den Teammitgliedern, die Informations- und Ressourcenbedürfnisse ihrer Kollegen vorauszusagen. Das heißt, die Teammitglieder können auf der Basis ihres Verständnisses der Aufgabenanforderungen und der vorausgesehenen Reaktion des Teams agieren. Diese Fähigkeit, sich schnell anzupassen, ermöglicht es Teams, in einem dynamischen Umfeld und unter erschwerten Bedingungen erfolgreich zu sein (Cannon-Bowers und Salas 2001). Zuvor muss es dem Team jedoch möglich gewesen sein, die verschiedenen mentalen Modelle jedes Einzelnen miteinander abzugleichen. Geschieht dies nicht, handelt womöglich jeder auf der Basis unterschiedlicher Annahmen über die Situation (Hofinger 2008). Gemeinsame Modelle sind wichtig bezüglich (Cannon-Bowers et al. 2001):

- der Aufgabe (was haben wir zu tun?),
- des Teams (wer sind wir? Was können wir?),
- der verfügbaren Ressourcen;
- der Rahmenbedingungen des Handelns.

Gerade in Stresssituationen, bei Herausforderungen und Krisen ist es nicht immer leicht, mit Unterschiedlichkeit im Team umzugehen. Ein positiver Umgang mit Diversität – und damit verbunden die Erweiterung des Spielraumes – bedingt eine integrierende Haltung der Beteiligten (Esch 2017, S. 206). Diese wiederum wird durch positive Emotionen gefördert (Stephens et al. 2013). Nach der Broaden-and-build-Theorie (vgl. ▶ Abschn. 4.3.2) erhöhen positive Emotionen die Offenheit von Menschen gegenüber Varietät und erweitern die Bandbreite von Optionen, die ein Mensch als akzeptabel erachtet (Tugade et al. 2004). Das heißt, wenn wir positive Emotionen empfinden, sind wir im Umgang mit anderen, zum Beispiel mit den Mitgliedern in unserem Projektteam, toleranter und offener für Diversität. Auf Emotionen in Teams wird in ▶ Abschn. 6.6.2 weiter eingegangen.

6.6 Resilienzstärkende Kommunikation in Teams

Damit Teams über die nötigen Informationen verfügen, die es ihnen ermöglichen, leistungsfähig zu sein sowie schwache Signale rechtzeitig zu erkennen und einzuordnen, benötigen sie klare Kommunikationsprozesse innerhalb des Teams und mit ihren Schnittstellen (van der Beek und Schraagen 2015).

Darüber hinaus sagt die Art und Weise, wie Teams miteinander und teamübergreifend kommunizieren, viel über ihre Resilienz aus. Laut einer Studie unter Managementteams gab es in Teams, welche die höchsten Leistungen hinsichtlich Profitabilität, Kundenzufriedenheit und in 360-Grad-Feedbacks erbrachten, mehr positive Kommunikation und zwischenmenschliche Verbindungen zwischen den Teammitgliedern. Dabei wird unter positiver Kommunikation eine unterstützende, ermutigende und wertschätzende Form der Kommunikation verstanden. Höchstleistungsteams zeichneten sich dadurch aus, dass die positive Kommunikation gegenüber der negativen (z. B. Missbilligung, Sarkasmus, Zynismus) deutlich überwiegt. Die Konnektivität (s. Definition) war fast zweimal so hoch wie in den Teams mit den schlechtesten Leistungen (Losada und Heaphy 2004). Konnektivität wird im digitalen Zeitalter immer wichtiger und gilt als Megatrend (Zukunftsinstitut 2015).

> **Definition**
>
> Konnektivität im engeren Sinne bezeichnet die strukturellen Verbindungen zwischen Mitgliedern einer Gruppe (Team, Netzwerk). Sie äußert sich in Offenheit der Gruppenmitglieder gegenüber anderen Meinungen, gegenüber ihrer Bereitschaft, daraus zu lernen, und ihrer Fähigkeit, neue Erkenntnisse zu entwickeln (Carmeli et al. 2013). Im weiteren Sinne geht es bei Konnektivität um die neue Organisation der Menschheit in Netzwerken. Die Vernetzung führt zu neuen Kommunikationsstrukturen und einer Öffnung von Organisationen (Zukunftsinstitut 2015).

Effektive Topmanagementteams unterscheiden sich von weniger effektiven unter anderem hauptsächlich darin, dass sie als Team agieren, auf eine breitere Informationsbasis zurückgreifen und Kooperation den Vorrang vor Wettbewerb geben (Eisenhardt 1999). Eine hohe Konnektivität zwischen den Mitgliedern von Topmanagementteams verbessert die strategische Entscheidungsfindung des Teams (*strategic decision comprehensiveness*) und seine Resilienz (Carmeli et al. 2013; Simons et al. 2017). Konnektivität gilt demnach als Schlüsselmechanismus, der Teams dabei unterstützt, in schwierigen Zeiten Chancen und Möglichkeiten zu sehen, neue Erkenntnisse zu generieren sowie gestärkt und mit mehr Ressourcen aus einem negativen Ereignis hervorzugehen (Carmeli et al. 2013).

Eine der wichtigsten Grundlagen positiver, stärkender Kommunikation ist eine Haltung der Achtsamkeit und Präsenz.

6.6.1 Achtsamkeit und Präsenz

Damit in Situationen großer Umbrüche und Unsicherheiten wirklich Transformation und Innovation möglich sind – auf organisationaler Ebene genauso wie auf der Ebene von Teams und Einzelpersonen –, bedarf es laut Scharmer (2008) einer neuen „sozialen Technologie", die er als „Theorie U" bezeichnet (Scharmer 2015).

Scharmers Zukunftsidee und das Konstrukt der Resilienz haben wichtige Gemeinsamkeiten:

- einen sicheren Raum schaffen (*holding the space*),
- Offenheit zeigen – d. h. die Gewohnheit aufgeben, Personen, Situationen und Dinge auf der Basis früherer Erfahrungen zu be- oder verurteilen,
- achtsam und präsent sein im Sinne von „wirklich da sein" – physisch und mental,
- bewusst zuhören – ohne sich bereits eine eigene Antwort zurechtzulegen oder durch selektives Zuhören bereits Bekanntes zu bestätigen (*downloading*),
- sich Zeit und Raum für Reflexion nehmen und anderen gewähren.

Bezogen auf die Resilienz von Teams sind diese Parameter von größter Bedeutung. Denn sie ermöglichen einerseits Lernen und somit das Schaffen eines breiteren Handlungsspektrums im Team. Andererseits werden gegenseitiges Vertrauen, Transparenz und Authentizität gestärkt. Denn wenn Menschen merken, dass das Gegenüber ihnen vorurteilsfrei zuhört, trauen sie sich eher, sich zu öffnen, authentisch und menschlich zu sein. Laloux (2015) fordert somit auch mehr Menschlichkeit in Unternehmen. Kommunikation kann dazu einen entscheidenden Beitrag leisten.

Auf der Basis der Positiven Psychologie gibt es zahlreiche Übungen zur Stärkung des wertschätzenden Umgangs miteinander. Sehr gute Erfahrungen habe ich mit der Übung „Positiver Tagesrückblick" gemacht, die – regelmäßig und über einen längeren Zeitraum durchgeführt – die individuelle Selbstwirksamkeit genauso wie die kollektive Wirksamkeit fördert:

> **Praxistipp**
>
> **Positiver Tagesrückblick**
> **Methode:**
> Einzelarbeit und regelmäßiger Austausch dazu im Team
> **Zielsetzung:**
> Den Tag Revue passieren lassen und dabei positive Momente reflektieren
> **Aufgabe:**
> Jedes Teammitglied beantwortet 3 bis 4 Wochen lang am Ende jedes Tages zwei Fragen und hält die Antworten schriftlich fest:
> 1. Was ist heute gut gelaufen/was war schön?
> 2. Warum ist es gut gelaufen/war es schön? Was habe ich dazu beigetragen?
>
> Im danach folgenden Austausch im Team (z. B. einmal pro Woche zu Beginn der Teamsitzung) teilt jede Person eine positive Gegebenheit und den eigenen Beitrag mit den anderen. Die Äußerungen dürfen so im Raum stehen bleiben, sie werden nicht diskutiert oder kommentiert.
> **Beispiele:**
> „Was ist heute gut gelaufen?" – „Die Besprechung mit meinem Team war konstruktiv und effizient."
> „Wie habe ich dazu beigetragen?" – „Ich hatte die Zeit im Blick und habe auf kurze, lösungsorientierte Beiträge geachtet."
> „Was war heute schön?" – „Die Sonne schien, und es war ein herrlicher Tag."
> „Wie habe ich dazu beigetragen?" – „Ich habe mir in der Mittagspause Zeit für einen Spaziergang genommen und habe die Sonne bewusst genossen."
> Wird diese Übung regelmäßig zu Beginn einer Sitzung – zum Beispiel eines Abteilungs- oder Projektmeetings – durchgeführt, kann sie zum positiven Verlauf der Besprechung wesentlich beitragen. Positiv gestaltete Meetings wiederum stärken meiner Erfahrung nach die Leistungsfähigkeit, Lernbereitschaft, Kreativität und Arbeitszufriedenheit der Teammitglieder.

Die oben erwähnten fünf Grundlagen der Achtsamkeit und Präsenz von Scharmer gelten vor allem auch für das Feedback – einem weiteren wichtigen Faktor der Teamresilienz, da es einen bedeutenden Beitrag zum Lernen in Teams leisten kann.

6.6.2 Konstruktives Feedback

Wertvolles Feedback basiert auf dem Einnehmen der Stärkenperspektive. Denn:

> Ich kenne niemanden, der ein Feedback akzeptieren oder für etwas Verantwortung übernehmen möchte, wenn er erbarmungslos kritisiert wird. Unsere physiologische Programmierung übernimmt dann die Führung, und unsere Schutzmechanismen gewinnen die Oberhand (Brown 2017, S. 245).

Feedback geben und einfordern trägt zu Lernen und Wachstum bei – wenn dabei ein paar Regeln beachtet werden. In ihrem Buch *Verletzlichkeit macht stark* (Englisch: *Daring greatly*) veröffentlicht Brown eine Checkliste für Feedback, das den Lernprozess in Teams fördern und die Beziehung stärken kann (Brown 2017, S. 243 f.):

Praxistipp

Ich weiß, dass ich Feedback geben kann, wenn ich …
- bereit bin, neben Ihnen statt Ihnen gegenüber zu sitzen,
- gewillt bin, das Problem gemeinsam mit Ihnen anzuschauen, statt es zwischen uns zu stellen (oder es Ihnen zuzuschieben),
- zuhören, Fragen stellen und akzeptieren kann, dass ich den Sachverhalt vielleicht nicht voll verstehe,
- anerkennen will, was Sie tun, statt Ihre Fehler auseinanderzupflücken,
- Ihre Stärken erkenne und wie Sie sie einsetzen können, um Ihre Herausforderungen anzugehen,
- Sie in die Pflicht nehmen kann, ohne Sie zu beschämen oder zu beschuldigen,
- gewillt bin, für meinen Teil die Verantwortung zu übernehmen,
- Ihnen aufrichtig für Ihre Bemühungen danken kann, statt Sie für Ihre Fehler zu kritisieren,
- darüber sprechen kann, wie die Lösung dieser für diese Herausforderungen zu Ihrem Wachstum und Ihren weiteren Möglichkeiten beiträgt,
- ich die Verletzlichkeit und Offenheit vorleben kann, die ich mir von Ihnen wünsche.

Die evolutionsbedingte Negativitätsbias – das verstärkte Fokussieren auf das Negative – (vgl. ▶ Abschn. 4.2.3) steht einem guten Miteinander oft im Wege. Doch man

6.6 · Resilienzstärkende Kommunikation in Teams

kann lernen, das Gute in anderen zu erkennen. Die Positive Psychologie kennt dafür diverse Möglichkeiten, wie etwa Stärkeninterventionen (Biswas-Diener 2010).

Praxistipp

Den Stärkenblick schärfen
Die in der amerikanischen Fachliteratur als „strenghts spotting" bekannte Aktivität zielt darauf ab, dass wir andere „beim Gutsein ertappen". Es gibt zahlreiche Möglichkeiten, dies zu üben und mit anderen zu teilen, zum Beispiel:
Stärkenwand: An einer Wand hängt ein Foto von jedem Kollegen und darunter ein Umschlag. Wem etwas Positives an dem Kollegen aufgefallen ist oder wer jemandem für etwas danken möchte, steckt einen Zettel in den Umschlag. Die Wirkung der Übung kann verstärkt werden, wenn jedes Teammitglied zum Beispiel zu Beginn der Teamsitzung einen Zettel aus dem eigenen Umschlag oder dem eines Kollegen vorliest.
Stärkenfeedback: Je zwei Kollegen setzen sich jeweils am Ende einer Woche zusammen und schildern einander, was ihnen unter der Woche Positives aneinander aufgefallen ist. Die Tandems werden nach dem Zufallsprinzip (z. B. Lose) oder nach bestimmten Kriterien (z. B. „kennen sich noch nicht gut", „die Zusammenarbeit ist eher schwierig") jeweils für die Folgewoche zusammengestellt.
Stärkengespräch: Zwei Kollegen setzen sich zusammen. Der eine erzählt von sich, und zwar entweder:

- vergangenheitsbezogen:
  - Worauf bin ich besonders stolz?
  - Was habe ich in der letzten Woche/im letzten Monat gern und gut gemacht?

Oder:
- gegenwartsbezogen:
  - Was ich derzeit spannend oder aufregend finde.
  - Wofür ich mich engagiere oder Zeit und Energie investiere.
  - Was mir Energie gibt.

Oder:
- zukunftsbezogen:
  - Worauf ich mich in der nächsten Woche oder im nächsten Monat freue.

Der Partner hört zu und spiegelt dem Erzähler am Schluss wider, welche Stärken er herausgehört hat; dabei auf die Körpersprache achten (funkelnde Augen, verstärkte Gestik). Dann wird gewechselt (ca. 5 bis 10 Minuten pro Person).

Weiterhin spielt für die Teamresilienz auch Feedback aus dem Umfeld eine wichtige Rolle. Hierbei ist es zentral, wie das Team mit negativem Feedback umgeht und ob es in der Lage ist, dieses in Lernchancen zu übersetzen (Edson 2011).

6.6.3 Emotionen und Teamresilienz

Emotionen sind eine weitere Ressourcenform, die Teamresilienz stärken kann. Zahlreiche Studien bestätigen die Verbindung zwischen Emotionen und Resilienz (Tugade et al. 2004; Sutcliffe und Vogus 2003, vgl. dazu auch ▶ Kap. 4). Der Umgang mit und das Ansprechen von Emotionen bestimmt, ob diese resilienzfördernd oder -hemmend wirken. Für Stephens et al. (2013) sind Gefühlsäußerungen hoher Qualität in Beziehungen – die sogenannte „emotionale Übertragungskapazität" (*emotional carrying capacity*, ECC) – eine Quelle für Teamresilienz.

> **Definition**
>
> Die emotionale Übertragungskapazität bezieht sich auf die Fähigkeit von Menschen, insgesamt mehr Emotionen (positive wie negative) auszudrücken – und zwar auf konstruktive Art und Weise.

Darüber hinaus moderiert emotionale Übertragungskapazität die Beziehung zwischen Vertrauen im Team und Teamresilienz (Stephens et al. 2013). In ihren Studien mit Topmanagementteams fanden Stephens et al. (2013) drei Aspekte von Emotionsmanagement, die Teamresilienz stärken können:
- mehr Emotionsäußerungen innerhalb von Teams,
- Teilen von positiven und negativen Gefühlen mit den Teamkollegen,
- konstruktives Äußern von Emotionen.

6.6.3.1 Mehr Emotionsäußerungen innerhalb von Teams

Vermehrtes Teilen von Emotionen in Teams hat zahlreiche positive Auswirkungen:
- Die Teammitglieder erhalten mehr Informationen über ihre eigenen emotionalen Erfahrungen und Reaktionen und jene ihrer Teammitglieder (Kahn 2005), was das Verständnis innerhalb des Teams fördert. Dies wiederum stärkt das Wir-Gefühl – ein Schlüsselfaktor für effektives kollektives Handeln in einem hochkomplexen Umfeld (Hambrick 1994).

6.6 • Resilienzstärkende Kommunikation in Teams

- Wenn Teammitglieder mehr Emotionen ausdrücken, ist die Wahrscheinlichkeit höher, dass sie Herausforderungen annehmen und motiviert sind, aus ihren Erfahrungen zu lernen. Dagegen sind Teammitglieder, die ihre Emotionen ihren Kollegen gegenüber nicht zum Ausdruck bringen, weniger engagiert und motiviert, Herausforderungen zu meistern (Edmondson et al. 2001).
- Das Teilen von Emotionen innerhalb des Teams fördert die Aufmerksamkeit der Teammitglieder und damit die Geschwindigkeit und Fähigkeit des Teams, Wissen aufzunehmen und zu nutzen (Sutcliffe und Vogus 2003). Teilen Teammitglieder hingegen ihre Gefühle mit Kollegen außerhalb des Teams, leidet das kollektive Teamwissen darunter.

6.6.3.2 Teilen von positiven und negativen Emotionen

Das Kommunizieren von positiven und negativen Gefühlen innerhalb des Teams kann die Teamresilienz mehrfach stärken:

- Forschungsergebnisse zeigen, dass positive Emotionen eine Art „Löschblatteffekt" auf negative Emotionen haben (Fredrickson 2003, S. 334). Wenn Teammitglieder also positive Gefühle mit dem Team teilen, hilft ihnen das, Ängste abzubauen, die mit unsicheren Situationen, Problemen und Druck verbunden sind.
- Gelingt es dem Team, in schwierigen Zeiten über Emotionen zu sprechen, können die Teammitglieder schmerzhafte Erfahrungen besser verarbeiten und so daraus lernen, statt durch sie blockiert oder gar arbeitsunfähig zu werden (Kahn 2005).

6.6.3.3 Konstruktives Äußern von Emotionen

Es ist wichtig, dass Emotionen in Teams konstruktiv geäußert werden, d. h. auf eine Art und Weise, die die Verhaltensprozesse des Teams verbessern. Werden Emotionen so ausgedrückt, dass die Teambeziehungen bedroht werden – zum Beispiel durch Angriff oder Schuldzuweisungen –, kann das zu Rückzug und Verlust von Engagement führen (Kahn 2005), was wiederum das gegenseitige Lernen beeinträchtigt (Gibson und Vermeulen 2003) und dadurch die Teamresilienz schwächt.

Konflikte in Teams können schnell destruktiv werden. Emotionen konstruktiv zu äußern, ist daher zentral für das Vermeiden unproduktiver Konflikte. Erfolgt die Kommunikation also konstruktiv, einfühlsam und unterstützend, ist eine resiliente Reaktion wahrscheinlicher (Maitlis et al. 2013).

Das Konzept der emotionalen Übertragungskapazität stützt sich auf die Theorie der *High Quality Connections* von Dutton (2003). Dabei handelt es sich im Gegensatz zu einer dauerhaften Beziehung um vorübergehende Begegnungen mit einer anderen Person (Cameron und McNaughtan 2014, S. 453). Duttons Forschung zeigt, dass qualitativ hochwertige Begegnungen fördernd wirken auf Lernen, Resilienz, Kooperation, Arbeitszufriedenheit, Beteiligung, Commitment und die physische Gesundheit von Menschen. Darüber hinaus haben derartige Begegnungen einen positiven Einfluss auf die Wandlungsfähigkeit von Organisationen (Dutton und Ragins 2007; Cameron und McNaughtan 2014).

> **Praxistipp**
>
> **Aktiv-konstruktive Kommunikation**
> Die Wirkung positiver Erlebnisse kann noch verstärkt werden, wenn wir anderen Personen davon erzählen (Gable et al. 2006). Ganz besonders wirksam ist dies, wenn die zuhörende Person aktiv-konstruktiv auf diese Erzählung reagiert, also Fragen stellt, die es dem Erzählenden ermöglichen, den positiven Moment nochmals zu erleben und so zu vertiefen. Dieser Kommunikationsstil nennt sich *Active Constructive Responding (ACR)* und soll hier an einem praktischen Beispiel vorgestellt werden:
> Eine Mitarbeiterin in einem Pflegeteam kommt aus dem Führungskräftemeeting zurück, in dem sie eine neue Idee für die Schüleranleitung vorgestellt hat. Sie schwärmt der Kollegin vor, wie gut es gelaufen ist.
> **Mitarbeiterin:** „Es ist mir gelungen, die anfängliche Skepsis der Führungskräfte aufzulösen. Sie waren am Schluss ganz angetan vom Azubi-Mentoring."
> **Kollegin (aktiv-konstruktiv):** „Das ist toll! – Welche Beispiele hast du denn herangezogen? (…) Was haben die Praxisanleiter genau gesagt? (…) Was hat sie besonders überzeugt?"
> Folgende Reaktionen hingegen schwächen die positive Erfahrung ab, sind nicht beziehungsfördernd und können zerstörerisch wirken (Abb. 6.3):
> **Passiv-konstruktiv:** „Das ist schön."
> **Passiv-destruktiv:** „Ich habe gerade einen unglaublichen Artikel gelesen. Hör dir das mal an …"
> **Aktiv-destruktiv:** „Du heimst dir auch immer die Lorbeeren ein."

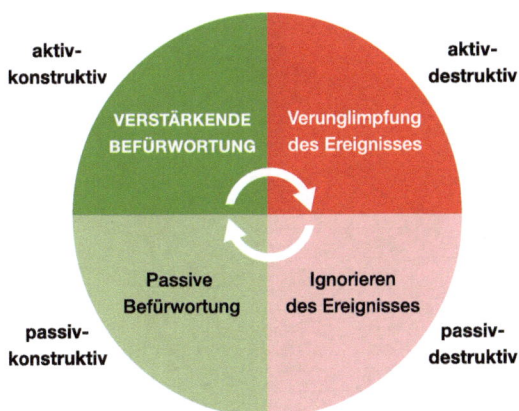

Abb. 6.3 Aktiv-konstruktive Kommunikation nach Gable et al. (2006). (Adaptiert, nach DGPP 2015)

6.7 Energie in Teams

Wie bereits ausgeführt, fördert positive Energie in Unternehmen Leistung, Teamwork und Lernbereitschaft (vgl. ▶ Kap. 4 und 5). Bei dieser Art von Energie handelt es sich um Beziehungsenergie.

> **Definition**
>
> Unter Beziehungsenergie versteht man die motivierende und vitalisierende Energie, die durch menschliche Interaktionen entsteht (Cameron und McNaughtan 2014, S. 454) – ob zwischen Führungskräften, zwischen Vorgesetzten und Mitarbeitern oder Kollegen untereinander.

Resiliente Menschen kultivieren nicht nur positive Emotionen bei sich selbst, sondern sie haben auch ein Talent dafür, positive Emotionen in anderen Menschen zu fördern. Gerade für die Teamarbeit in einem herausfordernden Umfeld ist dies von großer Bedeutung. Denn dadurch wird ein unterstützendes soziales Netzwerk geschaffen, das den Bewältigungsprozess begünstigt (Brohm 2017).

Energienetzwerke visualisieren die Position von Einzelpersonen in einem Netzwerk, in welchem das Geben und Nehmen von Energie untersucht wurde, und zeigen die Beziehungen im Netzwerk auf (Cameron und McNaughtan 2014, S. 454).

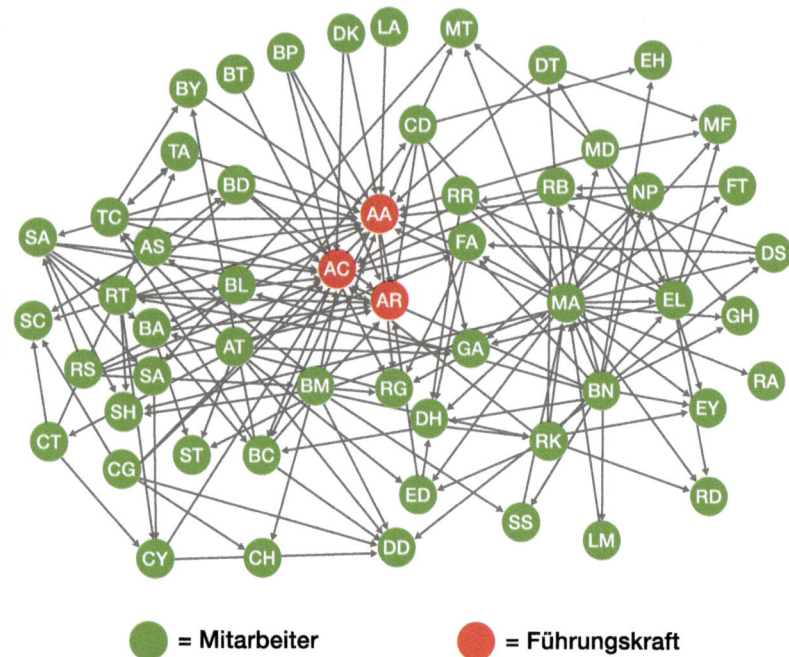

● = Mitarbeiter   ● = Führungskraft

◘ Abb. 6.4 Beispiel eines positiven Energienetzwerks mit energiegebenden Interaktionen zwischen drei neuen Führungskräften und Mitarbeitern in einem nach den Attentaten vom 11. September 2001 reorganisierten Unternehmen. (Adaptiert, nach Baker et al. 2003, S. 335)

Diese lassen sich mittels sozialer Netzwerkanalyse untersuchen und darstellen (Sparrowe et al. 2001; Baker et al. 2003; Cross et al. 2003). Während die Knoten (Kreise) die Akteure des Netzwerkes symbolisieren, stehen die Kanten (Linien) für die Beziehungen zwischen ihnen. Beziehungen können energetisierend (vgl. ◘ Abb. 6.4) oder energieraubend (◘ Abb. 6.5) sein. Zentralität (d. h. eine zentrale Position) im Netzwerk symbolisiert eine hohe Bedeutung des jeweiligen Akteurs bezüglich Geben von Energie (im *advice network*, d. h. im positiven Energienetzwerk; Sparrowe et al. 2001; ◘ Abb. 6.4) bzw. Nehmen von Energie (im *hindrance network*, d. h. im negativen Energienetzwerk; ◘ Abb. 6.5).

Studien fanden heraus, dass Personen, die andere energetisieren, bedeutend mehr Leistung erbringen und eine viermal höhere Wahrscheinlichkeit haben,

6.7 · Energie in Teams

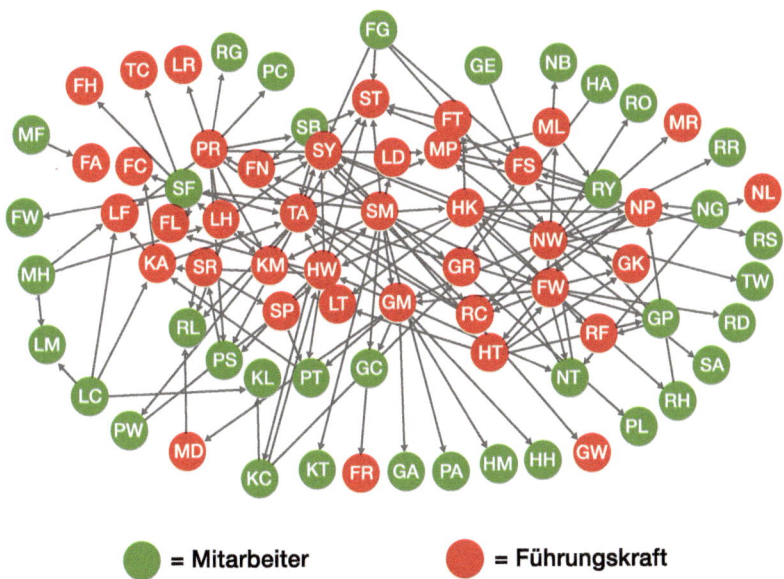

● Abb. 6.5 Beispiel eines negativen Energienetzwerks mit energieraubenden Interaktionen zwischen Führungskräften und Mitarbeitern. (Adaptiert, nach Baker et al. 2003, S. 335)

erfolgreich zu sein, als jene, die als machtvoll eingeschätzt werden (ebd.). Außerdem überträgt sich die mit positiver Energie verbundene Leistungssteigerung auch auf Personen, die mit dem positiven Energetisierer interagieren. Das heißt: Energie ist ein besserer Leistungs- und Erfolgsindikator als Macht, Wissen oder Titel (Baker et al. 2003).

In der Tat gibt es in Hochleistungsorganisationen dreimal mehr positive Energetisierer als in durchschnittlichen Unternehmen (ebd.). Da positive Energie kein Persönlichkeitsmerkmal, sondern ein Ergebnis des Zusammenspiels von Verhaltensattributen ist, können Trainings zu einer Steigerung positiver Energie beitragen, wie hochleistende Organisationen berichten (Cameron 2013, S. 77).

Praxistipp

Selbsttest: Bin ich ein Energetisierer?

Mehrmals am Tag entscheiden wir uns für Verhaltensweisen, die einen bedeutenden Einfluss auf die Energie unserer Kollegen haben. Der folgende Fragebogen (angepasst nach Baker et al. 2003) gibt Aufschluss.

- Ich baue Beziehungsförderung in meine Tätigkeit und meinen Arbeitsalltag ein (1).
- Wenn ich etwas ankündige oder verspreche, dann tue ich das auch (2).
- Ich spreche heikle Themen an und zeige dabei Integrität (3).
- Ich identifiziere Möglichkeiten, statt nur Hürden zu sehen (4).
- Wenn ich anderer Meinung bin als ein Kollege oder Vorgesetzter, konzentriere ich mich bei meinem Feedback auf das Thema und nicht auf die Person (5).
- In Sitzungen und Gesprächen bin ich engagiert und nicht nur physisch, sondern auch kognitiv präsent (6).
- Ich bin in meinem Denken flexibel und zwinge anderen nicht meine Denkweise auf (7).
- Ich bringe meine eigene Erfahrung auf angemessene Art ein (8).

Erklärung:

(1) Ehrliches Interesse an anderen und Verbindungen außerhalb der arbeitsbezogenen Rollen stärken das Vertrauen.

(2) Menschen geben ihre Zurückhaltung nur auf, wenn sie sich darauf verlassen können, dass Kollegen ihre Zusagen einhalten.

(3) Menschen fühlen sich in der Gegenwart von Kollegen, die für etwas Größeres einstehen, energetisiert.

(4) Energieräuber verhindern die Umsetzung von Ideen, indem sie nur Probleme und Hürden sehen.

(5) Energetisierer können zwischen Thema und Person unterscheiden. Sie teilen ihre Meinung mit, ohne die Person, die die Idee vorgetragen hat, zu verunglimpfen.

(6) Energiegeber zeigen physisch und mental, dass sie Interesse an der Person und dem Thema haben.

(7) Statt anderen ihre Denkweise aufzuzwingen, beziehen Energiegeber andere Menschen in Gespräche und Projekte ein, indem sie Möglichkeiten für sie finden, etwas beizutragen.

(8) Im Bestreben, Lösungen zu finden oder ihr Wissen unter Beweis zu stellen, zerstören viele Experten und Führungskräfte die Energie anderer.

In Kombination mit der Netzwerkanalyse kann der Fragebogen dazu beitragen, Interaktionen in Teams und die Energie innerhalb der Organisation zu optimieren und Lernfelder aufzuzeigen.

6.8 Umgang mit Konflikten in Teams

In Teams – vor allem, wenn sie vielfältig sind – gehören Konflikte zur Zusammenarbeit dazu. Dabei liegt ein Konflikt bereits vor, wenn ihn nur eine Partei wahrnimmt, wie die folgende Definition zeigt (Freitag und Richter 2015, S. 11).

> **Definition**
>
> Soziale Konflikte sind (scheinbare) Unvereinbarkeiten im Denken, Fühlen und Wahrnehmen (Glasl 2017) sowie bezüglich Interessen, Absichten und Zielen (Wasmuth 1992) zwischen mindestens zwei Parteien, die in der Interaktion bei mindestens einer Partei zu einer Beeinträchtigung führt. Dabei gilt es zu unterscheiden zwischen einer einmaligen Konfliktepisode, die kurzzeitigen Ärger, aber keine weiteren Folgen hat, und einem häufiger auftretenden oder anhaltenden Konflikt.

Für viele Menschen und Organisationen sind Konflikte etwas, das es zu vermeiden gilt. Einige Unternehmen jedoch sehen die *Vermeidung* von Konflikten als das größte Problem in Organisationen (Laloux 2015, S. 168). Denn Unstimmigkeiten, die unter den Teppich gekehrt und nicht zeitnah ausgetragen werden, können eskalieren. Andererseits lösen sich „ausgesessene" Konflikte manchmal durch äußere Faktoren von selbst. Redlich sieht die Vorsicht, Konflikte zu thematisieren, „als Gefahr und zugleich als Ressource" (Redlich 2018, Telefonat vom 25.01.2018).

Ein offener und konstruktiver Umgang mit Konflikten bietet Chancen zur Verbesserung der Beziehung, des gegenseitigen Vertrauens und des gemeinsamen Lernens. Denn wenn einige Grundregeln eingehalten werden, brauchen Konflikte nicht schmerzhaft zu sein:

- Eine zentrale Voraussetzung bei Konflikten ist absolute Vertraulichkeit sowie ein sicherer Raum, der „dosierte Offenheit und selektive Authentizität" ermöglicht (Redlich 2018, Telefonat vom 25.01.2018). Denn Konflikte in Organisationen (und Familien) benötigen eine gute Balance zwischen „Wahrhaftigkeit" und „Reserviertheit".
- Darüber hinaus bedarf es einer besonderen Haltung aller Beteiligten:
  - Wir arbeiten miteinander, nicht gegeneinander;
  - abweichende Meinungen sind eine Bereicherung – im Sinne von „Interessant! So habe ich das noch nie gesehen. Erzähl mal …";

- auf dieser Basis können durch eine gemeinsame Reflexion – mit oder ohne externe Begleitung (Mediation) – die Konfliktpunkte und Hintergründe beleuchtet und danach passende Lösungen abgeleitet werden. Erfolgt die Klärung vorher sauber, können durchaus sehr kreative Lösungsideen entstehen.

6.8.1 Konfliktarten

Es ist wichtig, zwischen kognitiven und emotionalen Konflikten zu unterscheiden (Wegge 2003, S. 127 f.). Während sich bei kognitiven Konflikten die Emotionen auf die Sachebene beziehen, sind die Gefühle bei emotionalen Konflikten auf die Beziehungsebene gerichtet. Kognitive Konflikte wirken leistungsfördernd, emotionale Konflikte gelten als negative Konflikte.

Konflikte in Teams können unterschiedliche Ursachen haben. Man unterscheidet drei Konfliktebenen: Sachebene, Beziehungsebene und Machtebene.

- **Sachkonflikte**: Wie der Name sagt, geht es um Sachen, Fakten und konkrete Situationen, z. B. um den Urlaub.
- **Verteilungskonflikte**: Hier geht es um die Verteilung von Ressourcen (Personal, Budget, Lohn), Macht, Anerkennung, Wertschätzung.
- **Rollenkonflikte**: Sie sind z. B. auf unterschiedliche Erwartungen an die Rolle, unklare Rollen oder Rollenüberlastung zurückzuführen.
- **Beziehungskonflikte**: Sie entstehen, wenn eine Person die andere verletzt, demütigt oder missachtet.
- **Wertekonflikte**: Sie basieren auf unterschiedlichen Wertvorstellungen im Team.
- **Zielkonflikte**: können Prioritätensetzung, Ziele sowie Wege zum Ziel zum Gegenstand haben.

Die drei Konfliktebenen sind oft miteinander verknüpft. Während bei der Sachebene der Streitpunkt auf der Hand liegt, gehen die Konfliktursachen oft tiefer und liegen im Verborgenen – auf der Beziehungs- oder Machtebene.

Im Folgenden soll beispielhaft auf Wertekonflikte näher eingegangen werden, da sie gerade in vielfältig zusammengesetzten Teams eine häufige Konfliktursache sind.

6.8.2 Umgang mit Wertekonflikten in Teams

In Wertekonflikten geht es um sogenannte identitätsstiftende Werte. Die jeweilige Person ist der Meinung, dass ihre Werte nicht nur für sie selbst, sondern für alle Menschen immer und überall gelten sollten (Freitag und Pechtold 2015, S. 89). Da Werte ein wichtiger Teil unseres Selbstbildes sind, haben sie eine hohe emotionale Bedeutung und gelten als unverhandelbar. Verhandeln lassen sich nur die Handlungen, die sich auf Basis der Werte zeigen (Freitag und Pechtold 2015, S. 90).

Redlich (2013) sieht „Leistung" und „Beziehung" als zwei zentrale klassische Wertvorstellungen in Arbeitsgruppen, die oft zu Konflikten führen. „Es bedarf einer bestimmten inneren Werthaltung, um diese beiden Werte auszutarieren", so Redlich (Redlich 2018, Telefonat vom 25.01.2018). Denn während jeder Wert einen positiven Kern hat, kann er in seiner Übertreibung dem Team schaden und bei einzelnen Kollegen oder Gruppen innerhalb des Teams zur Ablehnung führen, wie ◘ Abb. 6.6 zeigt (A und B können entweder Einzelpersonen oder innerhalb des Teams gespaltene Gruppen sein).

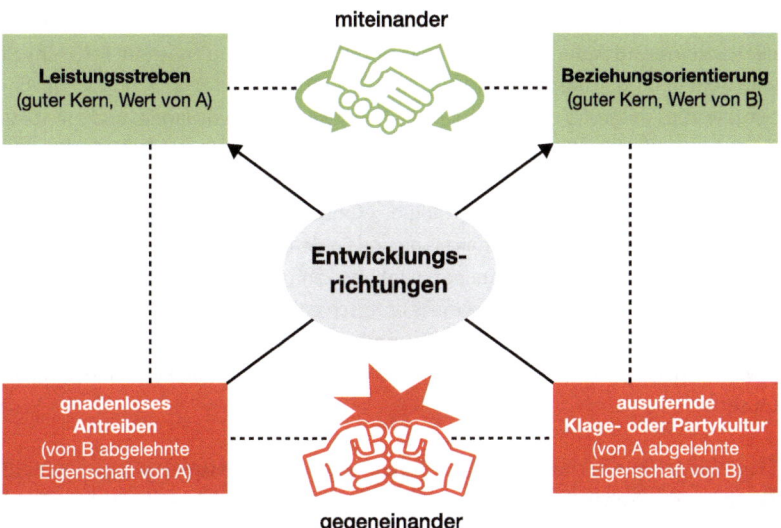

◘ Abb. 6.6 Werte-Entwicklungsquadrat eines Teams. (Eigene Darstellung, in Anlehnung an Schulz von Thun et al. 2013)

Mithilfe des Wertequadrates können Team und Führungskraft verstehen, dass beides nötig ist – Leistung genauso wie eine gute Beziehung –, jedoch im gesunden Maße und ohne zu übertreiben. Dies ermöglicht, das Positive hinter dem eher fremden Wert zu erkennen und dadurch von dem Fokus auf die Abwertung bzw. Übertreibung, also der Defizitorientierung, Abstand zu nehmen. Damit wird der Weg frei für die Ressourcen- und Stärkenorientierung. Auf der Basis dieser konstruktiven Haltung lassen sich Maßnahmen für die weitere Zusammenarbeit festlegen und Möglichkeiten besprechen, wie man Schritt für Schritt aufeinander zugehen kann. So können zum Beispiel „Paten" ausgewählt werden, die dafür sorgen, dass der jeweilige Wert im Team geschützt und gelebt wird. Die Paten melden sich, wenn der Wert ihrer Meinung nach in Gefahr ist. Geeignet sind außerdem Analysetools, die Werte-, Motive- oder Stärkenverteilung der Teammitglieder untersuchen. Bereiche (Werte, Motive, Stärken), die nur wenige Teammitglieder teilen, sind oft jene, die zu Konflikten führen, da die entsprechenden Personen aufgrund ihrer Andersartigkeit von den Kollegen missverstanden werden können.

Fallbeispiel

Ein Hausgerätekonzern übernimmt eine kleine Konkurrenzfirma. Das Entwicklerteam des Konzerns wird dadurch um neue Kollegen aus dem Start-up erweitert. Sehr schnell wird dem Team klar, dass es in zwei Lager gespalten ist – und zwar in doppelter Hinsicht: erstens aufgrund der unterschiedlichen technischen Lösungen; und zweitens durch die unterschiedlichen Kulturen. Die durch Bürokratie und feste Strukturen geprägte Kultur des Konzerns prallt auf die agile, kreative Kultur des Start-ups. Die dahinterliegenden Kernwerte sind Tradition (Konzernteam) und Innovation (Start-up-Team). Durch bewusste Teamentwicklung und Förderung der Kommunikation auf der Basis der in diesem Kapitel dargelegten Inhalte kann es der Führungskraft und dem Team gelingen zu vermeiden, dass diese unterschiedlichen Wertvorstellungen zu Vorwürfen und zur Lähmung führen. Die Teammitglieder bleiben dann neugierig auf das jeweils andere, lernen voneinander und können die neuen Impulse in Innovationen umsetzen.

Das Werte-Entwicklungsquadrat hinter diesem Fallbeispiel könnte wie in ◘ Abb. 6.7 aussehen.

6.8 · Umgang mit Konflikten in Teams

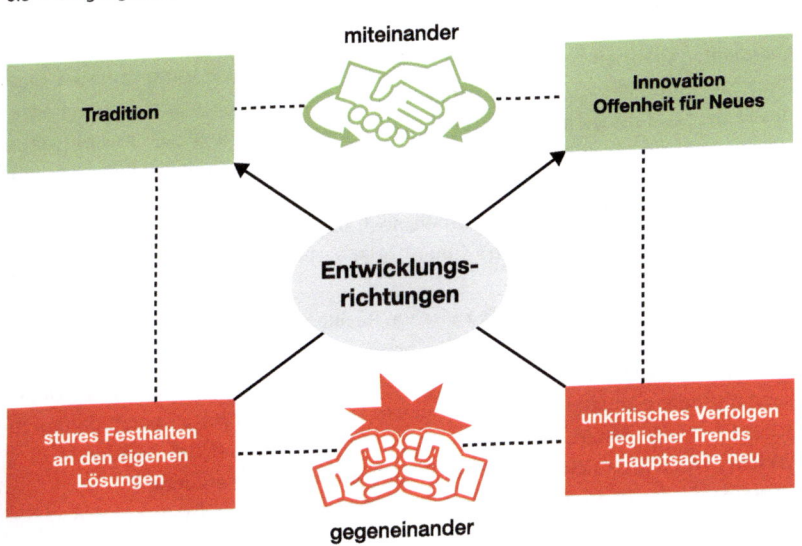

Abb. 6.7 Werte-Entwicklungsquadrat für das Entwicklerteam. (Eigene Darstellung, in Anlehnung an Schulz von Thun et al. 2013)

Eine Möglichkeit des Umgangs mit Konflikten auf Organisationsebene zeigt das folgende Beispiel.

Fallbeispiel
Eine Fachhochschule im Norden Deutschlands hat vor ein paar Jahren eine interne Konfliktberatung mit Konfliktlotsen eingeführt. Diese bieten Konfliktberatung, Mediation und Konfliktcoaching. Der Koordinator des internen Konfliktmanagements hat mir im Gespräch seine Erfahrungen geschildert:

Wie hat sich die Situation in der Hochschule seit der Einführung der Konfliktlotsen entwickelt?

Koordinator: In unserer Schule nimmt die Anzahl Konfliktberatungen (im Sinne von Coaching) deutlich zu. Auch Führungskräfte nehmen den Service rege in Anspruch. Dabei mischen sich Konflikte naturgemäß mit dem Thema Gesundheit. Konfliktmanagement und Gesundheitsmanagement in Organisationen sind für mich daher kaum trennbar. Es gibt sehr viele Schnittstellen, und im besten Fall kann man auf gemeinsame Ressourcen zurückgreifen.

Haben sich die Themen in den Konfliktberatungen im Laufe der Zeit geändert?
Koordinator: Die Themen, mit denen Kollegen in die Konfliktberatung kommen, sind heute dieselben wie vor einigen Jahren. Doch diese Themen sind oft nur die Spitze des Eisbergs. Meist geht es um etwas ganz anderes. So können sich z. B. ein langjähriger und ein neuer Mitarbeiter, die zusammen in einem Büro arbeiten, darüber streiten, wo der Schreibtisch stehen soll. Dahinter verstecken sich aber oft Ängste und Befürchtungen (z. B. die Unsicherheit, noch zu genügen und mit den veränderten Anforderungen Schritt halten zu können), oder verletzte Werte (z. B. Respekt versus Klarheit).

Welche Beziehung gibt es für Sie zwischen Resilienz und Konflikten?
Koordinator: Wird die Resilienz einer Person gestärkt, verschwindet oft auch der Konflikt, da die Person belastbarer wird und die Dinge weniger persönlich nimmt. Dabei kann die äußere Situation manchmal nicht geändert werden, und es geht darum, zu schauen, was der Mitarbeiter oder die Führungskraft für sich selbst tun kann.

Welcher Trend lässt sich für Sie beim Konfliktmanagement erkennen?
Koordinator: Der Trend geht vermehrt in Richtung präventives Konfliktmanagement. „Rechtzeitig" ist das Zauberwort: Bei Veränderungen in Unternehmen sollten mögliche Konflikte bereits vorausgesehen und präventiv angesprochen werden. Ein Beispiel dafür: Eine neue, junge Führungskraft wird eingestellt, deren Vorgänger sehr lange im Unternehmen war, und auch die meisten Teammitglieder sind schon lange in der Organisation tätig. Konflikte sind da vorprogrammiert und sollten niemanden überraschen. Besser ist es, von vornherein ein (moderiertes) Gespräch zwischen der Führungskraft und ihren Mitarbeitern vorzusehen, um die Dinge konstruktiv anzusprechen. Eine organisationsinterne Konfliktberatungsstelle kann von Vorteil sein, da sie niederschwelliger ist und die internen Konfliktlotsen die Organisation kennen.

Was empfehlen Sie Unternehmen, die ein ähnliches Angebot einführen möchten?
Koordinator: Es ist von Vorteil, das Konfliktmanagement im Unternehmen als Teil des Betrieblichen Gesundheitsmanagements (BGM) einzuführen, denn über Gesundheit redet man lieber als über Konflikte. Am besten geht das in kleinen Schritten: Man startet zum Beispiel mit einem Piloten in einem Bereich und sucht dabei die Zusammenarbeit mit dem Gesundheitsmanagement und/oder der Personalentwicklung. Sehr hilfreich ist dabei auch die Begleitung durch Vorträge und Workshops für Führungskräfte und Mitarbeiter. Die Gefährdungsbeurteilung der psychischen Belastbarkeit im Unternehmen ist eine Brücke zum Konfliktmanagement. Man kann dabei die Konfliktthemen herausarbeiten und präventiv angehen.

Welche Hürden sehen Sie für die Förderung von Resilienz und Konfliktmanagement in Unternehmen?
Koordinator: Weniger eine Hürde als vielmehr eine Voraussetzung sind für mich Führungskräfte, die resiliente – und damit starke – Mitarbeiter mindestens ertragen und idealerweise schätzen, statt sie als Bedrohung oder „Unbequemlichkeit" zu sehen. Sensibilisierung für die Vorteile resilienter Unternehmen, die Konflikte proaktiv angehen, helfen aus meiner Sicht.

6.9 Strukturen und Praktiken für resiliente Teams

Was bedeuten diese Erfahrungen nun für die Strukturen und Prozesse in resilienten Teams? Hier lohnt sich ein Blick zurück auf die in ▶ Abschn. 3.2.4 erwähnten Faktoren:

- Vernetzung (Välikangas 2010),
- Formen dezentraler Steuerung (Välikangas 2010) und Streben nach flexiblen Strukturen sowie selbstorganisierten Netzwerken (Weick et al. 1999),
- Autonomie als Grundvoraussetzung für Anpassungsfähigkeit (Ritz 2015a) – und, eng damit verbunden – mehr Entscheidungsspielraum für den einzelnen Mitarbeiter (Weick et al. 1999),
- Improvisation/Bricolage (Weick et al. 1999; Lengnick-Hall et al. 2011),
- Agilität (Lengnick-Hall et al. 2011),
- Weick (1993) erwähnt darüber hinaus Normen respektvoller Zusammenarbeit sowie Weisheit als Haltung (z. B. wissen, was man nicht weiß, weder zu wenig noch zu viel Vorsicht walten lassen).

Kleindienst et al. (2015, S. 59) machen auf die Notwendigkeit aufmerksam, sich von standardisierten Prozessvorgaben zu lösen und einen kreativen Arbeitsmodus im Team zu fördern, der auf der Erfahrung der Teammitglieder basiert. Dafür bedarf es neben ausreichender Autonomie und Handlungsspielraum auch geeigneter Strukturen und Prozesse, die flexibles, adaptives Vorgehen im Team unterstützen.

Im Folgenden sollen Ideen hinsichtlich Strukturen, Prozessen und Methoden vorgestellt werden, welche es Teams erleichtern, in einem unsicheren, komplexen Umfeld und unter Druck gute Leistungen zu erbringen, Ziele zu erreichen sowie kreativ und innovativ zusammenzuarbeiten. Sie basieren auf den Konzepten der Agilität und der Selbstorganisation.

6.9.1 Selbstorganisierte Teams

Selbstorganisation im Zusammenhang mit organisationaler Resilienz und Agilität beschäftigt zurzeit viele Unternehmen. Die gute Nachricht ist: Im Grunde ist Selbstorganisation die Regel systemischen Verhaltens und nicht die Ausnahme. Beispiele dafür gibt es zahlreiche, wie etwa das menschliche Gehirn mit seinen verbundenen Neuronen, Vogelschwärme oder Bäume.

Allen selbstorganisierenden Systemen gemein sind die folgenden fünf Merkmale (Heylighen 2001):

- **Verteilte Kontrolle** (d. h. keine zentralisierte Kontrolle);
- **kontinuierliche Anpassung** an die sich verändernde Umwelt;
- **emergente Strukturen**, die auf lokalen Interaktionen beruhen;
- **Feedback** (positives und negatives);
- **Resilienz**, da das System in der Lage ist, sich anzupassen und zu reparieren.

Laut dem CDE-Modell von Eoyang (2004) bestimmen drei Faktoren die Geschwindigkeit, den Weg und das Ergebnis von Selbstorganisationsprozessen:

- **Systemgrenze** (*Container, C*): Um seine Identität zu definieren, muss sich ein System von anderen unterscheiden können („Selbst" und „die anderen"). Dieser „Container" kann durch Grundlagen wie eine überzeugende Mission und Vision, eine definierte Richtung und herausfordernde Ziele sowie Richtlinien gegeben sein.
- **Unterschiede** (*Differences, D*): Dieser Faktor bezieht sich auf die Diversität eines Teams hinsichtlich Wissen, Erfahrung, Ausbildung, Alter, Geschlecht und kulturellem Hintergrund.
- **Austausch** (*Exchange, E*): Dieser Faktor verbindet die Teammitglieder untereinander und bezieht sich auf das Teilen von Informationen, Energie und Material innerhalb des Teams sowie zwischen dem Team und seinem Umfeld.

Damit Selbstorganisation funktioniert, müssen diese Bedingungen erfüllt sein.

Darüber hinaus brauchen selbstorganisierte Teams immer auch ein unterstützendes Umfeld mit entsprechenden Strukturen und Prozessen. Hier lassen sich laut Hackman (2011) folgende vier Faktoren unterscheiden:

- **Information:** Zugang zu nötigen Informationen und Daten;
- **Infrastruktur:** einen passenden physischen Raum bzw. Technik. Bei virtuellen Teams kann dieser durch die modernen technischen Möglichkeiten zwar nicht ganz gewährleistet, aber doch simuliert werden;

- **Aus-/Weiterbildung:** (selbstorganisiertes) Lernen, Fortbildung, Trainings, (kollegiale) Coachings, Beratung;
- **Belohnung:** positive Rückmeldung und Belohnung für gute Teamleistung.

Unternehmen, die Selbstorganisation pflegen, haben ihre Unterstützungsfunktionen wie strategische Planung, Personalentwicklung, juristische Abteilung, Finanzabteilung, Kommunikation auf ein Minimum reduziert. Selbstführende Teams übernehmen diese Aufgaben. Laloux (2015, S. 71) nennt als Beispiel ein Team, das eine neue Kollegin einstellt. Da die Teammitglieder selbst entschieden haben, wer eingestellt wird, ist die Chance groß, dass die neue Kollegin auch gut zum Team passt und jeder daran interessiert ist, dass eine gute Einarbeitung sichergestellt wird.

6.9.2 Rollen statt Organigramme

Viele selbstführende Organisationen denken in Rollen statt in Organigrammen (Laloux 2015, S. 91 ff.):
- Die Aufgaben der Mitarbeiter setzen sich aus einer Vielzahl von Rollen und Verantwortlichkeiten zusammen, die sie auf der Basis ihrer Stärken, Talente und Interessen sowie der Bedürfnisse der Organisation annehmen.
- Auch die Leitungsfunktion wird von Mitarbeitern übernommen und wechselt immer einmal wieder.
- Je nach Arbeitsbelastung und Interesse tauschen die Mitarbeiter ihre Rollen.
- Durch das Denken in Rollen statt in Stellen entsteht eine große Flexibilität und Anpassungsfähigkeit.
- Diese Art zu arbeiten fördert Identifikation und Motivation bei den Beschäftigten und stärkt die Eigenverantwortung.

Als Zusammenarbeitsform für resiliente Teams in Krisensituationen schlägt Weick (1993) virtuelle Rollensysteme (VRS) vor: VRS schaffen eine Arbeitsumgebung, in der das Team auch in Abwesenheit eines oder mehrerer Teammitglieder funktioniert. Diese Kontinuität wird gewährleistet, indem jede Person die gesamten Teamfunktionen im Kopf hat, nicht nur ihre eigene Rolle. Das Funktionieren eines VRS hängt davon ab, wie gut die Teammitglieder ihre Rollen und jene der anderen Teammitglieder verstehen, wie sie diese einnehmen können und wie gut eine übergeordnete Vision und Mission zu Rollendefinitionen beiträgt. Eine resiliente Person kann in einer VRS-Umgebung gut arbeiten. Wenn viele Personen effektiv in virtuellen Rollensystemen arbeiten, wird die Organisation resilienter (Stephens et al. 2013).

6.9.3 Beratungsprozess

Die allgemeine Auffassung ist oft, dass Entscheidungen entweder durch hierarchische Autorität oder durch Konsens getroffen werden. Viele selbstführende Organisationen arbeiten bei Entscheidungen jedoch mit dem sogenannten Beratungsprozess: Prinzipiell kann jeder Mitarbeiter Entscheidungen treffen, er muss sich vorher jedoch den Rat aller betroffenen Kollegen und von Experten einholen (Laloux 2015, S. 99 f.). Der Mitarbeiter ist nicht verpflichtet, jeden Ratschlag zu befolgen oder einen Kompromiss zu finden, doch er muss über die Rückmeldung der Kollegen gründlich nachdenken. Dabei wird die Entscheidung meist von der Person getroffen, die die Möglichkeit oder das Problem entdeckt hat. Alternativ entscheidet der Kollege, der davon am meisten betroffen ist. Entscheidungsfindung ist somit „Lernen am Arbeitsplatz" (ebd., S. 101). Der Beratungsprozess fördert Gemeinschaft, Demut, und Buy-in, stimuliert Initiative, Kreativität und Freude an der Arbeit und führt zu besseren Entscheidungen (ebd.).

In resilienten Teams wird auch das Projektmanagement radikal vereinfacht. Agile Methoden lösen die klassische Art, Projekte zu planen und umzusetzen, ab.

6.9.4 Agile Methoden und Formate der Zusammenarbeit

Die hauptsächlichen Unterschiede zwischen agilen Methoden und klassischem Projektmanagement lassen sich in drei Punkten zusammenfassen (Innopunk 2016; RealtimeBoard 2016):

- **Am Anfang steht nicht eine Idee, sondern ein Problem:** Statt bei der Umsetzung einer Idee in einem klar vorgegebenen Rahmen (Budget, Zeit, Ziel), beginnt der agile Prozess einen Schritt früher und fragt, welches Problem hinter der Idee steckt. Dann wird nach möglichst vielen – gerne auch unkonventionellen – Ideen für die Lösung des Problems gesucht.
- **Es gibt kein klar definiertes Ziel:** Im Gegensatz zu traditionellen Innovationsprozessen, bei denen zu Beginn klar ist, was erreicht werden soll, ist das Ziel beim agilen Vorgehen noch völlig offen. Die Lösung kann sich von der Definition des Problems bis zur Umsetzung immer wieder ändern – das Projektteam hat die Freiheit zu iterieren.
- **Kleine Schritte, Inkremente und Iterationen – Flexibilität in der Umsetzung:** Während beim klassischen Projektmanagement zu Beginn des Projekts alle Prozessschritte bis zur Umsetzung definiert werden, wird bei

agilen Methoden jeder Prozessschritt nach dem anderen festgelegt. Man nähert sich der Lösung experimentell in kleinen Etappen und Schritt für Schritt (Iterationen) an, das Produkt verbessert sich dabei immer um ein weiteres Stück (inkrementell). Die zeitliche Komponente wird im Laufe des Prozesses definiert, und das Team hat die Freiheit, jeden Prozessschritt zu wiederholen.

Es gibt zahlreiche agile Methoden, von denen hier eine Auswahl vorgestellt werden soll. Weitere Informationen zum agilen Arbeiten finden sich zum Beispiel bei Nowotny (2017), RealtimeBoard (2016), Horney und O'Shea (2015); Brandes et al. (2014); Meinel et al. (2015) und beim Hasso-Plattner-Institut (2015). Auf diesen Quellen basiert auch die folgende Zusammenfassung (◘ Tab. 6.1, 6.2, 6.3).

6.9.4.1 Scrum

◘ Tab. 6.1 Überblick über Scrum

Grundidee:	Projekte sind oft komplex und daher nicht von Anfang an detailliert planbar. Für ein Projekt wird zuerst ein grober Rahmen definiert, innerhalb dessen das Team selbstorganisiert arbeitet. Großprojekte werden in viele Kleinprojekte aufgeteilt. Aus jeder Etappe lernt das Team, verbessert und optimiert das Vorgehen und passt den Kurs wenn nötig an. Scrum ist die Antwort auf die Frage: Was muss geschehen, damit jederzeit alle Teammitglieder einen maximalen Überblick über den Stand der Dinge haben, damit die Ziele in kleinen gemeinsamen Schritten sicher und punktgenau erreicht werden können? (Nowotny 2017, S. 99)
Was es ist:	Scrum ist ein agiler Prozess, der u. a. vom Mathematiker Jeff Sutherland ursprünglich für die Softwareentwicklung entwickelt wurde. Scrum ist das wohl am besten definierte und am stärksten verbreitete agile Vorgehen. Es ist empirisch, inkrementell und iterativ und arbeitet mit Rollen, Meetings und Artefakten
Rollen:	Es gibt nur drei Rollen – Product Owner (ist für das Ergebnis verantwortlich, stellt fachliche Anforderungen und priorisiert sie), Scrum Master (steuert den Scrum-Prozess und beseitigt Hindernisse) und das Team (sorgt für die Umsetzung der ausgewählten Anforderungen, managt sich selbst und hat gleichzeitig eine Führungsaufgabe als einer von drei Managern in Scrum). Ideal sind Teams von sieben plus/minus zwei Personen, exklusive Scrum Master und Product Owner

◘ **Tab. 6.1** (Fortsetzung)

Meetings:	Es gibt drei Meetingformate: Sprint Planning, Daily Stand-up und Sprint Review: **Sprint Planning:** Der Sprint ist die zentrale Klammer des Prozessmodells und umfasst eine Iteration, also eine Annäherung an das gewünschte Ergebnis innerhalb einer definierten, immer gleich langen Zeitspanne (Time Box). Ein Sprint dauert ein bis vier Wochen, meist sind es zwei Wochen; innerhalb eines Sprints werden die Prioritäten nicht verändert. **Daily Stand-up:** Dabei handelt es sich um ein tägliches, 15-minütiges Meeting jedes Scrum-Teams, in dem jeder im Team über den aktuellen Arbeitsstatus berichtet, und zwar auf der Basis von drei Fragen: „Was habe ich in den letzten 24 Stunden erreicht? Was nehme ich mir für die nächsten 24 Stunden vor? An welchem Punkt brauche ich Unterstützung?" **Sprint Review:** Hier stellt jedes Team sein Gesamtergebnis des Sprints vor, der Kunde prüft die Version und bringt Änderungsanforderungen ein, die wiederum ins Product Backlog (vgl. „Artefakte") eingepflegt werden. Am Ende jedes Sprints gibt es eine Retrospektive für die Teamreflexion, bei der alle Teammitglieder ihre Lernerkenntnisse teilen und Erfolgshemmnisse beseitigen
Artefakte:	Dabei handelt es sich um die Resultate des Entwicklungsprozesses. Es gibt das Product Backlog (es enthält alle Anforderungen für das zu realisierende Produkt und wird kontinuierlich verfeinert und verbessert), das Sprint Backlog (es enthält alle Aufgaben, die das Team im nächsten Sprint, also Zyklus, bearbeitet) und das Burn-down Chart (es visualisiert den Erfolg, also den aktuellen Erfüllungsgrad aller Aufgaben im Zeitverlauf, und sollte für alle tagesaktuell verfügbar sein)
Voraussetzungen:	– Basis ist eine passende Unternehmenskultur – Das Team muss fachlich und menschlich funktionieren, und jeder muss bereit sein zur Selbstreflexion. Dominante Personen – auch wenn sie sehr fähig sind – stören eher die Selbstorganisation des Teams – Die Rituale (Meetings) sollten eingehalten werden (z. B. das Daily Stand-up nicht zum Weekly Standup umfunktionieren oder gar ausfallen lassen)

6.9.4.2 Kanban

Tab. 6.2 Überblick über Kanban

Grundidee:	In einem Projekt kann man besser, effizienter und motivierter zusammenarbeiten, wenn es jederzeit eine klare Übersicht und Visualisierung der notwendigen Aufgaben gibt, statt endloser, unübersichtlicher To-do-Listen
Was es ist:	Kanban ist ein agiles Planungs- und Zusammenarbeitssystem, das mit Visualisierung arbeitet, Just-in-time-Lieferung anstrebt und dabei Überlastung des Teams vermeidet. Der Überblick über das Projekt wird durch das Kanban-Board und tägliche Meetings erreicht (vgl. „Meetings"). Die gemeinsame Wahrnehmung des großen Ganzen ermöglicht eine Mobilisierung aller verfügbaren Ressourcen und gegenseitige Unterstützung. Ein Kanban-System befindet sich immer im Fluss. Aktuelle Veränderungen im Status quo eines Auftrages werden genauso abgebildet wie neu hinzugekommene Aufgaben
Prinzipien:	**Pull-Prinzip:** Jeder im Team zieht sich die Aufgaben eigenständig und in Absprache heran. **Visualisierung:** Die Arbeit wird visualisiert, um Kommunikation und Zusammenarbeit zu stärken. **Limitierte Anzahl paralleler Aktivitäten:** Der Fokus liegt auf dem Wichtigsten. **Kontinuierliche Verbesserung:** Diese wird durch regelmäßige Analysen und Optimierungsvorschläge erreicht
Meetings:	Wie bei Scrum, gibt es auch bei Kanban Daily Stand-ups vor dem Kanban-Board. Dabei wird sichtbar, wie sich Aufgaben von links nach rechts über das Board bewegen. In Retrospektiven oder Review-Meetings wird über Prozessverbesserungen gesprochen, und diese werden im Anschluss umgesetzt
Kanban-Board:	Es besteht typischerweise aus den vier Spalten „Wartend" (*Waiting*), „Zu tun" (*To Do*), „In Arbeit" (*Doing*) und „Fertig" (*Done*). In jede Spalte werden Karten oder Post-its mit dem Namen des entsprechenden Mitarbeiters gehängt. Sie zeigen, welche Aufgaben anstehen, sich in Bearbeitung befinden oder bereits fertig sind. Durch die Arbeit mit dem Kanban-Board entsteht ein klares Bild von den konkreten Arbeitsinhalten, es wird sichtbar, was priorisiert werden muss, welche Abhängigkeiten zwischen Arbeitspaketen bestehen, wo Engpässe auftreten könnten und wer woran arbeitet. In die „Wartend"-Spalte kommen Aufgaben, die noch nicht angegangen werden können, da noch auf etwas oder jemanden gewartet wird

◾ **Tab. 6.2** (Fortsetzung)	
Voraussetzungen:	– Es ist empfehlenswert, zumindest zu Beginn mit einem haptischen (statt einem digitalen) Board zu arbeiten, da die Methode von der physischen Anwesenheit und vom persönlichen Austausch der Teams profitiert und so keine Ablenkung durch technische Probleme droht – Mit einer Breitband-Video-Lösung und einem zweiten Monitor für das physische Board – oder besser noch einer physischen Kopie des Boards vor Ort – funktioniert Kanban auch mit virtuellen Teams – Bedingung ist Geduld und die Überzeugung, dass Verbesserungen in kleinen Schritten zum Ziel führen und größere Krisen vermeiden helfen

6.9.4.3 Design Thinking

◾ **Tab. 6.3** Überblick über Design Thinking	
Grundidee:	Die Idee ist Effizienzsteigerung und Anwenderorientierung in Innovationsprozessen und – quasi als Begleiterscheinung – Verbesserung der Arbeitskultur in Teams
Was es ist:	Design Thinking ist eine strukturierte und zugleich kreative sowie spielerische Methode zur Erarbeitung völlig neuer Lösungsansätze mit definierten Tools. Dabei stehen Kundenbedürfnisse und nutzerorientiertes Erfinden im Zentrum des Prozesses, es wird konsequent durch die Brille des Nutzers geschaut. Lösungsideen werden in Form von Prototypen möglichst früh im Prozess sichtbar gemacht, und es erfolgt eine stetige Rückkopplung zwischen dem Entwickler einer Lösung und der jeweiligen Zielgruppe. Design Thinking ist auch eine Art zu denken und, konkret gesehen, ein Meetingformat
Team:	Das Team sollte möglichst multidisziplinär zusammengesetzt sein und alle relevanten Bereiche der Produktentwicklung abdecken, z. B. Kollegen aus Verkauf, Kundenservice, Technik, Produktion, Einkauf, Marketing, Design
Raum:	Benötigt wird ein Raum, der gemeinsames Arbeiten in Zweierteams und in Arbeitsgruppen ermöglicht und viel Platz an den Wänden bietet. Die Tische müssen entfernt werden können

6.9 · Strukturen und Praktiken für resiliente Teams

Tab. 6.3 *(Fortsetzung)*

Prozess:	In den verschiedenen Prozessschritten wechselt jeweils der Fokus. Die Moderatoren führen die Teilnehmer durch die einzelnen Schritte und stellen sicher, dass alle mitkommen. Der Prozess besteht aus sechs Phasen: **Verstehen:** Ziel ist es, das Problem mit all seinen Facetten nachzuvollziehen und alle Teilnehmer auf einen gemeinsamen Wissensstand zu bringen. **Beobachten:** Das Thema wird unter Einsatz aller Sinne beleuchtet, um möglichst viele Hintergrundinformationen zu bekommen. **Synthese:** Die gesammelten Informationen werden geordnet, zu einem Gesamtbild verdichtet und visualisiert. **Entwickeln von Ideen:** In einem gemeinsamen Brainstorming werden auf Basis vorbereiteter Fragen Ideen generiert. **Entwickeln von Prototypen:** Um einen realen Eindruck der Idee zu bekommen, wird unter Zeitdruck pro Idee mindestens ein Prototyp erstellt – entweder ein realer mit unterschiedlichen Materialien oder ein virtueller Prototyp mittels Software. **Testen:** Der Prototyp wird in der Praxis erprobt, Anregungen und Kritikpunkte der Zielgruppen werden aufgenommen
Personas:	Personas sind gedachte typische Nutzergruppen eines Produktes. Sie werden mittels Steckbriefen visualisiert. Die Steckbriefe enthalten Basisinfos (z. B. Alter, Geschlecht, Aussehen, Name), Detailinfos (z. B. Werte, Interessen, Vorlieben) und Ziele (z. B. Vorteile für die Persona, zu lösende Probleme). Die Arbeit mit Personas hilft, die Brille des Users aufzusetzen, und nicht von eigenen Präferenzen auszugehen, d. h. künftiges Nutzerverhalten besser zu verstehen
Voraussetzungen:	– Es gilt, das klassische, meilensteingetriebene Projektmanagement aufzugeben und zu lernen, die Produktkonzeptionsphase in kurze Feedbackschleifen zu unterteilen – Das Einholen von Nutzerfeedbacks in einer sehr frühen Phase der Produktentwicklung und das Entwickeln von Prototypen unter Zeitdruck bedingt ein Loslassen von Perfektionismus – Neben einer guten Vorbereitung ist Konzentration auf das gemeinsame Ziel nötig – Ein Raum, dessen Tische nicht beweglich sind, ist für Design Thinking ungeeignet

Fazit

Die Resilienz von Teams basiert auf dem Zugang zu Wissen und angemessenen Ressourcen, dem Willen und der Bereitschaft, zu lernen und sich zu verbessern, und der Überzeugung, als Team wirksam zu sein. In einer von Komplexität und Volatilität geprägten Welt können Teams Unterstützung bieten, Empathie stärken, Kreativität und Resilienz fördern. Beziehungen haben eine besonders wichtige Bedeutung für den Umgang mit Krisen und das Arbeiten mit Unsicherheit und Druck. Beziehungs- und Kommunikationsfähigkeiten sowie der konstruktive, offene Umgang mit Emotionen werden daher immer wichtiger. Damit Teams, vor allem diversifizierte, effizient zusammenarbeiten können, bedarf es darüber hinaus einer positiven, auf Toleranz basierenden Haltung der Teammitglieder und der Fähigkeit, mit Herausforderungen, Druck und Misserfolgen konstruktiv umzugehen. In Zeiten beschleunigten Wandels ist es demnach entscheidend, eine Unternehmenskultur zu fördern, die Teamarbeit wertschätzt. Resiliente Teams sind in der Lage, Potenziale und Ressourcen (protektive Faktoren), die auf der Ebene von Einzelpersonen, Teams und der Organisation vorhanden sind, situativ zu aktivieren und für die tägliche Arbeit zu nutzen (Sutcliffe und Vogus 2003). Für die Förderung der Teamresilienz ist es wichtig, diese Potenziale und Ressourcen sichtbar und teamübergreifend zugänglich zu machen, das heißt Strukturen, Prozesse und Methoden anzupassen. Agile Methoden der Zusammenarbeit, basierend auf einer unterstützenden Kultur, können hilfreich sein.

Literatur

Baker, W.; Cross, R. & Wooten, M. (2003): Positive organizational network analysis and energizing relationships. In: Cameron, K.; Dutton, J. & Quinn, R. (Hrsg.): *Positive Organizational Scholarship: Foundations of a New Discipline.* Berrett-Koehler, San Francisco.

Bakker, A. & Oerlemans, W. (2010): Subjective well-being in organizations. In: Cameron, K. & Spreitzer, G. (Hrsg.), *Handbook of Positive Organizational Scholarship.* Oxford University Press. Online: https://www.researchgate.net/publication/265760317_Subjective_well-being_in_organizations. Zugegriffen am 30.01.2017.

Bandura, A. (1998): Personal and collective efficacy in human adaptation and change. In: Adair, J; Belanger, D. & Dion, K. (Hrsg.), *Advances in psychological sciences: Vol. 1. Personal, social and cultural aspects.* Psychology Press, Hove.

Baer, M.; Leenders, R.; Oldham, G. & Vadera, A. (2010): Win or lose the battle for creativity: The power and perils of intergroup competition. *Adademy of Management Journal 53*(4), 827–845.

Biswas-Diener, R. (2010): Practicing positive psychology coaching. Assessment, activities and strategies for success. Wiley, Hoboken.

Bower, G. & Hilgard, E. (1981): Theories of learning. Pearson, London.

Literatur

Brandes, U.; Gemmer, P.; Koschek, H. & Schütken, L. (2014): Management Y. Campus, Frankfurt am Main.

Brohm, M. (2017): Werte, Sinn und Tugenden als Steuerungsgrößen in Organisationen. Springer, Wiesbaden.

Brown, B. (2017): Verletzlichkeit macht stark. Goldmann, München.

Cameron, K. (2013): Practicing positive leadership. Tools and techniques that create extraordinary results. Berrett-Koehler, San Francisco.

Cameron, K. & McNaughtan, J. (2014): Positive organizational change. *The Journal of Applied Behavioral Science, 50*(4), 445–462.

Cannon-Bowers, J. & Salas, E. (2001): Reflections on shared cognition. Journal of *Organizational Behavior, 22,* 195–202.

Carmeli, A.; Friedman, Y. & Tishler, A. (2013): Cultivating a resilient top management team: The importance of relational connections and strategic decision comprehensiveness. *Safety Science, 51,* 148–159.

Cohen, W. & Levinthal, D. (1990): Absorptive capacity: A new perspective on learning and innovation. *Administrative Science Quarterly 35,* 128–152.

Cross, R.; Baker, W. & Parker, A. (2003): What creates energy in organizations? *Sloan Management Review, 44*(4), S. 51–56.

DGPP – Deutsche Gesellschaft für Positive Psychologie (2015): Ausbildungsunterlagen. Berlin.

Dutton, J. (2003): Energizing your workplace: Building and sustaining high quality relationships at work. Jossey-Bass, San Francisco.

Dutton, J. & Ragins, B. (Hrsg.) (2007): *Exploring positive relationships at work: Building a theoretical and research foundation.* Lawrence Erlbaum Associates, New York.

Dweck, C. (2016): Selbstbild. Wie unser Denken Erfolge oder Niederlagen bewirkt. Campus, Franfurt am Main.

Edmondson, A. (1999): Psychological safety and learning behavior in work teams. *Administrative Science Quarterly, 44*(2), 350–383.

Edmondson, A.; Bohmer, R. & Pisano, G. (2001): Disrupted routines: Team learning and new technology implementation in hospitals. *Administrative Science Quarterly, 46,* 685–716.

Edson, M.C. (2011). A systems perspective of resilience in a project team. Doctoral dissertation, Saybrook University, San Francisco.

Eisenhardt, K. (1999): Strategy as strategic decision making. *Sloan Management Review, 40*(3, 65–72.)

Eoyang, G. (2004): Conditions for self-organizing in human systems. *Futurics, St. Paul 28*(3/4), 10–60.

Esch, T. (2017): Der Selbstheilungscode: Die Neurobiologie von Gesundheit und Zufriedenheit. Beltz, Weinheim.

Folke, C. et al. (2002): Resilience and sustainable development: Building adaptive capacity in a world of transformations. Online: http://era-mx.org/biblio/resilience-sd.pdf. Zugegriffen am 12.2.2018.

Fredrickson, B. (2003): The value of positive emotions. The emerging science of positive psychology is coming to understand why it's good to feel good. *American Scientist, 91,* 330–335.

Freitag, S. & Richter, J. (Hrsg.) (2015): *Mediation – das Praxisbuch. Denkmodell, Methoden und Beispiele.* Beltz, Weinheim.

Freitag, S. & Pechtold, T. (2015): Die dritte Phase der Mediation: Konflikterhellung. In: Freitag, S. & Richter, J. (Hrsg.), *Mediation – das Praxisbuch. Denkmodell, Methoden und Beispiele,* 80–102. Beltz, Weinheim.

Gable, S.; Gonzaga, G. & Strachmann, A. (2006): Will you be there for me when things go right? Social support for positive events. *Journal of Personality and Social Psychology, 91*, 904–917.

Gibson, C. & Vermeulen, F. (2003): A healthy divide: Subgroups as a stimulus for team learning behavior. *Administrative Science Quarterly, 48*(2), 202–239.

Gittell, J.; Cameron, K.; Lim, S. & Rivas, V. (2006): Relationships, layoffs, and organizational resilience: Airline industry responses to September 11. *Journal of Applied Behavioral Science, 42*, 300–328.

Glasl, F. (2017): Konfliktmanagement – Ein Handbuch für Führungskräfte, Beraterinnen und Berater. Verlag Freies Geistesleben, Stuttgart.

Hackman, R. (2011): Collaborative intelligence. Berrett-Koehler, San Francisco.

Hambrick, D. (1994): Top management groups: A conceptual integration and reconsideration of the „team" label. In: Staw, B. & Cummings, L. (Hrsg.), *Research in organizational behavior*, 171–214. JAI Press, Greenwich.

Heylighen, F. (2001): The science of self-organization and adaptivity. Online: http://pespmc1.vub.ac.be/Papers/EOLSS-Self-Organiz.pdf. Zugegriffen am 11.02.2018.

Hofinger, G. (2008): Kritische Faktoren der interorganisationalen Zusammenarbeit. Online: https://www.researchgate.net/profile/Gesine_Hofinger/publication/265481910_2_Kritische_Faktoren_der_interorganisationalen_Zusammenarbeit/links/54a674300cf257a63609143a.pdf. Zugegriffen am 08.02.2018.

Horne, J. & Orr, J. (1998): Assessing behaviors that create resilient organizations. *Employee Relations Today, 24*(4), 29–39.

Horney, N. & O'Shea, T. (2015): Focused, fast and flexible. Creating agility advantage in a VUCA world. Indie Books International, Oceanside.

Hasso Plattner Institut (HPI) (2015): Design Thinking: Erste große Studie weist Erfolg in Unternehmen nach. Pressemitteilung vom 13. Oktober 2015. https://hpi.de/pressemitteilungen/2015/design-thinking-erste-grosse-studie-weist-erfolg-in-unternehmen-nach.html. Zugegriffen am 12.02.2018.

Hüther, G. (2015): Etwas mehr Hirn, bitte. Vandenhoeck & Ruprecht, Göttingen.

Innopunk (2016): Was steckt hinter den agilen Innovationsmethoden Scrum, Lean Startup, Design-Thinking und Sprint? Blog-Artikel vom 12. Mai 2016. www.innopunk.com/blog/2016/5/12/was-steckt-hinter-den-agilen-innovationsmethoden-scrum-lean-startup-design-thinking-und-sprint. Zugegriffen am 11.02.2018.

Janis, I.L. (1972): Victims of groupthink: A psychological study of foreign policy decisions and fiascoes. Houghton Mifflin Company, Boston.

Kahn, W. (2005): Holding fast: The struggle to create resilient caregiving organizations. Brunner-Routledge, New York.

Kanter, R.; Kao, J. & Wiersma, F. (1997): Innovation: Breakthrough ideas at 3M, DuPoint, GE, Pfizer, and Rubbermaid. Harper, New York.

Kleindienst, C.; Koch, J.; Ritz, F. & Brüngger, J. (2015): Förderung von Resilienz durch organisationales Lernen – Ein Schulungskonzept für Leitwartenteams in einem Kernkraftwerk. *Wirtschaftspsychologie, 4*, 53–61.

Laloux, F. (2015): Reinventing Organizations. Ein Leitfaden zur Gestaltung sinnstiftender Formen der Zusammenarbeit. Franz Vahlen, München.

Lengnick-Hall, C.; Beck, T. & Lengnick-Hall, M. (2011): Developing a capacity for organizational resilience through strategic human resource management. *Human Resource Management Review, 21*, 243–255.

Losada, M. & Heaphy, E. (2004): The role of positivity and connectivity in the performance of business teams: A nonlinear dynamics model. *American Behavioral Scientist, 47*, 740–765.

Maitlis, S.; Vogus, T. & Lawrence, T. (2013): Sensemaking and emotions in organizations. *Organizational Psychology Review, 3*(3), 222–247.

Mathieu, J.; Heffner, T.; Goodwin, G.; Salas, E. & Cannon-Bowers J. (2000): The influence of shared mental models on team process and performance. *Journal of Applied Psychology, 85*(2), 273–283.

Meinel, Ch.; Weinberg, U. & Krohn, T. (2015): Design Thinking live. Wie man Ideen entwickelt und Probleme löst. Murmann, Hamburg.

Mishra, A. & Mishra, K. (2013): Becoming a trustworthy leader: Psychology and practice. Routledge, New York, London.

Morgan, P; Fletcher, D. & Sarkar, M. (2013): Defining and characterizing team resilience in elite sport. *Psychology of Sport and Exercise, 14*(4), 549–559.

Nowotny, V. (2017): Agile Unternehmen – fokussiert, schnell, flexibel. Nur was sich bewegt, kann sich verbessern. BusinessVillage GmbH, Göttingen.

Paulus, P. & Nijstad, B. (2003): Group creativity. Innovation through collaboration. Oxford University Press, New York.

Perkams, K. & Sørensen, T. (2015): Wissensmanagement und organisationale Resilienz: Wissen ist Kraft. Verlag Dr. Kovac, Hamburg.

Rashkovits, S. (2015): Does team autonomy increase or decrease team implementation? The role of team learning. *American Journal of Educational Research 3*(1), 80–85.

RealtimeBoard (2016): How to choose between Agile and Lean, Scrum and Kanban – which methodology is the best? Blog-Artikel. https://realtimeboard.com/blog/choose-between-agile-lean-scrum-kanban/#.WoB78YJG1sM. Zugegriffen am 11.02.2018.

Redlich, A. (2013): Erkundung von Wertespannungen in Gruppen. *Konfliktdynamik, 2*(1), 77–80.

Reis, H. & Gable, S. (2003): Toward a positive psychology of relationships. In: Keyes, C. & Haidt. J. (Hrsg.), *Flourishing: Positive psychology and the life well-lived*, 129–159. American Psychological Association, Washington.

Rigotti, T. & Mohr, G. (2008): Konzepte und Maßnahmen zur Gesundheitsförderung. In: Berufsverband deutscher Psychologinnen und Psychologen (BDP) (Hrsg.): *Psychische Gesundheit am Arbeitsplatz in Deutschland*, 45–50. Online unter: https://psydok.psycharchives.de/jspui/bitstream/20.500.11780/3617/1/BDP_Bericht_2008_Gesundheit_am_Arbeitsplatz.pdf. Zugegriffen am 28.12.2016.

Ritz, F. (2015a): Organisationale Resilienz – Paradigmenwechsel, Konzeptentwicklung und Anwendung. In: Bargstedt, U.; Horn, G. & van Vegden, A. (Hrsg.): *Resilienz in Organisationen stärken: Vorbeugung und Bewältigung von kritischen Situationen*, 3–24. Verlag für Polizeiwissenschaft, Frankfurt am Main.

Rohn, A. (2006): Multikulturelle Arbeitsgruppen – Erklärungsgrößen und Gestaltungsformen. DUV, Wiesbaden.

Sauer, J. & Trier, M. (2012): Ungewissheit und Lernen. In: Böhle, F. & Busch, S. (Hrsg.), *Management von Ungewissheit. Neue Ansätze jenseits von Kontrolle und Ohnmacht*, 257–278. transcript, Bielefeld.

Scharmer, O. (2008): Uncovering the blind spot of leadership. Online: http://www.allegrosite.be/artikels/Uncovering_the_blind_spot_of_leadership.pdf. Zugegriffen am 15.01.2018.

Scharmer, O. (2015): Theorie U – Von der Zukunft her führen. Carl-Auer, Heidelberg.

Schulz von Thun, F.; Ruppel, J. & Stratmann, R. (2013): Miteinander reden: Kommunikationspsychologie für Führungskräfte. Rowohlt Taschenbuch Verlag, Reinbek bei Hamburg.

Sharma, S. & Sharma, S.K. (2016): Team resilience: Scale development and validation. *Vision 20*(1), 37–53.

Simons, T.; Hope Pelled, L. & Smith, K. (2017): Making use of difference: Diversity, debate, and decision comprehensiveness in top management teams. Online: https://journals.aom.org/doi/pdf/10.5465/256987. Zugegriffen am 16.01.2018.

Sparrowe, R.; Liden, R.; Wayne, S. & Kraimer, M. (2001): Social Networks and the performance of individuals and groups. *Academy of Management Journal, 44*, 316–325.

Stephens, J.; Heaphy, E.; Carmeli, A.; Spreitzer, G. & Dutton, J. (2013): Relationship quality and virtuousness: Emotional carrying capacity as a source of individual and team resilience. *The Journal of Applied Behavioral Science, 49*(1), 13–41.

Sutcliffe, K. & Vogus, T. (2003): Organizing for resilience. In: Cameron, K.; Dutton, J. & Quinn, R. (Hrsg.): *Positive Organizational Scholarship: Foundations of a new discipline*, 94–110. Berrett-Koehler, San Francisco.

Tilebein, M. & Stolarski, V. (2010): Diversity and science innovation. In: Spitzley, A.; Ohlhausen, P. & Spath, D. (Hrsg.), *The innovation potential of diversity – Practical examples in innovation management*, 61–78, Fraunhofer, Stuttgart.

Tugade, M.; Fredrickson, B. & Feldmann Barrett, L. (2004): Psychological resilience and positive emotional granularity: Examining the benefits of positive emotions on coping and health. *Journal of Personality, 72*(6), 1161–1190.

Van der Beek, D. & Schraagen, J. (2015): ADAPTER: Analysing and developing adaptability and performance in teams to enhance resilience. *Reliability Engineering and System Safety, 141*, 33–44.

Välikangas, L. (2010): The resilient organization. How adaptive cultures thrive even when strategy fails. McGraw-Hill, New York.

Wasmuth, U. (1992): Friedensforschung als Konfliktforschung. Zur Notwendigkeit einer Rückbesinnung auf den Konflikt als zentrale Kategorie, AFB-Text, Bonn.

Wegge, J. (2003): Heterogenität und Homogenität in Gruppen als Chance und Risiko für die Gruppeneffektivität. In: Stumpf, S. & Thomas, A. (Hrsg.), *Teamarbeit und Teamentwicklung*, 119–141. Hogrefe, Göttingen.

Weick, K. (1993): The collapse of sensemaking in organizations: The Mann Gulch disaster. *Administrative Science Quarterly*, 38, 628–652.

Weick, K.; Sutcliffe, K. & Obstfeld, D. (1999): Organizing for high reliability: process of collective mindfulness. *Research in Organizational Behavior, 21*, 31–66.

Wellensiek, S.K. (2011): Handbuch Resilienz-Training. Widerstandskraft und Flexibilität für Unternehmen und Mitarbeiter. Beltz, Weinheim.

Zolli, A. & Healy, A. (2013): Resilience. Why things bounce back. Simon & Schuster, New York.

Zukunftsinstitut (2015): Online: https://www.zukunftsinstitut.de/dossier/megatrend-konnektivitaet. Zugegriffen am 25.03.2018.

Resilienz erfassen und messen

Mirjam Rolfe

7.1 Gütekriterien – 247

7.2 Messung individueller Resilienz – 248
7.2.1 Resilienzskala (RS) – 249
7.2.2 Resilience Factor Inventory (RFI) und Resilienzquotient (RQ) – 252

7.3 Messung von Teamresilienz – 253
7.3.1 Teamresilienzskala – 253
7.3.2 ADAPTER – 256

7.4 Messung organisationaler Resilienz – 258
7.4.1 Resilienzcheck für Unternehmen – 259
7.4.2 Benchmark Resilience Tool (BRT-53) und Kurzversionen (BRT-13a, BRT-13b) – 259

7.5 Messinstrumente für einzelne resilienzbezogene Faktoren – 264

Literatur – 265

© Springer-Verlag GmbH Deutschland, ein Teil von Springer Nature 2019
M. Rolfe, *Positive Psychologie und organisationale Resilienz*,
Positive Psychologie kompakt, https://doi.org/10.1007/978-3-662-55758-7_7

> **Überblick**
> - Was bei der Messung von Resilienz beachtet werden sollte
> - Welche Gütekriterien es zu berücksichtigen gilt
> - Welche Messinstrumente zur Verfügung stehen

Ob Resilienz messbar ist und wie dabei vorgegangen werden soll, ist in der Wissenschaft umstritten. Für Kalisch zum Beispiel ist mit Blick auf die individuelle Resilienz bei jedem Resilienzfragebogen Misstrauen geboten (Kalisch 2017, S. 87). Denn Fragebögen seien zu statisch und vermögen Resilienz als komplexen, dynamischen Prozess der Anpassung an neu auftretende widrige Umstände nicht vorherzusagen (ebd., S. 85).

Andere Forscher glauben an die Messbarkeit von Resilienz (Wagnild und Young 1993; Block und Kremen 1996; Schumacher et al. 2005; Leppert et al. 2008; Sharma und Sharma 2016). Allerdings werden aufgrund der bereits dargelegten Varietät in der Definition von Resilienz auch bei der Messung unterschiedliche Indikatoren herangezogen. Bei den Studiendesigns gibt es ebenfalls mehrere Möglichkeiten.

Allgemein bietet sich für die Erfassung von Resilienz eine Mischung aus qualitativen und quantitativen Methoden an:
- Qualitativ: z. B. Experteninterviews und Fokusgruppen;
- Quantitativ: z. B. Fragebögen (webbasiert oder in Papierform).

Bei der Fragebogenforschung lassen sich folgende Studien unterscheiden:
- Querschnittstudien: Untersuchungen mit einem Messzeitpunkt (z. B. werden Probanden nicht vor und nach der Konfrontation mit einem Stressor, sondern nur zu einem einzigen Zeitpunkt befragt). Mit Querschnittstudien lassen sich Zusammenhänge zwischen Variablen erkennen, es lässt sich jedoch nichts über deren zeitliche Entwicklung sagen.
- Längsschnittstudien: Untersuchungen mit mehreren Messzeitpunkten (z. B. wird die psychische Gesundheit von Probanden vor und nach einer stressreichen Lebensphase erhoben). Mit Längsschnittstudien lassen sich zeitliche Entwicklungen abbilden.

Im Folgenden werden ausgewählte Möglichkeiten der Messung von Resilienz auf der Ebene des Individuums, von Teams und der Gesamtorganisation vorgestellt. Zuvor soll kurz auf die Gütekriterien eingegangen werden.

7.1 Gütekriterien

Bei der Messung von Resilienz gilt es, die drei klassischen Gütekriterien Objektivität, Reliabilität und Validität zu berücksichtigen (Bühner 2011; Whitman et al. 2013).

> **Definition**
>
> **Objektivität**
> Unter Objektivität wird die Unabhängigkeit der Testergebnisse von der Untersuchungsperson verstanden. Sie kann in drei Unterkriterien unterteilt werden:
> - **Durchführungsobjektivität:** Sie beschreibt, wie objektiv die Durchführung eines Tests war.
> - **Auswertungsobjektivität:** Verschiedene Personen müssen zum gleichen Ergebnis kommen.
> - **Interpretationsobjektivität:** Sie sagt aus, wie objektiv die Interpretation der Testergebnisse erfolgte.

> **Definition**
>
> **Reliabilität**
> Die Reliabilität gibt Auskunft über die Messgenauigkeit eines Tests. Unterschieden wird zwischen:
> - **Innerer Konsistenz:** Sie bezieht sich auf die Interkorrelationen der einzelnen Testitems oder Testhälften und kann zum Beispiel mit Cronbachs Alpha berechnet werden.
> - **Retest-Reliabilität oder Stabilität:** Sie bezieht sich auf die Wiederholung eines Tests nach einiger Zeit und die Berechnung der Korrelation zwischen den Testergebnissen.
> - **Paralleltestreliabilität:** Darunter wird die Messung eines Konstrukts mittels zweier Tests und die Berechnung von deren Korrelation verstanden.

> **Definition**
>
> **Validität**
> Validität zeigt auf, inwiefern ein Test das misst, was er messen soll oder vorgibt zu messen. Sie gilt als wichtigstes Gütekriterium. Es können die folgenden drei Unterkriterien unterschieden werden:
> - **Inhaltsvalidität (Augenscheinvalidität):** Sie bezeichnet die Erfassungsgenauigkeit eines Tests oder von Testitems eines Konstrukts.
> - **Kriteriumsvalidität:** Sie misst die Zusammenhänge zwischen den Testergebnissen und weiteren Kriterien.
> - **Konstruktvalidität:** Ein Test kann als konstruktvalide bezeichnet werden, wenn aus dem zu messenden Zielkonstrukt ein Netz von Hypothesen abgeleitet und mit Testwerten bestätigt werden kann.

Darüber hinaus nennt Bühner (2011) sieben Nebengütekriterien: Normierung (Normstichproben sollen mindestens 300 Probanden enthalten), Vergleichbarkeit (ein Test soll vergleichbar sein mit anderen Tests, die das gleiche Konstrukt messen), Ökonomie (kurze Durchführungszeit, wenig Materialverbrauch, einfache Handhabung, Gruppentests, schnelle Auswertung), Nützlichkeit (es gibt ein praktisches Bedürfnis für die Messung oder Vorhersehbarkeit eines Merkmals), Zumutbarkeit (Schonung der Testperson in zeitlicher, psychischer und körperlicher Hinsicht), Fairness (keine Gruppe darf bezüglich eines relevanten Kriteriums diskriminiert werden) und Unverfälschbarkeit (sozial erwünschtes Antwortverhalten soll bestmöglich vermieden werden).

7.2 Messung individueller Resilienz

Zur quantitativen Erfassung persönlicher Resilienz gibt es zahlreiche Fragebögen mit jeweils unterschiedlichen Schwerpunkten. Die wichtigsten laut Leppert et al. (2008) werden in ◘ Tab. 7.1 aufgezählt.

Kalisch (2017) macht darauf aufmerksam, dass bei der Messung individueller Resilienz immer eine Messung der psychischen Gesundheit vor und nach einer stressreichen Lebensphase erfolgen sollte (ebd., S. 60) und Veränderungen in der psychischen Gesundheit immer in Bezug zum Ausmaß der Stressoren, mit denen die Veränderung einhergegangen ist, gesetzt werden sollten (ebd., S. 36).

◘ **Tab. 7.1** Fragebögen zur quantitativer Erfassung individueller Resilienz. (Adaptiert, nach Leppert et al. 2008, S. 230)

Fragebogen	Schwerpunkt	Item-Anzahl	Dimensionen
Connor-Davidson-Resilienzskala (CD-RISC)	Misst die Fähigkeit, Stress und Unglück zu bewältigen; entwickelt für die Diagnostik und Therapie von Posttraumatischen Belastungsstörungen	25	5 Faktoren: Kompetenz, Hartnäckigkeit, Toleranz gegenüber Belastungen, Akzeptanz von Veränderung, Kontrolle, spiritueller Einfluss
Ego-Resilienz-Skala (ER)	Misst die Anpassungsfähigkeit und Kontrolle über positive Affekte als Personmerkmal	14	1 Faktor: Stabilität und Sicherheit
Resilienzskala für Erwachsene (RSA)	Misst die Anpassungsfähigkeit an belastende Ereignisse und Risikofaktoren für die psychische Gesundheit; Einsatz bei psychiatrischen Erkrankungen	45	5 Faktoren: persönliche Kompetenz, soziale Kompetenz, familiärer Zusammenhalt, soziale Unterstützung, Persönlichkeitsstruktur
Resilienzskala (RS)	Misst Resilienz als positives Personmerkmal der individuellen Anpassungsfähigkeit	25	2 Faktoren: persönliche Kompetenz und Akzeptanz des Selbst/des eigenen Lebens

Anmerkungen: CD-RISC: Connor und Davidson (2003); ER: Block und Kremen (1996); RSA: Friborg et al. (2003); RS: Wagnild und Young (1993)

Nachfolgend wird eine Auswahl von Instrumenten näher beschrieben.

7.2.1 Resilienzskala (RS)

Das Zweifaktorenmodell der Resilienzskala RS-25 von Wagnild und Young (1993) basiert auf dem Verständnis von Resilienz als Persönlichkeitsmerkmal, das einen moderierenden Effekt auf negative Gefühle und Stress hat und eine flexible Anpassung an schwierige Bedingungen ermöglicht. Der erste Faktor –

persönliche Kompetenz – enthält die Merkmale Eigenständigkeit (*self-reliance*), Unabhängigkeit (*independence*), Bestimmtheit (*determination*), Unbesiegbarkeit (*invincibility*), Beherrschung (*mastery*), Findigkeit (*resourcefulness*) und Ausdauer (*perseverance*). Der zweite Faktor – Akzeptanz des Selbst und des Lebens – enthält Merkmale wie Anpassungsfähigkeit (*adaptability*), Balance, Flexibilität und die Fähigkeit zum Perspektivwechsel.

Die Originalversion der Resilienzskala wurde in verschiedene Sprachen übersetzt, und es gibt eine autorisierte deutsche Version (Leppert et al. 2002). Die RS-25 kommt als Fragebogen in der Gesundheitsforschung zum Einsatz, in erster Linie um bei gesundheitlichen Belastungen individuelle Bewältigungsmuster zu erfassen und diese durch geeignete Maßnahmen zu unterstützen. Die Konstruktvalidität der RS-25, also ihr Vorhersagewert, wurde in verschiedenen Befragungen als gut bezeichnet (Leppert et al. 2000; Schumacher et al. 2005). Der Reliabilitätswert (interne Konsistenz) der RS-25 wurde mit dem Cronbachs-Alpha-Koeffizienten gemessen und beträgt α = 0,94 (wobei Werte > 0,9 als exzellent gelten). Für die Beantwortung steht eine 7-stufige Likert-Skala zur Verfügung (von 1 = „Ich stimme nicht zu" bis 7 = „Ich stimme völlig zu").

Schumacher et al. (2005) nutzten die deutsche Fassung der RS-25 in einer repräsentativen Befragung der deutschen Bevölkerung. Sie konnten die beiden Dimensionen Kompetenz und Akzeptanz sowie den Gesamtfaktor Resilienz bestätigen und fanden überzeugende empirische Belege für die Reliabilität und Validität der deutschen Version der Resilienzskala von Wagnild und Young (1993). In ◘ Tab. 7.2 werden die 25 Fragen der deutschen Fassung der RS-25 aufgeführt.

Mit dem Ziel, ein möglichst sparsames Modell für die quantitative Messung individueller Resilienz zu finden, das dennoch klinische Gültigkeit hat, entwickelten Schumacher et al. (2005) eine Kurzform der Resilienzskala – die RS-11. Leppert et al. (2008) legten durch ein Expertenrating auf der Basis der Langform RS-25 eine Auswahl von Items für eine revidierte Kurzform RS-13 fest. In dieser Kurzform blieben Aspekte des Resilienzkonzeptes erhalten, die Optimismus, emotionale Stabilität, Lebensfreude, Energie, Offenheit für Neues und die Fähigkeit zum Perspektivwechsel betonen (Wagnild und Young 1993; Masten 2001; Fredrickson 2004). Die Reliabilität der RS-13 beträgt α = 0,90. Die 7-stufige Likert-Skala für die Beantwortung wurde beibehalten. Die RS-13 kann demnach als reliables und ökonomisches Messinstrument zur Erfassung von individueller Resilienz im Sinne von emotionaler Stabilität zum Einsatz kommen.

In ◘ Tab. 7.3 sind die Items der RS-13 aufgeführt. Die Items in Klammern geben das Item aus der RS-25 an.

Tab. 7.2 Items der RS-25 Resilienzskala. (Leppert et al. 2008, S. 233)

Nr.	Item
1	Wenn ich Pläne habe, verfolge ich sie auch.
2	Normalerweise schaffe ich alles irgendwie.
3	Ich kann mich eher auf mich selbst als auf andere verlassen.
4	Es ist mir wichtig, an vielen Dingen interessiert zu bleiben.
5	Wenn ich muss, kann ich auch allein sein.
6	Ich bin stolz auf das, was ich schon geleistet habe.
7	Ich lasse mich nicht so schnell aus der Bahn werfen.
8	Ich mag mich.
9	Ich kann mehrere Dinge gleichzeitig bewältigen.
10	Ich bin entschlossen.
11	Ich stelle mir selten Sinnfragen.
12	Ich nehme die Dinge wie sie kommen.
13	Ich kann schwierige Zeiten durchstehen, weil ich weiß, dass ich das früher auch schon geschafft habe.
14	Ich habe Selbstdisziplin.
15	Ich behalte an vielen Dingen Interesse.
16	Ich finde öfters etwas, worüber ich lachen kann.
17	Mein Glaube an mich selbst hilft mir auch in harten Zeiten.
18	In Notfällen kann man sich auf mich verlassen.
19	Normalerweise kann ich die Situation aus mehreren Perspektiven betrachten.
20	Ich kann mich auch überwinden, Dinge zu tun, die ich eigentlich nicht machen will.
21	Mein Leben hat einen Sinn.
22	Ich beharre nicht auf Dingen, die ich nicht ändern kann.
23	Wenn ich in einer schwierigen Situation bin, finde ich gewöhnlich einen Weg heraus.
24	In mir steckt genügend Energie, um alles zu machen, was ich machen muss.
25	Ich kann es akzeptieren, wenn mich nicht alle Leute mögen.

Tab. 7.3 Items der RS-13-Resilienzskala. (Leppert et al. 2008, S. 236)

Nr.		Item
1	(1)	Wenn ich Pläne habe, verfolge ich sie auch.
2	(2)	Normalerweise schaffe ich alles irgendwie.
3	(7)	Ich lasse mich nicht so schnell aus der Bahn werfen.
4	(8)	Ich mag mich.
5	(9)	Ich kann mehrere Dinge gleichzeitig bewältigen.
6	(10)	Ich bin entschlossen.
7	(12)	Ich nehme die Dinge, wie sie kommen.
8	(15)	Ich behalte an vielen Dingen Interesse.
9	(19)	Normalerweise kann ich die Situation aus mehreren Perspektiven betrachten.
10	(20)	Ich kann mich auch überwinden, Dinge zu tun, die ich eigentlich nicht machen will.
11	(23)	Wenn ich in einer schwierigen Situation bin, finde ich gewöhnlich einen Weg heraus.
12	(24)	In mir steckt genügend Energie, um alles zu machen, was ich machen muss.
13	(25)	Ich kann es akzeptieren, wenn mich nicht alle Leute mögen.

7.2.2 Resilience Factor Inventory (RFI) und Resilienzquotient (RQ)

Der von Reivich und Shatté (2002) entwickelte Resilience Factor Inventory (RFI) umfasst 60 Fragen und ermittelt die Werte einer Person bei sieben Resilienzfaktoren (zu den Faktoren vgl. ▶ Abschn. 4.2.4):

- Emotionssteuerung,
- Impulskontrolle,
- Kausalanalyse,
- realistischer Optimismus,
- Empathie,

- Selbstwirksamkeitsüberzeugung,
- Zielorientierung (*reaching out*).

Darüber hinaus lässt sich laut Mourlane et al. (2013) analog zum Intelligenzquotienten (IQ) eines Menschen der Resilienzquotient (RQ) einer Person feststellen, welcher der Mittelwert der sieben Resilienzfaktoren ist. Der Resilienzquotient ist ein Beispiel für die Messung von Resilienz im Sinne eines statischen, d. h. nicht erlernbaren, Persönlichkeitsmerkmals (*trait*), im Unterschied zu verhaltensbezogenen Resilienzmerkmalen (*state*), welche bis zu einem gewissen Grad erlernbar sind.

7.3 Messung von Teamresilienz

Auch für die Messung von Teamresilienz gibt es eine Vielzahl von Möglichkeiten. Im Folgenden sollen zwei davon vorgestellt werden, die auf einer verlässlichen wissenschaftlichen Basis beruhen.

7.3.1 Teamresilienzskala

Basierend auf ihrem von Morgan et al. (2013) abgeleiteten Modell der Teamresilienz (vgl. ▶ Kap. 6) entwickelten Sharma und Sharma (2016) die Teamresilienzskala. Die Autoren zeigen auf, dass Teamresilienz ein quantifizierbares Konstrukt ist, dessen Erfassung nötig ist, um die Leistung des Teams zu steigern (Sharma und Sharma 2016, S. 50). Die Teamresilienzskala lässt sich als Diagnoseinstrument nutzen. Die Skala enthält die in ◘ Tab. 7.4 aufgeführten vier Dimensionen und zehn Subdimensionen.

In ◘ Tab. 7.5 werden die den verschiedenen Faktoren (Subdimensionen) zugeordneten Fragen vorgestellt. Die deutsche Übersetzung stammt von der Autorin dieses Buches und ist noch nicht validiert. Für die Beantwortung der Fragen kommt eine 5-stufige Likert-Skala zur Anwendung.

Tab. 7.4 Dimensionen und Subdimensionen der Team-Resilienzskala. (Adaptiert, nach Sharma und Sharma 2016, S. 43)

Nr.	Dimension	Subdimension
1	Gruppenstruktur	Teamzusammensetzung Aufgabengestaltung Gruppennormen
2	Entwicklungsfokus	Lernorientierung des Teams Teamflexibilität
3	Soziales Kapital	Netzwerkverbindungen Gemeinsame Sprache Vertrauen
4	Kollektive Wirksamkeit	Wahrgenommene Wirksamkeit der Teammitglieder Wahrgenommene Wirksamkeit gemeinsamen Handelns

Tab. 7.5 Faktoren und Items der Teamresilienzskala. (Adaptiert, nach Sharma und Sharma 2016, S. 45 f.)

Faktor	Item
Lernorientierung des Teams	Fehler werden im Team offen diskutiert, um aus ihnen zu lernen Unterschiede zwischen der tatsächlichen und der erwarteten Leistung werden in meinem Team kritisch und konstruktiv analysiert Die Erkenntnisse werden allen Teammitgliedern zur Verfügung gestellt Das Team arbeitet kontinuierlich an der Verbesserung seiner Leistung Auch wenn ein Fehler rechtzeitig erkannt wird, erfährt das Team davon, damit er in Zukunft vermieden werden kann Im Team werden immer wieder dieselben Fehler gemacht Die Teammitglieder werden dazu ermutigt, nach dem „Warum" zu fragen – unabhängig von ihrem Rang Wir hinterfragen uns, wenn wir glauben, dass die Arbeit besser gemacht werden kann In meinem Team lernen wir voneinander Wissen wird unter den Teammitgliedern ausgetauscht Teamarbeit gilt als Möglichkeit, voneinander zu lernen, und wird gefördert In Teambesprechungen werden die Meinungen von allen berücksichtigt Unsere Führungskraft hält ständig nach Lernmöglichkeiten für sich selbst und die Teammitglieder Ausschau Unsere Führungskraft setzt unterschiedliche Strategien ein, um Teammitglieder zu ermutigen, sich neues Wissen anzueignen (z. B. Zuteilung neuer Aufgaben, gemeinsames Arbeiten an Aufgaben)

Tab. 7.5 (Fortsetzung)

Faktor	Item
Teamflexibilität	Die Teammitglieder passen ihre Herangehensweise an, um Hürden zu überwinden Die Teammitglieder können mehrere Aufgaben bewältigen Das Team experimentiert oft, um für die Erledigung der Arbeit alternative Möglichkeiten zu finden Wir lassen uns im Team immer wieder neue Wege zur Erledigung unserer Aufgaben einfallen
Netzwerkverbindungen	Die Teammitglieder stehen im engen Kontakt miteinander Die Kommunikation unter den Teammitgliedern ist effektiv Die Teammitglieder teilen wichtige Informationen miteinander
Gemeinsame Sprache	Die Teammitglieder versuchen, gemeinsame Begriffe für ihre Arbeit zu finden Die Teammitglieder nutzen in Diskussionen und Meetings leicht verständliche Kommunikationsmuster Die Teammitglieder versuchen sich bei der Zusammenarbeit zu verstehen
Vertrauen	Ich glaube, die Teammitglieder vertrauen einander Ich glaube kaum, dass meine Teamkollegen bei Entscheidungen meine Bedürfnisse berücksichtigen Ich glaube, meine Teamkollegen sind aufrichtig und ehrlich
Teamzusammensetzung	Mein Team ist größer, als es sein müsste Mein Team hat genau die richtige Größe, um seine Aufgabe zu erfüllen Die Mitglieder in meinem Team sind zu unterschiedlich, um gut zusammenzuarbeiten In meinem Team gibt es eine fast ideale Mischung aus Mitgliedern – in dieser diversen Zusammensetzung können die Teammitglieder ihre unterschiedlichen Perspektiven und Erfahrungen in die Arbeit einbringen Jeder in meinem Team verfügt über die für Teamwork nötigen besonderen Fähigkeiten Einigen Mitgliedern aus meinem Team fehlen das nötige Wissen und die Fähigkeiten, um ihren Anteil zum Teamwork zu leisten

◘ Tab. 7.5 *(Fortsetzung)*

Faktor	Item
Aufgabengestaltung	Unsere Arbeit kann als gemeinsames Ganzes identifiziert werden Mein Team trägt einen so kleinen Teil zu der Gesamtaufgabe bei, dass es schwer ist, unseren Beitrag zu erkennen Die Arbeit meines Teams ist sinnvoll Unsere Arbeit verlangt oft vom Team, nach bestem Wissen und Gewissen zu entscheiden Die Arbeit meines Teams liefert klare Hinweise darauf, wie gut unsere Leistung ist Das Feedback anderer Personen aus der Organisation ist für uns die einzige Möglichkeit zu wissen, wie gut unsere Leistung ist
Gruppennormen	Die Verhaltensstandards für die Mitglieder in meinem Team sind vage und unklar Es ist klar, welches Verhalten der Teammitglieder akzeptabel und welches inakzeptabel ist Die Mitglieder in meinem Team sind sich darüber einig, welches Verhalten von den Teammitgliedern erwartet wird
Wahrgenommene Wirksamkeit der Teammitglieder	Ich bin zuversichtlich, dass die Teammitglieder die ihnen zugeteilten Aufgaben erfüllen können Die Mitglieder in meinem Team sind in der Lage, ihren Teil der Arbeit zu tun, wann immer das von ihnen verlangt wird Die meisten meiner Teammitglieder können gut mit Verantwortung umgehen
Wahrgenommene Wirksamkeit gemeinsamen Handelns	Mein Team ist in der Lage, einem Teammitglied zu helfen, seine Probleme zu lösen Mein Team kann zusammenarbeiten, um ein Ziel zu erreichen Ich glaube an die Fähigkeit meines Teams, Dinge gemeinsam zu tun Mein Team kann auch die schwierigsten Situationen bewältigen Als Team sind wir in der Lage, gemeinsam Probleme zu lösen

7.3.2 ADAPTER

Wie in diesem Buch dargestellt, ist Anpassungsfähigkeit eine Kernkomponente von Resilienz (vgl. ▶ Abschn. 3.2). Van der Beek und Schraagen (2015) entwickelten den ADAPTER, ein Instrument, das die Teamresilienz für den Umgang mit unerwarteten Situationen und Ereignissen operationalisiert. Das Instrument

Tab. 7.6 ADAPTER-Skalen und -Fragen. (Cerny 2017, Anhang S. 56 f)

Skala	Beispiel-Item
Reaktion im Team	Mein Team reagiert gut auf unerwartete Situationen und Ereignisse Es ist klar, wer in unserem Team die Leitung übernimmt, wenn wir auf unerwartete Situationen und Ereignisse reagieren müssen
Geteilte transformationale Führung	Die Leute in meinem Team lernen voneinander Die Leute in meinem Team betrachten Probleme von vielen verschiedenen Seiten
Lernen im Team	Die Leute in meinem Team klären Meinungsverschiedenheiten unter vier Augen und nicht vor dem ganzen Team Mein Team sucht regelmäßig nach neuen Informationen, und dann kann es sein, dass wir die Situation anders lösen
Antizipation im Team	Wenn etwas schiefgeht, schaut mein Team, wie wir das in Zukunft verhindern können Mein Team überlegt sich regelmäßig, auf welche Gefahren wir besonders achten sollten
Monitoring im Team	Wenn etwas Unerwartetes passiert, dann … überlegt sich mein Team, wie sich die Situation entwickeln wird, zögern die Leute in meinem Team nicht, es offen zu sagen, wenn sie eine andere Meinung zur Lösung haben
Kooperation mit anderen Abteilungen	Wenn wir mit anderen Abteilungen zusammenarbeiten ist klar, wer die Entscheidungskompetenz hat Der Informationsaustausch zwischen meinem Team und anderen Abteilungen verläuft reibungslos
Achtsamer Umgang	Wenn etwas Unerwartetes passiert, dann überprüft mein Team, dass die ausgetauschten Informationen klar verstanden werden Wenn etwas Unerwartetes passiert, dann diskutieren die Leute in meinem Team explizit die Verteilung von Aufgaben und Verantwortlichkeiten

enthält 7 Skalen und 54 Items und richtet sich hauptsächlich an Unternehmen, die in einem sicherheitsrelevanten Umfeld agieren (z. B. Metall- und Chemieindustrie, Verkehrsbranche, Krankenhäuser. Die Autoren stützten sich bei der Entwicklung von ADAPTER auf die vier Grundsteine von Resilienz nach Hollnagel (2006, 2011) – lernen, reagieren, überwachen, erwarten – und setzten diese in den Teamkontext. In ihrer Masterthesis widmete sich Cerny (2017) der Messung organisationaler Resilienz im Kontext der Schweizer Bundesbahnen (SBB). Dafür

zog sie unter anderem den ADAPTER heran und übersetzte die englischen Items von van der Beek und Schraagen ins Deutsche (◘ Tab. 7.6).

Aufgrund ihrer Studienergebnisse empfehlen van der Beek und Schraagen (2015, S. 6), zwei weitere Dimensionen in den ADAPTER aufzunehmen:

- „Organisationale Unterstützung" (mit Inhalten wie organisationales Klima, Ressourcenverfügbarkeit oder Ausbildungsangebote), da die Effektivität und Resilienz eines Teams als Mikrosystem vom Makrosystem der Organisation abhängig sei, welche für geeignete Strukturen, Mechanismen und eine förderliche Kultur sorge;
- „Führungsstil des Vorgesetzten", da Führung einen großen Einfluss auf organisationale Resilienz habe.

Schließlich, so die Autoren, sollte der ADAPTER in Feldstudien getestet werden, denn diese vermögen die Teamresilienz direkter zu messen als Fragebögen.

❶ **Fallstrick**
Mitarbeiter arbeiten heute immer öfter in unterschiedlichen Teams: Sie sind nicht mehr nur Teil ihrer Abteilung, sondern bringen sich auch in Projektteams, Subteams und Netzwerken ein. Das kann bei der Messung von Teamresilienz zu einer Verwässerung führen. Es gilt daher vor der Messung der Teamresilienz immer klar zu definieren und zu kommunizieren, auf welches Team sich die Resilienzmessung bezieht.

7.4 Messung organisationaler Resilienz

Aufgrund ihrer Vielfältigkeit ist organisationale Resilienz schwer messbar. Mögliche Messgrößen reichen von der Unternehmensperformance nach einer Krise über die Flexibilität und Anpassungsfähigkeit an sich wandelnde Umwelten bis hin zu Krankheitsstand, Personalfluktuation und Innovationsfähigkeit (Ritz 2015b; Di Bella 2014; Meissner und Hunziker 2017). Die folgende Auswahl von Instrumenten bietet einen Einblick.

7.4.1 Resilienzcheck für Unternehmen

Ein konkretes Instrument, das auf die Unternehmensführung abzielt, jedoch nicht als Benchmark konzipiert ist, ist der Resilienzcheck von Seidenschwarz und Pedell 2011 (◘ Tab. 7.7).

7.4.2 Benchmark Resilience Tool (BRT-53) und Kurzversionen (BRT-13a, BRT-13b)

Das Benchmark Resilience Tool (BRT-53) als Messinstrument organisationaler Resilienz misst die Fähigkeit von Organisationen, eine Krise zu überwinden und in einer unsicheren Welt zu überleben. Es basiert auf der Arbeit von McManus et al. (2008). Die Langform BRT-53 umfasst 53 Frageitems aus 13 theoretischen Konstrukten (Indikatoren), die den zwei organisationalen Resilienzfaktoren „Planung" und „Anpassungsfähigkeit" zugeordnet werden. Die Beantwortung der Fragen erfolgt über eine 4-stufige Likert-Skala (◘ Tab. 7.8).

Um den Aufwand der Messung geringer zu halten und Umfragemüdigkeit vorzubeugen, entwickelten und testeten Whitman et al. (2013) eine Kurzform mit zwei Versionen: Während der BRT-13a auf den 13 theoretischen Konstrukten der Originalform basiert, stützt sich der BRT-13b auf 13 theoretische Konstrukte, die aus statistischen Korrelationen der Items aus jedem Konstrukt entstanden sind. Die Autoren empfehlen die Nutzung des BRT-13b, der etwas valider und reliabler ist als der BRT-13a und eine sehr gute Alternative zur Langform darstellt (der Cronbachs-Alpha-Koeffizient des BRT-13b liegt zwischen $α = 0{,}85$ und $0{,}88$, was für eine 13-Item-Skala sehr reliabel ist). Ein weiterer Vorteil der Kurzform ist die Möglichkeit, eine Messung in regelmäßigeren Abständen durchzuführen und die Effektivität von resilienzsteigernden Maßnahmen zu überprüfen (◘ Tab. 7.9).

Tab. 7.7 Der Resilienzcheck. (Seidenschwarz und Pedell 2011, S. 157)

Gelebtes Wertemanagement und gelebte Performancekultur	Schockresistenz, integrierendes, strategisches Management	Auf außergewöhnliche Situationen vorbereitete Frühwarn- und Steuerungssysteme	Koordination von Interdependenz durch ein integriertes Risikocontrolling	Kompetenz der Führungskoalition, notwendige Veränderungsprozesse zu managen
– Mit welchem gelebten Wertemanagement würden wir in einen Umbruch größeren Maßes gehen? – Ist Resilienz für uns ein ernst gemeintes Unternehmensziel? – Sind unsere Zielvereinbarungen realistisch? – Arbeiten wir kontinuierlich am Abbau von Verschwendung? …	– Besitzen wir eine breit akzeptierte, für die Mitarbeiter verständliche und gelebte Strategie? – Sind wir entscheidungsschwach in Bezug auf langjährig nicht abstellbare strategische Schwächen? – Kennen wir unsere anfälligen Grundpfeiler und mögliche Resilienzpfade? …	– Sind wir in der Lage, unerwartete Ereignisse und Entwicklungen rechtzeitig zu identifizieren? – Finden Frühwarninformationen Eingang in die alltäglichen Führungsprozesse? – Sind wir auch in angespannten Unternehmenssituationen in der Lage, auf Marktanteilsgewinn ausgerichtete Steuerungssignale zu senden? …	– Kennen wir unsere zentralen Risikointerdependenzen? – Sind strategisches Management und Risikomanagement ausreichend verzahnt? – Haben wir ein ganzheitliches Risikobild und sind die Teilfelder der IKS, Compliance, Interne Revision und Controlling dabei ausreichend verknüpft? …	– Sind wir als Führungskoalition ausreichend vorbereitet, auf eine komplexe Umbruchsituation umschalten zu können? – Beherrscht die kritische Masse an Managern das Handwerkszeug für das Steuern eines solchen Veränderungsprozesses? – Sind wir implementierungsstark, auch in außergewöhnlichen Situationen? …

7.4 · Messung organisationaler Resilienz

Tab. 7.8 Resilienzfaktoren und -indikatoren gemäß BRT-53. (Adaptiert, nach Whitman et al. 2013, deutsche Übersetzung durch die Autorin, noch nicht validiert)

Organisationaler Resilienzfaktor	Indikator
Planen (*Planning*)	Proaktive Haltung (*Proaktive Posture*) Erholungsprioritäten (*Recovery Priorities*) Planungsstrategien (*Planning Strategies*) Teilnahme an Übungen (*Participation in Exercises*) Fähigkeiten und Kapazitäten externer Ressourcen (*Capability & Capacity of External Resources*)
Anpassungsfähigkeit (*Adaptive Capacity*)	Monitoring und Reporting der internen und externen Situation (*Internal & External Situation Monitoring & Reporting*) Fähigkeiten und Kapazitäten interner Ressourcen (*Capability & Capacity of Internal Resources*) Engagement und Beteiligung der Beschäftigten (*Staff Engagement & Involvement*) Silomentalität (*Silo Mentality*) Information und Wissen (*Information & Knowledge*) Führungs-, Management- und Governance-Strukturen (*Leadership, Management & Governance Structures*) Innovation und Kreativität (*Innovation & Creativity*) Übertragene und bedarfsabhängige Entscheidungsfindung (*Devolved & Responsive Decision Making*)

◻ **Tab. 7.9** Resilienzfaktoren und Items des BRT-13b. (Adaptiert, nach Whitman et al. 2013, deutsche Übersetzung durch die Autorin, noch nicht validiert)

Faktor	Items
Planung (*Planning*)	Wir sind achtsam gegenüber den Auswirkungen, die eine Krise auf uns haben könnte (*We are mindful of how a crisis could affect us*) Wir glauben, dass Notfallpläne geübt und getestet werden müssen, um effektiv zu sein (*We believe emergency plans must be practised and tested to be effective*) Wir können schnell vom Alltags- in den Krisenmodus schalten (*We are able to shift rapidly from business-as-usual to respond to crises*) Zu unseren Prioritäten für die Erholung nach einer Krise gehören Hinweise für die Belegschaft während einer Krise (*Our priorities for recovery would provide direction for staff in a crisis*)
Anpassungsfähigkeit (*Adaptive Capacity*)	Unsere Organisation hat einen Sinn für Teamwork und gutes Miteinander (*There is a sense of teamwork and camaraderie in our organisation*) Unsere Organisation verfügt über genügend Ressourcen, um unerwartete Veränderungen abzufedern (*Our organisation maintains sufficient resources to absorb some unexpected change*) Die Menschen in unserer Organisation fühlen sich für ein Problem verantwortlich, bis es gelöst ist (*People in our organisation „own" a problem until it is resolved*) Die Belegschaft verfügt über die nötigen Informationen und das nötige Wissen, um auf unerwartete Probleme zu reagieren (*Staff have the information and knowledge they need to respond to unexpected problems*) Die Führungskräfte in unserer Organisation gehen mit gutem Beispiel voran (*Managers in our organisation lead by example*) Die Belegschaft wird für unkonventionelles Denken belohnt (*Staff are rewarded for „thinking outside the box"*) Unsere Organisation kann schwierige Entscheidungen schnell treffen (*Our organisation can make tough decisions quickly*) Führungskräfte erkennen Probleme, indem sie aktiv zuhören (*Managers actively listen for problems*)

Neben diesen naher vorgestellten Messmethoden für organisationale Resilienz existieren zahlreiche weitere Fragebögen, die zum Beispiel von Universitäten, Krankenkassen und Beratungsunternehmen entwickelt worden sind. So etwa der „Resilienz-TÜV" der Bertelsmann Stiftung (Bertelsmann Stiftung

2015). Ein weiteres Beispiel stellen Heller et al. (2012) vor. Sie überarbeiteten einen Fragebogen für individuelle Resilienz (Rampe 2005) und übertrugen ihn auf die organisationale Ebene. Grundlage dieses Vorgehens ist das Verständnis von Resilienz als Systemeigenschaft, die sowohl Menschen als psychische Systeme als auch Organisationen als soziale Systeme haben können.

Dieser Fragebogen für organisationale Resilienz umfasst 70 geschlossene Fragen in den folgenden sieben Dimensionen (zu den Dimensionen vgl. ▶ Abschn. 3.1):

- Optimismus,
- Akzeptanz,
- Ziel- und Lösungsorientierung,
- Chancenorientierung und Selbstwirksamkeit,
- Verantwortung,
- Netzwerkorientierung und Kooperation,
- Zukunftsorientierung.

Dabei umfasst jede Dimension je fünf positiv und fünf negativ formulierte Fragen. Durch die schriftliche Befragung von Mitarbeitern und Führungskräften wird die Abweichung einer Organisation von einem Idealtyp eines resilienten Unternehmens erhoben (Heller et al. 2012, S 219).

In den letzten Jahren stieg im deutschsprachigen Raum die Anzahl der Projekte, die zur Messung und Erforschung von Resilienz beitragen. Ein Beispiel dafür ist das vom Bundesministerium für Bildung und Forschung (BMBF) geförderte Verbundprojekt „Resilire – Altersübergreifendes Resilienz-Management". Die Projektwebseite (Resilire 2018) bietet einen webbasierten Fragebogen zur Erhebung der Resilienz auf den drei Ebenen persönliche Resilienz (resilientes Verhalten bei der Arbeit), Teamresilienz und organisationale Resilienz an.

Praxistipp

Da organisationale Resilienz ein umfassendes Konzept zur Stärkung einer Organisation ist, besteht eine gewisse Gefahr der Verzettelung. Es ist daher sehr wichtig, sich bei der Entwicklung und Umsetzung von Maßnahmen auf die wichtigsten Hebel für eine Organisation zu konzentrieren. Qualitative und quantitative Messungen können dabei helfen, die Prioritäten richtig zu setzen.

● **Tab. 7.10** Resilienzbezogene Faktoren und Messinstrumente

Faktor	Messinstrument
Engagement	Utrecht Work Engagement Scale (UWES) (Schaufeli und Bakker 2006)
Emotionen bei der Arbeit	Job Affect Scale (JAS) Positive Affect and Negative Affect Scale (PANAS)
Selbstwirksamkeitserwartung	Skala zur Allgemeinen Selbstwirksamkeitserwartung (SWE) (Schwarzer und Jerusalem 1999)
Psychologisches Kapital	PsyCap Questionnaire (PCQ) (Luthans et al. 2007, 2010; Luthans und Youssef-Morgan 2017)
Organisationale Energie	Organizational Energy Questionnaire (OEQ 12) (Bruch und Vogel 2011) Energy Maps, Energy Networks (Cameron 2013; Baker et al. 2003)
Achtsamkeit	Freiburger Fragebogen zur Achtsamkeit (FFA) (Heidenreich et al. 2006) Auf der FFA-Webseite stehen die Kurzform FFA-14 sowie die Langform FFA-30 zur Verfügung
Erholung	Recovery Experience Questionnaire (Sonnentag und Fritz 2007)
Charakterstärken	Auf den Webseiten der Universität Potsdam sowie der Universität Zürich stehen Stärkefragebogen zur Verfügung (Universität Potsdam 2018; Universität Zürich 2018)

7.5 Messinstrumente für einzelne resilienzbezogene Faktoren

Neben den oben vorgestellten Erfassungsmöglichkeiten für Resilienz gibt es eine Vielzahl weiterer Messinstrumente, welche mit der Resilienz verbundene Faktoren messen, zum Beispiel die Selbstwirksamkeit oder das Engagement bei der Arbeit (● Tab. 7.10).

Fazit

Mittlerweile gibt es zur Messung von Resilienz auf individueller, Team- und organisationaler Ebene eine Fülle von Instrumenten. Aufgrund der Varietät in der Definition von Resilienz werden auch bei deren Messung unterschiedliche Studiendesigns und Indikatoren herangezogen. Daher gilt es bei der Auswahl des geeigneten Messverfahrens genau zu prüfen, welches Instrument am besten zur Organisation, ihrem Umfeld, den aktuellen Herausforderungen und den für die Messung zur Verfügung stehenden Ressourcen passt. In diesem Kapitel wurden pro Ebene ausgewählte Instrumente vorgestellt, die der Autorin als reliabel und valide und gleichzeitig praktikabel erschienen. Neben Instrumenten, die Resilienz als Gesamtkonstrukt messen, gibt es Fragebögen, die sich mit Einzelkomponenten von Resilienz befassen, zum Beispiel mit Selbstwirksamkeit, Achtsamkeit oder organisationaler Energie.

Literatur

Baker, W.; Cross, R. & Wooten, M. (2003): Positive organizational network analysis and energizing relationships. In: Cameron, K., Dutton, J. & Quinn, R. (Hrsg.), *Positive Organizational Scholarship: Foundations of a New Discipline*. Berrett-Koehler, San Francisco.

Bertelsmann Stiftung (2015) (Hrsg.): *Ressourcenförderung in Zeiten ständigen Wandels. Resilienz für Mitarbeiter, Führungskräfte und Unternehmen*. Verlag Bertelsmann Stiftung. Gütersloh.

Block, J. & Kremen, A.M. (1996): IQ and ego-resiliency: Conceptual and empirical connection and separateness. *Journal of Personality and Social Psychology, 70*, 349–361.

Bruch, H. & Vogel, B. (2011): *Fully charged. How great leaders boost their organization's energy and ignite high performance*. Harvard Business Review Press, Boston.

Bühner, M. (2011): *Einführung in die Test- und Fragebogenkonstruktion*. Pearson, München.

Cameron, K. (2013): *Practicing positive leadership. Tools and techniques that create extraordinary results*. Berrett-Koehler, San Francisco.

Connor, K. & Davidson, J. (2003): Development of a new resilience scale: The Connor-Davidson resilience scale (CD-RISC). *Depression and Anxiety, 18*, 76–82.

Cerny, N. (2017): Messung von organisationaler Resilienz. Identifikation von Indikatoren organisationaler Resilienz für die SBB sowie Überprüfung eines Instruments zur Messung organisationaler Resilienz im SBB-Kontext. Master Thesis. Liebefeld.

Di Bella, J. (2014): Unternehmerische Resilienz. Protektive Faktoren für unternehmerischen Erfolg in risikoreichen Kontexten. Inaugural-Dissertation. Mannheim.

Fredrickson, B. (2004): The broaden-and build theory of positive emotions. *Philosophical Transactions of the Royal Society Biological Sciences, 359*, 1367–1377.

Freiburger Fragebogen zur Achtsamkeit (FFA). Online: http://www.psyprasoft.de/FFA. Zugegriffen am 14.03.2018.

Friborg, O.; Rosenvinge, J. & Martinussen, M. (2003): A new rating scale for adult resilience: what are the central protective resources behind healthy adjustment? *International Journal of Methods in Psychiatric Research, 12*, 65–76.

Heidenreich, T.; Ströhle, G. & Michalak, J. (2006): Achtsamkeit: Konzeptionelle Aspekte und Ergebnisse zum Freiburger Achtsamkeitsfragebogen. *Verhaltenstherapie, 16*, 33–40.

Heller, J.; Elbe, M. & Linsenmann, M. (2012): Unternehmensresilienz – Faktoren betrieblicher Widerstandsfähigkeit. In: Böhle, F. & Busch, S. (Hrsg.), *Management von Ungewissheit. Neue Ansätze jenseits von Kontrolle und Ohnmacht*, 213–232. transcript, Bielefeld.

Hollnagel, E. (2006): Resilience – the challenge of the unstable. In: Hollnagel, E.; Woods, D. & Levenson, N. (Hrsg.), *Resilience engineering – concepts and precepts*, 9–17. Ashgate, London.

Hollnagel, E. (2011): Epilogue: RAG – The resilience analysis grid. In: Hollnagel, E.; Pariés, J; Woods, D. & Wreathall, J. (Hrsg.), *Resilience engineering in practice – a guidebook*, 275–296. Ashgate, Farnham.

Kalisch, R. (2017): Der resiliente Mensch. Wie wir Krisen erleben und bewältigen. Neueste Erkenntnisse aus Hirnforschung und Psychologie. Berlin Verlag, München.

Leppert, K.; van Oorschot, B.; Strauß, B. & Wendt, Th. (2000): The influence of resilience and personal characteristics on physical and psychological stress, side effects and the course of radiation therapy. *Journal of Cancer Research and Clinical Oncology, 126*, 77.

Leppert, K., Dye, L. & Strauß, B. (2002): RS – Resilienzskala. In: Brähler, E.; Schumacher, J. & Strauß, B. (Hrsg.), *Psychodiagnostische Verfahren in der Psychotherapie*, 295–298. Hogrefe, Göttingen.

Leppert, K.; Koch, B.; Brähler, E. & Strauße, B. (2008): Die Resilienzskala (RS) – Überprüfung der Langform RS-25 und einer Kurzform RS-13. In: *Klinische Diagnostik und Evaluation, 1*, 226–243. Vadenhoeck & Ruprecht, Göttingen.

Luthans, F.; Youssef, C. & Avolio, B. (2007). Psychological capital. Oxford University Press, Oxford.

Luthans, F.; Avey, J.; Avolio, B. & Petersen, S. (2010): The development and resulting performance impact of positive psychological capital. *Human Resource Development Quarterly, 21*(1). Online: www.interscience.wiley.com, https://doi.org/10.1002/hrdq.20034. Zugegriffen am 23.03.2017.

Luthans, F. & Youssef-Morgan, C. (2017): Psychological capital: An evidence-based positive approach. *The Annual Review of Organizational Psychology and Organizational Behavior, 4*, 339–366.

Masten, A. (2001): Ordinary magic: resilience processes in development. *American Psychologist, 56*, 227–239.

McManus, S.; Seville, E.; Vargo, J. & Brunsdon, D. (2008): Facilitated process for improving organisational resilience. *Natural Hazards Review, 9*(2), 81–90.

Meissner, J. & Hunziker, S. (2017): Organisationales Resilienzmanagement. Grundlagen und Anwendung der funktionalen Resonanzanalyse. *Controlling, 3*, 29. Jg., 14–21.

Morgan, P; Fletcher, D. & Sarkar, M. (2013): Defining and characterizing team resilience in elite sport. *Psychology of Sport and Exercise, 14*(4), 549–559.

Mourlane, D.; Hollmann, D.; Trumpold, K. (2013): Studie „Führung, Gesundheit & Resilienz". Bertelsmann Stiftung, Gütersloh & mourlane management consultants, Frankfurt am Main.

Rampe, M. (2005): Der R-Faktor: Das Geheimnis unserer inneren Stärke. Knaur, München.

Reivich, K. & Shatté, A. (2002): The resilience factor. Random House, New York.

Resilire (2018): Webseite des Verbundsprojekts Resilire – Altersübergreifendes Resilienz-Management. https://www.resilire.de/. Zugegriffen am 12.03.2018.

Ritz, F. (2015b): Betriebliches Sicherheitsmanagement: Aufbau und Entwicklung widerstandsfähiger Arbeitssysteme. Schäffer-Poeschel, Stuttgart.

Schaufeli, W. & Bakker, A. (2006): The measurement of work engagement with a short questionnaire. A cross-national study. *Educational and Psychological Measurement, 66*(4), 701–716.

Literatur

Schumacher, J.; Leppert, K.; Gunzelmann, T.; Strauß, B. & Brähler, E. (2005): Die Resilienzskala – Ein Fragebogen zur Erfassung der psychischen Widerstandsfähigkeit als Personmerkmal, *Zeitschrift für Klinische Psychiatrie und Psychotherapie, 53*, 16–39.

Schwarzer, R. & Jerusalem, M. (Hrsg.) (1999): *Skalen zur Erfassung von Lehrer- und Schülermerkmalen. Dokumentation der psychometrischen Verfahren im Rahmen der Wissenschaftlichen Begleitung des Modellversuchs Selbstwirksame Schulen.* Freie Universität Berlin, Berlin.

Seidenschwarz, W. & Pedell, B. (2011): Resilienzmanagement. In: *Controlling, 3*, 23. Jg., 151–158.

Sharma, S. & Sharma, S.K. (2016): Team resilience: Scale development and validation. *Vision, 20*(1), 37–53.

Sonnentag, S. & Fritz, C. (2007): The recovery experience questionnaire: Development and validation of a measure for assessing recuperation and unwinding from work. *Journal of Occupational Health Psychology, 12*(3), 204–221.

Universität Potsdam (2018): https://www.gluecksforscher.de/. Zugegriffen am 30.03.2018.

Universität Zürich (2018): https://www.charakterstaerken.org. Zugegriffen am 30.03.2018.

Van der Beek, D. & Schraagen, J. (2015): ADAPTER: Analysing and developing adaptability and performance in teams to enhance resilience. *Reliability Engineering and System Safety, 141*, 33–44.

Wagnild, G.M. & Young, H.M. (1993): Development and psychometric evaluation of the resilience scale. *Journal of Nursing Measurement, 1*, 165–178.

Whitman, Z.; Kachali, H.; Roger, D.; Vargo, J. & Seville, E. (2013): Short-form version of the Benchmark Resilience Tool (BRT-53). In: *Measuring Business Excellence, 17*(3). Online: https://www.researchgate.net/publication/263182567. Zugegriffen am 12.03.2018.

Fazit und Ausblick

Mirjam Rolfe

Literatur – 273

© Springer-Verlag GmbH Deutschland, ein Teil von Springer Nature 2019
M. Rolfe, *Positive Psychologie und organisationale Resilienz*,
Positive Psychologie kompakt, https://doi.org/10.1007/978-3-662-55758-7_8

Dieses Buch zeigte auf, dass organisationale Resilienz vor dem Hintergrund tiefgreifender gesellschaftlicher, politischer, wirtschaftlicher und technologischer Veränderungen für Unternehmen einen bedeutenden Wettbewerbs- und Überlebensfaktor darstellt.

Ein nachhaltiges betriebliches Resilienzmanagement berücksichtigt alle Systemebenen – von der Organisation und ihrem Umfeld über das Team bis zum Individuum und seiner Umwelt. Neben der Unternehmenskultur geht es auch auf Strukturen und Prozesse ein. Dabei muss eine Stärkung der unternehmerischen Resilienz nicht unbedingt gleich mit der Aufgabe der klassischen Pyramidenstruktur, mit Selbstorganisation und selbstführenden Teams einhergehen. Ein wichtiger Schlüssel zur Resilienz in Unternehmen – und einer der ersten Hebel, bei dem es anzusetzen gilt – liegt in der Führung (van der Beek und Schraagen 2015). Wenn es gelingt, durch moderne Führung ein Arbeitsumfeld zu schaffen, in welchem die Mitarbeiter gerne und motiviert arbeiten, dann stärkt dies auch die Innovationskultur der Organisation und damit die Zukunftsfähigkeit des Unternehmens. Denn eine innerlich starke Führungskraft kann durch resilienzfördernde Führung die Gesundheit und Leistung ihrer Mitarbeiter wesentlich beeinflussen.

Gerade in Krisenzeiten hängt die Resilienz von Unternehmen stark von den Anpassungs- und Innovationskapazitäten von Individuen ab – und von deren Zusammenarbeit in Teams und Netzwerken. Die Faktoren und Prozesse, die individuelle Resilienz fördern, wurden genauso beleuchtet wie die Frage, was es bei der Zusammensetzung von Teams zu berücksichtigen gilt und wie ihre Kooperation gestaltet werden kann, um Teamresilienz zu stärken.

Eine Herausforderung für die Resilienzforschung sind nach wie vor die Unterschiede in der Konzeptdefinition sowie, damit verbunden, die Messung von Resilienz. Die Wissenschaftler sind sich uneinig, ob sich individuelle Resilienz überhaupt messen lässt und wie dies erfolgen soll. Dennoch stehen bereits viele Instrumente für die Messung von Resilienz auf persönlicher, Team- und organisationaler Ebene zur Verfügung, einige davon in deutscher Sprache.

Im Laufe der Jahre ist die Schnittmenge zwischen der Positiven Psychologie und der organisationalen Resilienz größer geworden, die beiden Konzepte haben sich gegenseitig befruchtet. Ähnlich wie in der Psychologie gab es auch in der Organisationslehre und der Resilienzforschung die Tendenz, lange Zeit das zu fokussieren, was nicht gelingt. Die Aufmerksamkeit lag auf Widerstand gegen Veränderung statt Chancenblick und Feiern von Erfolgen; auf Problemen und Unzulänglichkeiten von Führungskräften und Mitarbeitern statt auf deren Stärken und Fähigkeiten für Entwicklung und Leistungssteigerung (Luthans 2002, S. 698). Im Bereich der

Arbeitssicherheit galten Menschen lange Zeit als Risikofaktoren. In vielen Unternehmen findet zurzeit jedoch ein Umdenken statt: Resilienz, Fokus auf das Positive und Achtsamkeit ergänzen Bestrebungen zur Effizienz- und Leistungssteigerung. In Unternehmensleitbilder und Führungsverständnisse fließen sie genauso ein wie in Recruiting-/Onboarding-Prozesse und Maßnahmen zur Förderung von Lernen auf individueller, Team- und Unternehmensebene. Dabei bewährt sich der Ansatz des Sowohl-als-auch: Schnelligkeit und Flexibilität einerseits, Entschleunigung und Berücksichtigung menschlicher Bedürfnisse andererseits.

In einigen Teilbereichen der Resilienz gibt es noch relativ wenig Forschung: zu Resilienz und Führung (Luthans und Avolio 2003; Harland et al. 2005) sowie zu Resilienz und Teams (Kalisch 2017; Carmeli et al. 2013). Da heute in Unternehmen mehr und mehr in Teams und Netzwerken gearbeitet wird, dürfte dieser Forschungsbereich nicht nur für die Wissenschaftler, sondern auch für die Praktiker von hohem Interesse sein. Darüber hinaus ist die Zielgruppe Topmanagementteams mit ihrem Verhalten und ihrer Entscheidungsreichweite für die organisationale Resilienz von großer Bedeutung. Auch hier bedarf es weiterer Forschung und Operationalisierung (Carmeli et al. 2013).

Vor dem Hintergrund der modernen Arbeitswelt mit ihren neuen Kommunikations- und Informationstechnologien sowie der Forderung nach mehr Agilität und Innovationsfähigkeit von Mitarbeitern, Teams und Organisationen gibt es ebenfalls Forschungsbedarf: Welchen Einfluss hat der Ruf nach mehr Flexibilität, schnelleren Entscheidungen, Selbstorganisation, verstärkter Zusammenarbeit in Netzwerken? Zu welchen Konsequenzen für die Gesundheit von Mensch und Organisation führt das damit verbundene Verschwimmen von Grenzen zwischen dem Privat- und Berufsleben? Wie können Positive Psychologie, die Resilienz-, Stress- und Hirnforschung konkret zu einer gesunden Entwicklung beitragen?

Die Resilienzforschung ist heute stark von der klinischen Psychologie und der Traumapsychologie geprägt. Erst seit wenigen Jahren beschäftigen sich auch die Sozialwissenschaften sowie andere Disziplinen wie die Hirnforschung und die Kognitionspsychologie damit (Dougherty et al. 2013; Kalisch 2017; Feder et al. 2009). Im Sinne eines integrativen Ansatzes ist es wünschenswert, dass in Zukunft die interdisziplinäre Forschung und die Operationalisierung des Resilienzkonzeptes verstärkt werden (Ryff und Singer 2003; Kalisch 2017). Auch der vermehrte Einbezug des Systemansatzes und der Forschung zu organisationalem Lernen dürften interessante Erkenntnisse liefern.

Darüber hinaus könnte ein transdisziplinärer Ansatz zur wissenschaftlichen Lösung komplexer gesellschaftlicher Herausforderungen und Zukunftsthemen wie

Klimawandel, chronischer und Langzeiterkrankungen, (Cyber-)Terrorismus sowie demografischer Entwicklung beitragen. Die Zusammenarbeit unterschiedlicher Disziplinen, Co-Creation-Prozesse und Testen von Prototypen können helfen, die Praxisrelevanz und Umsetzungswahrscheinlichkeit der Forschungsergebnisse zu erhöhen, praktisches Wissen zu reflektieren, sowie Innovations- und Umsetzungspotenzial zu stärken (Di Bella 2014; Becker und Jahn 2006). Vielversprechend erscheint das Konzept der Resilienz dabei auch vor dem Hintergrund zweier Trends, auf die in diesem Buch nicht eingegangen wurde: die Zunahme der selbständigen Erwerbstätigkeit in Deutschland und Europa einerseits und die Verlängerung der Lebensarbeitszeit andererseits.

So sehr die gesellschaftlichen Herausforderungen heute Anlass zur Besorgnis geben, so faszinierend und ermutigend sind die beobachtbaren Bestrebungen in unterschiedlichen Disziplinen: Immer mehr Wissenschaftler und Praktiker weiten den Blickwinkel vom Individuum, Team und der Organisation auf Nachbarschaften, Städte, Regionen und, ja, die ganze Welt. Das mag vermessen erscheinen. Doch hinter vielen dieser Ideen steckt Potenzial für tiefgreifende Veränderungen, für die Zukunftsfähigkeit von Organisationen und der Menschheit. Stellvertretend sollen hier einige davon vorgestellt werden:

Das Forschungsprogramm *Caring Economics* von Tania Singer, deutsche Hirnforscherin und Direktorin am Max-Planck-Institut, und von Dennis Snower, Präsident des Instituts für Weltwirtschaft in Kiel, strebt Sichkümmern und Kooperation als neue Basis von Wirtschaftssystemen an (Heuser 2017).

> » „In unserer Marktwirtschaft frönt man zu sehr dem reinen Konsumgedanken", so Singer (Heuser 2013). „Stattdessen brauchen wir eine gesunde Balance zwischen Leistung, Macht, Konsumieren – und Sichkümmern, An-andere-Denken, Mitfühlen".

Mensch und Gesellschaft seien nicht mehr im Gleichgewicht, da nur wenige dieser menschlichen Potenziale aktiviert seien. Singer schlägt vor, Lebenszufriedenheit, echte Beziehungen und seelische Gesundheit in die Wohlstandsberechnung eines Staates mit aufzunehmen (Heuser 2013). Das Forschungsziel des Programms besteht darin, aus psychologischen und neurowissenschaftlichen Erkenntnissen über menschliche Motivation, Emotionen und soziale Kognition Erkenntnisse für neue Modelle der Entscheidungsfindung bezüglich globaler Wirtschaftsprobleme abzuleiten. Es geht um neue Modelle für kooperativeres, prosoziales und nachhaltiges Wirtschaftsverhalten (Caring Economics 2018).

Der *Caring-Economics*-Ansatz passt zum Konzept der *Virtuous Organization* aus der Positiven Psychologie, also jener Idee des tugendhaften Unternehmens, das sich über die Attribute „Wirkung auf den Menschen" (*human impact*), „moralisches Verhalten" (*moral goodness*) und „soziale Verbesserung" (*social betterment*) definiert (Cameron 2003, S. 49) und mit Resilienz verbunden wird (Baumeister und Exline 1999).

Weitere Ansätze sind zum Beispiel die *Theorie U* von Otto Scharmer (2008), die durch „Führen von der Zukunft her" tiefgreifende Veränderungen in Unternehmen und der Gesellschaft fördern möchte und Fredric Laloux' Ansatz der Organisation als lebendiges System (Laloux 2015).

Insgesamt geht es bei all diesen Ansätzen um das, was das Deutsche Resilienz Zentrum (DRZ) an der Universität Mainz – ein Forschungsinstitut, in dem Neurowissenschaftler, Ärzte, Psychologen und Sozialwissenschaftler zusammenarbeiten – als ein Ziel von Resilienz sieht: „… darauf hinzuwirken, Lebens- und Arbeitsumfelder so zu verändern, dass Resilienz gestärkt wird" (s. Deutsche Resilienz Zentrum – Webseite 2018). Dies impliziert auch die Verantwortung und die Bedeutung von Organisationen für eine gesunde, resiliente Gesellschaft und eine gesunde, resiliente Welt.

Damit verbunden ist auch der Wunsch – und die Warnung –, die Resilienzforschung in Zukunft der gesamten Gesellschaft zugute kommen zu lassen und sie nicht auf ein Selbstoptimierungspostulat zu beschränken, wodurch der gesamte Druck der Anpassung auf dem Einzelnen lasten würde (Kalisch 2017, S. 103 ff.). Die Eigenverantwortung von Individuen wird damit nicht infrage gestellt.

Ob diese und weitere Ansätze erfolgreich sein werden, steht natürlich in den Sternen. Doch wie wir gesehen haben, gehören Hoffnung und (realistischer) Optimismus zu den bedeutenden Resilienzfaktoren. Darüber hinaus mag sich jede Leserin und jeder Leser im Sinne der Eigenverantwortung und Selbstwirksamkeit fragen, was sie oder er im eigenen Umfeld zum Gelingen beitragen kann.

Literatur

Baumeister, R. & Exline, J. (1999): Virtue, personality, and social relations: Self-control as the moral muscle. *Journal of Personality, 67*, 1165–1194.

Becker, E. & Jahn, T. (Hrsg.) (2006): *Soziale Ökologie. Grundzüge einer Wissenschaft von den gesellschaftlichen Naturverhältnissen*. Campus, Frankfurt am Main.

Cameron, K. (2003): Organizational virtuousness and performance. In: Cameron, K.; Dutton, J. & Quinn, R., *Positive Organizational Scholarship*, 48–65, Berrett-Koehler, San Fransisco.

Caring Economics (2018): http://www.caring-economics.org/. Zugegriffen am 18.03.2018.

Carmeli, A.; Friedman, Y. & Tishler, A. (2013): Cultivating a resilient top management team: The importance of relational connections and strategic decision comprehensiveness. *Safety Science, 51*, 148–159.

Deutsches Resilienz Zentrum (2018): https://www.drz-mainz.de/. Zugegriffen am 18.03.2018.

Di Bella, J. (2014): Unternehmerische Resilienz. Protektive Faktoren für unternehmerischen Erfolg in risikoreichen Kontexten. Inaugural-Dissertation. Mannheim.

Dougherty, M.; Masten, A. & Narayan, A. (2013): Resilience processes in development: Four waves of research on positive adaptation in the context of adversity. In: Goldstein, S. & Brooks, R. (Hrsg.): *Handbook of Resilience in Children*. Springer Science+Business Media. Online: http://pdfs.semanticscholar.org/a93c/562d07e31219a7697e7a8038ce18134a90c0.pdf. Zugegriffen am 18.03.2018.

Feder, A.; Nestler, E. & Charney, D. (2009): Psychobiology and molecular genetics of resilience. *Nature Reviews Neuroscience, 10*(6), 446–457.

Harland, L.; Harrison, W.; Jones, J. & Reiter-Palmon, R. (2005): Leadership behaviors and subordinate resilience. *Psychology Faculty Publications*. Paper 62. Online: https://digitalcommons.unomaha.edu/cgi/viewcontent.cgi?referer=https://www.google.de/&httpsredir=1&article=1062&context=psychfacpub. Zugegriffen am 29.12.2017.

Heuser, U.J. (29. Mai 2013). „Wir müssen mehr fühlen". Zeit Online: http://www.zeit.de/2013/23/neurowissenschaftlerin-tania-singer. Zugegriffen am 18.03.2018.

Heuser, U.J. (25. Oktober 2017). WIR statt Gier. Zeit Online: http://www.zeit.de/2017/44/altruismus-empathie-mitgefuehl-kapitalismus/seite-6. Zugegriffen am 18.03.2018.

Kalisch, R. (2017): Der resiliente Mensch. Wie wir Krisen erleben und bewältigen. Neueste Erkenntnisse aus Hirnforschung und Psychologie. Berlin Verlag, München.

Laloux, F. (2015): Reinventing Organizations. Ein Leitfaden zur Gestaltung sinnstiftender Formen der Zusammenarbeit. Franz Vahlen, München.

Luthans, F. (2002): The need for and meaning of positive organizational behavior. *Journal of Organizational Behavior, 23*, 695–706.

Luthans, F. & Avolio, B. (2003): Authentic leadership: a positive development approach. In: Cameron, K; Dutton, J. & Quinn, R. (Hrsg.), *Positive Organizational Scholarship*, 241–258. Berrett-Koehler, San Francisco.

Ryff, C. & Singer, B. (2003): Flourishing under fire: Resilience as a prototype of challenged thriving. In: Keyes, C. & Haidt, J. (Hrsg.), *Flourishing. Positive psychology and the life well-lived*, 13–36. American Psychological Association, Washington.

Scharmer, O. (2008): Uncovering the blind spot of leadership. Executive Forum. Online: http://www.allegrosite.be/artikels/Uncovering_the_blind_spot_of_leadership.pdf. Zugegriffen am 07.02.2018.

Van der Beek, D. & Schraagen, J.M. (2015): ADAPTER: Analysing and developing adaptability and performance in teams to enhance resilience. *Reliability Engineering and System Safety, 141*, 33–44.

Serviceteil

Stichwortverzeichnis – 276

© Springer-Verlag GmbH Deutschland, ein Teil von Springer Nature 2019
M. Rolfe, *Positive Psychologie und organisationale Resilienz*,
https://doi.org/10.1007/978-3-662-55758-7

Stichwortverzeichnis

A

ABCDE-Modell 149
Achtsamkeit
– in der digitalen Welt 136
Achtsamkeit (mindfulness) 44, 86, 134, 162, 214, 264
– Achtsamkeitsfragebogen 264
Achtsamkeitsbasierte Stressreduktion (Mindfulness-Based-Stress-Reduction, MBSR) 134
ADAPTER 256
Adaption 44, 106, 120
Affekt
– negativer 18, 103
– positiver 18, 103, 118, 249
Agilität VII, 34, 43, 47, 89, 231, 271
– agile Arbeitsmethode 234
Akzeptanz 46, 121, 122, 149, 249, 250, 263
Amygdala (Zirbeldrüse) 127
Ansteckungsprozess
– emotionaler 9, 81, 170, 177, 184
Arbeitsanforderung 5, 8, 10, 57, 60, 62, 191, 212, 230
Arbeitsressource 8, 57, 58
Arbeitsverdichtung 7, 8, 84
Attributionsstil 146
Aufwärtsspirale 79, 118, 170, 192
Autonomie 8, 19, 55, 106, 121, 125, 170, 174, 231
– Team- 207

B

Behavior-Based-Safety 192
Belastung 23, 24, 57, 59, 103, 106, 117, 128, 185, 250
– psychosoziale 5
Belohnungssystem 113
Benchmark Resilience Tool (BRT) 259
BERN-Modell 129
Beschleunigungsfalle 82
Bestätigungsneigung (confirmation bias) 209
Beteiligung 261 Siehe Partizipation
Betriebliches Gesundheitsmanagement (BGM) 94, 230
Betriebliches Resilienzmanagement (BRM) 27, 94, 270
Bewältigungsstrategie 107 Siehe Coping
Bewertung
– Bewertungsstil 115
– Bewertungstheorie (appraisal theory) 112
– von Unsicherheit und Gefahren 114
Beziehung VIII, 17, 18, 20, 30, 31, 43, 45, 53, 59, 91, 107, 119, 140, 161, 166, 170, 173, 177, 188, 201, 205, 216, 222, 226, 227
– Beziehungskonflikt 226
– High Quality Connections 220
Boundary Management 61
Bricolage 43, 231
Broaden-and-build-Theorie 118, 185, 212

Burnout
– durch neue Medien 137
– individuelles 8, 18, 103
– organisationales 5, 27, 49, 80
– -Risiko 138

C

Caring Economics 272
Change 7, 17, 25, 26, 42, 65, 78, 79, 81, 110, 122, 129, 161, 178, 230, 260, 262, 270, 273
– Agent 184
– disruptiver 183
– -kompetenz 79
– Lebensstilveränderung 120
– -müdigkeit 82
– -prozess 80
– -vorhaben 143
Connor-Davidson-Resilienzskala (CD-RISC) 249
Coping 107, 118
– Annäherungs- 107, 161
– konstruktives 149
– -stil, adaptiver 107, 207
– -stil, destruktiver 108
– -stil, dynamischer 107
– Vermeidungs- 108
Cronbachs Alpha 247, 250, 259

D

Diener, E. 16, 18
digitale Transformation (Digitalisierung) VII, 53, 59, 136, 174, 194, 200

Stichwortverzeichnis

Digital Leadership 194
Siehe Führung
Diversität 9, 44, 92, 232
- als neue Realität 53, 208
- als Stärke 209
- Dimensionen von 208
- erforderliche 27
- kognitive 209
- Toleranz für 212
- Umgang mit 210, 212
- warme Zone der 211
Dweck, C. 144, 168, 193

E

Ego-Resilienz-Skala (ER) 249
Emotion
- negative 120, 127, 134, 179, 186, 219, 249
- positive 20, 35, 79, 118, 119, 120, 122, 150, 166, 184, 212, 219, 221, 264
emotionale Übertragungskapazität (emotional carrying capacity, ECC) 218
Emotionssteuerung 31, 122, 146, 148, 162, 252
Empathie 110, 123, 162, 252
Energie 51, 77, 250
- als Leistungsindikator 223
- -ausprägung 80
- Beziehungs- 221
- -check 132
- -falle 82
- -fass 132
- -geber (Energetisierer) 78, 83, 224
- -haushalt 130
- in Teams 221
- korrosive 79, 81, 183
- -management 5, 82, 177, 183, 185
- -manager 161
- -matrix 79
- Mobilisierung von 179, 182
- negative 183
- -netzwerk 83, 166, 221
- organisationale 5, 78, 177, 264
- positive 80, 223
- produktive 79, 81, 181, 182
- -räuber 83, 224
- Umgang mit - 162
- -zustand 79
Engagement 6, 8, 20, 50, 103, 141, 177, 203, 205, 219, 261
- bei der Arbeit 264
- Burnoutgefahr bei zu hohem 105
- Gallup Engagement Index 6
- Utrecht Work Engagement Scale (UWES) 264
Erfolg 7, 21, 24, 27, 42, 50, 57, 66, 71, 79, 80, 81, 86, 91, 94, 123, 130, 145, 147, 149, 151, 169, 176, 179, 181, 183, 193, 206, 223, 236
- Feiern von Erfolgen 151, 182, 191
Erholung 25, 61, 116, 139
- Phase der 137, 139
- Recovery Experience Questionnaire 264
Erholungsfähigkeit 62
erlernte Hilflosigkeit 147
erlerntes Verhalten 142
erweiterte Verfügbarkeit 59
Extinktion 116

F

Fairness 188, 248
- organisationale 63
- Regeln der 192
- und Gesundheit 63
Feedback 69, 92, 256
- 360-Grad- 84, 193, 213
- als Abgleich von Selbstbild und Fremdbild 191
- -checkliste 216
- konstruktives 190, 216
- kritisches 43
- Leistungs- 191
- negatives 218
- Nutzer- 239
- positives 191
- -schleife 239
- Stärken- 217 *Siehe* Stärkenintervention
Fehler
- Konzept der kleinen Fehler (failing fast) 74
- -kultur 71
Fehlzeit 6, 21
Flexibilität 3, 25, 28, 34, 47, 59, 62, 118, 148, 208, 233, 250, 258, 271
Flourishing 20, 23, 118
Flow 81, 136
Fredrickson, B. 118
Führung 161
- Digital Leadership 194
- partizipative 164
- Positive Leadership 49, 166
- resilienzfördernde 164, 170, 270
- Servant Leadership 167
- systemische 165
- Transformational Leadership 166
- und Gesundheit 9, 77, 160, 171, 270

G

Ganzheitlichkeit 9, 27, 48, 91, 94, 129, 162, 188, 260
Genug-Haltung 202
Gesundheit 5, 16, 30, 33, 35, 49, 57, 60, 102, 116, 118, 124, 135, 220, 229, 248, 249, 271
Grit 34
Gruppendenken (groupthink) 210
Gütekriterium 247

H

Hardiness 33
HERO 21
High Quality Connections 220 Siehe Beziehung
Hirn 51, 122, 127
- Hippocampus 127
- Hypothalamus 127
- limbisches System (Zwischenhirn) 110, 127
- Neokortex (Großhirn) 110, 127
- -region 135
- Stamm- (Hirnstamm) 109
Hirnforschung 271
  Siehe Neurowissenschaft
hochzuverlässige Organisation (High Reliability Organization, HRO) 86, 189
Hoffnung 21, 35, 80, 121, 123, 128, 168, 178, 273

I

Impulskontrolle 123, 162, 252
individuelle Resilienz 23
  Siehe Resilienz

informelles Wissen 207
Innovation 23, 28, 45, 54, 73, 169, 177, 185, 261
- als Wert 228
- durch Agilität 234, 238
- geschlechterte 74
- Innovationsfähigkeit 74, 80, 160, 258
- Innovationsfähigkeit von Teams 207
- Innovationstrauma 74
- und Wettbewerb 204
Innovationskultur 270
Innovationsprozess
- traditioneller 234

J

Job Affect Scale (JAS) 264
Job Crafting 59, 70, 172
Job-Demands-Resources Model (JD-R Model) 57

K

Kalisch, R. 112
Kausalanalyse 123, 252
Kohärenz 85, 126, 161
kollektive Wirksamkeit 82, 177, 206, 214, 254
Kommunikation 10, 46, 80, 94, 181, 184, 237
- achtsame 214
- bereichs- und hierarchieübergreifende 193
- dezentralisierte 174
- in Teams 213
- Kanäle und Formate 180
- positive 213
- resilienzstärkende 187, 213
- von Emotionen 218
Konditionierung 111

Konflikt 225
- -art 226
- -beratung 229
- -lotse 229
- -management 230
- Rollen- (Work-Family Conflict) 60
- sozialer 225
- Werte- 227
Konnektivität 213
Kontrollüberzeugung (locus of control) 30, 126, 175
Korrosionsfalle 81

L

Lebensstilveränderung 120
  Siehe Change
Leistung 6, 20, 21, 56, 78, 83, 105, 141, 176, 227, 272
- gesunde VIII
- hervorragende 75, 141
- Hochleistungsorganisation 223
- kalte 84
- Leistungsbegriff, klassischer vs. neuer 84
- Leistungsziel 176
- organisationale 7, 177
- positiv deviante 168
- von Teams 205, 253
Leitbild 53, 189, 271
Lernen
- arbeitsorientiertes 68
- aus Fehlern 73
- Deutero- (Deutero-Learning) 66
- Doppelschleifen- (Double-Loop-Learning) 66
- Einschleifen- (Single-Loop-Learning) 65
- im Team 206, 257
- organisationales 65

Stichwortverzeichnis

- selbstorganisiertes (SOL) 70
- Sicherheits- 116
- unter Bedrohung 207
- Unterscheidungs- 116
- Veränderungs- 66

Lösungsorientierung 33, 121, 263

M

Macht 3, 54, 223, 272
- Abgeben von 160, 174
- -ebene 226
- Führen über 54
- -ungleichheit 93
- verteilte 43, 92
- Verzicht auf 167

Meditation 135
- Achtsamkeits- 133
- -App 137

Menschlichkeit am Arbeitsplatz 8, 73, 185, 214
mentales Modell 53, 211, 212
Mindfulness 134 *Siehe* Achtsamkeit
Mindfulness-Based-Stress-Reduction (MBSR) 134 *Siehe* Achtsamkeitsbasierte Stressreduktion
Mindset 144 *Siehe* Selbstbild
mobile Informations- und Kommunikationstechnologie 59, 95

N

Negativitätsbias 112, 216
Netzwerk 89, 91, 200, 213, 254, 271 *Siehe* Energie
- ad-hoc 44
- -analyse 222
- Energie- 166 *Siehe* Energie
- gesteuertes 91
- -organisation 90
- -orientierung 121, 146, 263
- selbstorganisiertes 88, 174, 231
- -struktur 90
- virtuelles 194

Neuron 111
Neuroplastizität 111, 122
Neurowissenschaft (Hirnforschung) 109, 189

O

Objektivität 247
Optimismus 21, 46, 115, 128, 149, 168, 250, 263
- realistischer 121, 123, 128, 252, 273
organisationale Energie 78 *Siehe* Energie
organisationale Resilienz 2 *Siehe* Resilienz
Organizational Energy Questionnaire (OEQ) 264

P

Partizipation 63, 64, 69
PASTOR-Theorie 115
PERMA-Modell 20
permanente Erreichbarkeit 103 *Siehe* erweiterte Verfügbarkeit
POB 21 *Siehe* Positive Organizational Behavior
POS 21 *Siehe* Positive Organizational Scholarship
Positive Affect and Negative Affect Scale (PANAS) 264
positive Devianz 21 *Siehe* Leistung
Positive Leadership 166, 168 *Siehe* Führung
Positive Organizational Behavior (POB) 21, 36
Positive Organizational Scholarship (POS) 21, 36
Positive Psychologie VIII, 16, 17, 34, 35
Posttraumatische Belastungsstörung (PTBS) 16, 110, 116, 249
posttraumatisches Wachstum 111
Präsenz 214
psychologischer Vertrag 56
psychologisches Grundbedürfnis 125, 161
psychologische Sicherheit 43, 73
Psychologisches Kapital (PsyCap) 128, 170, 264
- PsyCap Questionnaire (PCQ) 264

R

Reframing (Umdeuten) 149
Reliabilität 247, 250
resignative Trägheit 80 *Siehe* Energie
Resilience Factor Inventory (RFI) 252
Resilienz 22
- -check 260
- -dimension 47
- -faktor 45, 47, 115, 121, 122, 162, 252, 259
- -forschung 29, 31, 270, 271
- Humanresilienz 22
- individuelle (personale) 23, 24, 102, 125, 129, 248

Stichwortverzeichnis

- kognitive 122
- -kompass 48, 130, 188, 201
- -messung 253, 258
- organisationale 2, 22, 25, 27, 42, 48, 180, 258
- -quotient (RQ) 253
- Resilienzskala für Erwachsene (RSA) 249
- -skala (RS) 249, 250
- Team- 218, 253, 256
- -training 95, 130
- verhaltensbezogene 122

Resistenz
- Schock- 260
- vs. Resilienz 129

Ressource 3, 21, 62, 106, 168, 210, 225
- äußere 30
- externe 261
- innere 30
- interne 261
- personale 24
- physische 139
- psychologische 128
- Ressourcenaufbau 118
- Ressourcennutzung, erlernte 43, 89
- Ressourcenorientierung VIII, 16, 77
- Ressourcenverlust 107
- verfügbare 62, 212, 237

Ressourcenverteilung 226
ripple effect 170 Siehe Ansteckungsprozess, emotionaler
Risikofaktor 3, 29, 35, 44, 123, 129, 152, 249, 271
- Risiko-Schutzfaktorenmodell 132

Ryff, C. 19

S

Salutogenese 33
Scheitern 18, 34, 36, 86, 126
- gesundes 71
- Theorie des intelligenten Scheiterns 71

Schutzfaktor (protektiver Faktor) 29, 30, 106
Schwäche 142
Selbstbestimmung 55
  Siehe Autonomie
Selbstbestimmungstheorie (SBT) 56, 125
Selbstbild (Mindset)
- dynamisches 144, 168
- statisches 144, 168, 193

Selbstmanagement 162
Selbstmitgefühl 138
Selbstorganisation 89, 92, 231
- selbstorganisiertes Team 232

Selbststeuerung 8, 70, 130
Selbstwirksamkeit 21, 62, 121, 128, 168, 190, 214, 264
- Skala zur Allgemeinen Selbstwirksamkeitserwartung (SWE) 264

Seligman, M. 16, 35
sensemaking 175, 211
Sinn 17, 19, 25, 51, 107, 118, 124, 126, 140, 171, 175, 182
soziales Kapital 201, 254
ständige Erreichbarkeit 59
  Siehe erweiterte Verfügbarkeit

Stärke 141, 233
- genutzte 142
- Stärkencoaching 143
- Stärkenintervention 151, 217
- Stärkenorientierung 93, 228
- Stärkenperspektive 216
- ungenutzte 142

Stärkenfeedback 217
  Siehe Stärkenintervention
Stärkengespräch 217
  Siehe Stärkenintervention
Storytelling 188, 189
strenghts spotting 217
  Siehe Stärkenintervention
Stress 8, 29, 33, 57, 107, 110, 123, 205
- -bewältigung 129
- chronischer 134
- -forschung 107, 109, 271
- -induktion 109, 116
- -optimierung 115
- -reaktion 116
- -system 113, 114

Stressor 24, 33, 115, 150, 246, 248
Stressreaktionsstil 115
  Siehe Bewertungsstil
System 22, 28
Systemresilienz 22, 28

T

Team
- -falle 209
- -kultur, resiliente 202
- -leistung 205
- -lernen 207 Siehe Lernen
- Projekt- 204
- -resilienz 200 Siehe Resilienz
- Topmanagement- 206, 213, 218
- virtuelles 59
- -zusammensetzung 208

Theorie U 214, 273
Threat-Rigidity-Effekt VII, 3
Tradition
- als Wert 228

Stichwortverzeichnis

Trägheit
- angenehme 181

Trägheitsfalle 81

Transformation 214
- Transformationsprozess 194

trickle-down effect 9
Siehe Ansteckungsprozess, emotionaler

U

Unternehmenskultur 5, 49, 186

Utrecht Work Engagement Scale (UWES) 264
Siehe Engagement

V

Validität 248, 250

Veränderung 194
Siehe Change

Verletzlichkeit 25, 73, 185, 202

Vertrauen 54, 161, 173
- Vertrauen vs. Macht 54

Vielfalt 53 *Siehe* Diversität

Visualisierung 237

VUCA VII, 94, 167, 174, 193

W

Werner, E. 29

Werte 49, 81, 124, 172, 211
Siehe Konflikt
- als Orientierung 52
- identitätsstiftende 227
- Kern- 34, 42, 53, 228
- -konflikt 226 *Siehe* Konflikt
- -lücke 53
- -management 260
- praktizierte 53
- Unternehmens- 43
- verletzte 230
- -wandel 66
- Wunsch- 53

Wohlbefinden
- subjektives/psychologisches 8, 17, 18, 57, 103, 118, 125, 141, 177

Working Out Loud (WOL) 91, 193

 springer.com

Willkommen zu den Springer Alerts

Jetzt anmelden!

- Unser Neuerscheinungs-Service für Sie:
  aktuell *** kostenlos *** passgenau *** flexibel

Springer veröffentlicht mehr als 5.500 wissenschaftliche Bücher jährlich in gedruckter Form. Mehr als 2.200 englischsprachige Zeitschriften und mehr als 120.000 eBooks und Referenzwerke sind auf unserer Online Plattform SpringerLink verfügbar. Seit seiner Gründung 1842 arbeitet Springer weltweit mit den hervorragendsten und anerkanntesten Wissenschaftlern zusammen, eine Partnerschaft, die auf Offenheit und gegenseitigem Vertrauen beruht.

Die SpringerAlerts sind der beste Weg, um über Neuentwicklungen im eigenen Fachgebiet auf dem Laufenden zu sein. Sie sind der/die Erste, der/die über neu erschienene Bücher informiert ist oder das Inhaltsverzeichnis des neuesten Zeitschriftenheftes erhält. Unser Service ist kostenlos, schnell und vor allem flexibel. Passen Sie die SpringerAlerts genau an Ihre Interessen und Ihren Bedarf an, um nur diejenigen Information zu erhalten, die Sie wirklich benötigen.

Mehr Infos unter: springer.com/alert

Ihr Bonus als Käufer dieses Buches

Als Käufer dieses Buches können Sie kostenlos das eBook zum Buch nutzen.
Sie können es dauerhaft in Ihrem persönlichen, digitalen Bücherregal
auf **springer.com** speichern oder auf Ihren PC/Tablet/eReader downloaden.

Gehen Sie bitte wie folgt vor:
1. Gehen Sie zu **springer.com/shop** und suchen Sie das vorliegende Buch
   (am schnellsten über die Eingabe der eISBN).
2. Legen Sie es in den Warenkorb und klicken Sie dann auf:
   zum Einkaufswagen/zur Kasse.
3. Geben Sie den untenstehenden Coupon ein. In der Bestellübersicht wird
   damit das eBook mit 0 Euro ausgewiesen, ist also kostenlos für Sie.
4. Gehen Sie weiter **zur Kasse** und schließen den Vorgang ab.
5. Sie können das eBook nun downloaden und auf einem Gerät Ihrer Wahl lesen.
   Das eBook bleibt dauerhaft in Ihrem digitalen Bücherregal gespeichert.

978-3-662-55758-7
SE5KarW7WA7z9GZ

eISBN
Ihr persönlicher Coupon

Sollte der Coupon fehlen oder nicht funktionieren, senden Sie uns bitte
eine E-Mail mit dem Betreff: **eBook inside** an **customerservice@springer.com**.

Printed by Printforce, the Netherlands